华为高校人才培养指定教材

华为ICT认证系列丛书

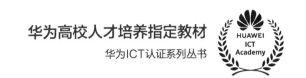

# 大数据技术

华为技术有限公司 编著

BIG

DATA

TECHNOLOGY

人民邮电出版社

北　京

图书在版编目（CIP）数据

大数据技术 / 华为技术有限公司编著. -- 北京：
人民邮电出版社，2021.6
（华为ICT认证系列丛书）
ISBN 978-7-115-55607-3

Ⅰ．①大… Ⅱ．①华… Ⅲ．①数据处理－基本知识
Ⅳ．①TP274

中国版本图书馆CIP数据核字(2020)第248942号

## 内 容 提 要

本书系统、全面地介绍大数据技术的基础知识。全书共 13 章，首先介绍大数据行业与技术趋势；
然后介绍大数据生态圈的各项技术，包括分布式文件系统、Hive 分布式数据仓库、HBase 技术原理、
MapReduce 和 YARN 技术原理、Spark 基于内存的分布式计算、Flink 流批一体分布式实时处理引擎、
数据采集与数据装载工具、Kafka 分布式消息订阅系统、高可靠集群安全模式、分布式全文检索
Elasticsearch、Redis 内存数据库等；最后介绍华为大数据解决方案。通过学习本书所讲内容，读者可
以整体了解大数据技术，掌握大数据生态圈中各项技术最为基础和关键的知识。

本书可作为数据科学与大数据、软件工程、计算机科学与技术等专业的大数据概论课程的教材，
也可供大数据工程技术人员学习或参考使用，还可作为华为 HCIA 认证考试的培训教材。

◆ 编　　著　华为技术有限公司
　　责任编辑　邹文波
　　责任印制　王　郁　马振武
◆ 人民邮电出版社出版发行　　北京市丰台区成寿寺路 11 号
　　邮编 100164　电子邮件 315@ptpress.com.cn
　　网址　https://www.ptpress.com.cn
　　固安县铭成印刷有限公司印刷
◆ 开本：787×1092　1/16
　　印张：16.5　　　　　　　　2021 年 6 月第 1 版
　　字数：468 千字　　　　　　2025 年 1 月河北第 5 次印刷

定价：69.80 元
读者服务热线：(010)81055256　印装质量热线：(010)81055316
反盗版热线：(010)81055315
广告经营许可证：京东市监广登字 20170147 号

以互联网、人工智能、大数据为代表的新一代信息技术的普及应用不仅改变了我们的生活，而且改变了众多行业的生产形态，改变了社会的治理模式，甚至改变了数学、物理、化学、生命科学等基础学科的知识产生方式和经济、法律、新闻传播等人文学科的科学研究范式。而作为这一切的基础——ICT 及相关产业，对社会经济的健康发展具有非常重要的影响。

当前，以华为公司为代表的中国企业，坚持核心技术自主创新，在以芯片和操作系统为代表的基础硬件与软件领域，掀起了新一轮研发浪潮；新一代 E 级超级计算机将成为促进科技创新的重大算力基础设施，全新计算机架构"蓄势待发"；天基信息网、未来互联网、5G 移动通信网的全面融合不断深化，加快形成覆盖全球的新一代"天地一体化信息"网络；人类社会、信息空间与物理世界实现全面连通并相互融合，形成全新的人、机、物和谐共生的计算模式；人工智能进入后深度学习时代，新一代人工智能理论与技术体系成为占据未来世界人工智能科技制高点的关键所在。

当今世界正处在新一轮科技革命中，我国的科技实力突飞猛进，无论是研发投入、研发人员规模，还是专利申请量和授权量，都实现了大幅增长，在众多领域取得了一批具有世界影响的重大成果。移动通信、超级计算机和北斗系统的表现都非常突出，我国非常有希望抓住机遇，通过自主创新，真正成为一个科技强国和现代化强国。在 ICT 领域，核心技术自主可控是非常关键的。在关键核心技术上，我们只能靠自己，也必须靠自己。

时势造英雄，处在新一轮的信息技术高速变革的时期，我们都应该感到兴奋和幸福；同时更希望每个人都能建立终身学习的习惯，胸怀担当，培养自身的工匠精神，努力学好 ICT，勇于攀登科技新高峰，不断突破自己，在各行各业的广阔天地"施展拳脚"，攻克技术难题，研发核心技术，更好地改造我们的世界。

由华为公司和人民邮电出版社联合推出的这套"华为 ICT 认证系列丛书"，应该会对读者掌握 ICT 有所帮助。这套丛书紧密结合了教育部高等教育"新工科"建设方针，将新时代人才培养的新要求融入内容之中。丛书的编写充分体现了"产教融合"的思想，来自华为公司的技术工程师和高校的一线教师共同组成了丛书的编写团队，将数据通信、大数据、人工智能、云计算、数据库等领域的最新技术成果融入书中，将 ICT 领域的基础理论与产业界的最新实践融为一体。

这套丛书的出版，对完善 ICT 人才培养体系，加强人才储备和梯队建设，推进贯通 ICT 相关理论、方法、技术、产品与应用等的复合型人才培养，推动 ICT 领域学科建设具有重要意义。这套丛书将产业前沿的技术与高校的教学、科研、实践相结合，是产教融合的一次成功尝试，其宝贵经验对其他学科领域的人才培养也具有重要的参考价值。

倪光南 中国工程院院士

2021 年 5 月

从数百万年前第一次仰望星空开始，人类对科技的探索便从未停止。新技术引发历次工业革命，释放出巨大生产力，推动了人类文明的不断进步。如今，ICT 已经成为世界各国社会与经济发展的基础，推动社会和经济快速发展，其中，数字经济的增速达到了 GDP 增速的 2.5 倍。以 5G、云计算、人工智能等为代表的新一代 ICT 正在重塑世界，"万物感知、万物互联、万物智能"的智能世界正在到来。

当前，智能化、自动化、线上化等企业运行方式越来越引起人们的重视，数字化转型的浪潮从互联网企业转向了教育、医疗、金融、交通、能源、制造等千行百业。同时，企业数字化主场景也从办公延展到了研发、生产、营销、服务等各个经营环节，企业数字化转型进入智能升级新阶段，企业"上云"的速度也大幅提升。预计到 2025 年，97%的大企业将部署人工智能系统，政府和企业将通过核心系统的数字化与智能化，实现价值链数字化重构，不断创造新价值。

然而，ICT 在深入智能化发展的过程中，仍然存在一些瓶颈，如摩尔定律所述集成电路上可容纳晶体管数目的增速放缓，通信技术逼近香农定理的极限等，在各行业的智能化应用中也会遭遇技术上的难题或使用成本上的挑战，我们正处于交叉科学与新技术爆发的前夜，亟需基础理论的突破和应用技术的发明。与此同时，产业升级对劳动者的知识和技能的要求也在不断提高，ICT 从业人员缺口高达数千万，数字经济的发展需要充足的高端人才。从事基础理论突破的科学家和应用技术发明的科研人员，是当前急需的两类信息技术人才。

理论的突破和技术的发明，来源于数学、物理学、化学等学科的基础研究。高校有理论人才和教学资源，企业有应用平台和实践场景，培养高质量的人才需要产教融合。校企合作有助于院校面向产业需求，深入科技前沿，讲授最新技术，提升科研能力，转化科研成果。

华为构建了覆盖 ICT 领域的人才培养体系，包含 5G、数据通信、云计算、人工智能、移动应用开发等 20 多个技术方向。从 2013 年开始，华为与"以众多高校为主的组织"合作成立了 1600 多所华为 ICT 学院，并通过分享最新技术、课程体系和工程实践经验，培养师资力量，搭建线上学习和实验平台，开展创新训练营，举办华为 ICT 大赛、教师研讨会、人才双选会等多种活动，面向世界各地的院校传递全面、领先的 ICT 方案，致力于把学生培养成懂融合创新、能动态成长，既具敏捷性、又具适应性的新型 ICT 人才。

高校教育高质量的根本在于人才培养。对于人才培养而言，专业、课程、教材和技术是基础。通过校企合作，华为已经出版了多套大数据、物联网、人工智能及通用 ICT 方向的教材。华为将持续加强与全球高等院校和科研机构以及广大合作伙伴的合作，推进高等教育"质量变革"，打造高质量的华为 ICT 学院教育体系，培养更多高质量 ICT 人才。

华为创始人任正非先生说："硬的基础设施一定要有软的'土壤'，其灵魂在于文化，在于教育。"ICT 是智能时代的引擎，行业需求决定了其发展的广度，基础研究决定了其发展的深度，而教育则决定了其发展的可持续性。"路漫漫其修远兮，吾将上下而求索"，华为期望能与各教育部门、各高等院校合作，一起拥抱和引领信息技术革命，共同描绘科技星图，共同迈进智能世界。

最后，衷心感谢"华为 ICT 认证系列丛书"的作者、出版社编辑以及其他为丛书出版付出时间和精力的各位朋友！

马悦

华为企业 BG 常务副总裁

华为企业 BG 全球伙伴发展与销售部总裁

2021 年 4 月

# 前 言 FOREWORD

大数据技术已被广泛关注，并有望成为"第四次工业革命"的变革性技术之一，因而培养大数据人才已是时代的要求。华为技术有限公司（以下简称华为）作为国内率先进行大数据平台开发与大数据教育的开创性单位，已经发布了具有自身技术特点的多个大数据平台与系统，并开发了具有广泛影响力的数据培训与考试认证体系。华为通过产学研相结合以及创建信息与通信技术（Information and Communications Technology，ICT）学院的方式，已与多家院校建立了合作关系，为大数据技术的推广与人才培养做出了重要贡献。

应院校师生将华为 ICT 大数据技术培训认证内容引入课堂教学的要求，华为的大数据技术人才教育培训专家与华中科技大学的教师一同编写了本书，期望本书在满足院校课堂教学要求的同时，能够涵盖华为 ICT 大数据技术培训认证考试相关内容，为学生通过该认证考试提供便利。

本书以华为 ICT 大数据技术培训认证考试的考试大纲为主线，在涵盖华为 ICT 大数据技术培训认证考试相关内容的同时，在部分章节增加了实操案例，并强化了 ZooKeeper、Kafka、Flink、Redis 等的相关介绍，特别是在高可靠集群安全模式、华为大数据解决方案以及华为自身大数据组件等方面的讲解具有鲜明的特点。

本书的顺利编写得益于华为人才生态发展部团队成员的共同努力。石海健、陈星、薛志东、卢璟祥负责本书的整体设计与编写工作。华中科技大学软件学院的部分博士研究生和硕士研究生参与了书稿与代码的整理工作。其中，姚春、汪纯丽参与第 1 章、第 2 章、第 3 章、第 4 章、第 5 章内容的编写；颜峰参与第 6 章、第 8 章、第 13 章内容的编写；何海明参与第 6 章、第 7 章内容的编写；胡小勇参与第 9 章、第 11 章内容的编写；吴良康参与第 11 章、第 12 章内容的编写；雷正犁参与第 10 章内容的编写。华中科技大学软件学院 iSyslab 实验室的全体研究生参与了书稿的通读与修订工作，并提出了大量有价值的修改建议。

编者在编写本书的过程中参考了大量的官方技术文档和互联网资源，在此向有关单位及作者表示衷心的感谢。

编者在编写本书的过程中尽管力求将重要的大数据技术基本原理与高校课堂教学相结合，并在有些知识点的取舍上做了大量权衡，但依然存在拿捏不准的情况，因而书中可能存在表述不妥之处，敬请读者批评、指正。

读者可扫描下方二维码学习更多相关课程。

扫码学习更多相关课程

编者
2020 年冬

# 目 录 CONTENTS

# 01 第1章 大数据行业与技术趋势

　　"数据，已经渗透到当今每一个行业和业务职能领域，成为重要的生产因素。人们对海量数据的挖掘与运用，预示着新一波生产率增长和消费者盈余浪潮即将到来。"是咨询公司麦肯锡对"大数据时代"的描述。正是这段描述，将大数据时代这一概念带入人们的工作和生活。毫无疑问，我们正处于这一时代。新一轮的科技革命和产业变革正在加速推进，技术创新逐步变为重塑经济发展模式和促进经济增长的重要驱动力，而大数据是核心驱动力之一。大数据技术已经进入我们生活的各个层面，我们不仅在享受大数据带来的便利，也在源源不断地产生大数据。

　　本章主要介绍大数据的基本概念、应用领域、行业与技术趋势以及解决方案。

## 1.1　大数据时代

### 1.1.1　大数据的定义

　　目前对大数据的定义大都是从特征入手给出的，人们还未能给出一个公认的定义。维基百科对大数据的定义是：大数据是指利用常用软件工具捕获、管理和处理数据所耗时间超过可容忍时间的数据集。此外，大数据研究机构 Gartner 也对大数据进行了阐述：大数据是需要新处理模式（具有更强的决策力、洞察发现力和流程优化能力）来适应海量、多样化和高增长率的信息资产。上述定义表明大数据分析本质上是对信息的挖掘、对价值的提取。

　　大数据一般会涉及两种以上的数据形式，通常是数据量 100TB 以上的高速、实时数据流，或者从小数据开始，但数据每年会增长 60% 以上。大数据具有体量（Volume）巨大、类型（Variety）繁多、处理速度（Velocity）快、价值（Value）密度低等特征（简称 4V 特征），如图 1-1 所示。

　　1.　体量巨大

　　大数据的特征之一是体量巨大，存储单位一般在 GB 到 TB 级别，有的甚至在 PB 级别以上。随着网络和信息技术的高速发展，数据开始"爆炸式"增长。社交网络、移动网络、各种智能设备等成为数据产生的主要来源。互联网数据中心（Internet Data Center，IDC）的一份预测报告显示，2025 年全球的数据量将达 175ZB。此外，数据来源和数据格式将变得更加多样。

### 2. 类型繁多

人们普遍认为，使用互联网搜索是形成数据多样性的主要原因，这一看法并不完全正确。形成数据多样性的因素主要有两个：数据来源的多样性和数据格式的多样性。大数据大体可分为 3 类：①结构化数据，如财务系统数据、信息管理系统数据、医疗系统数据等，其特点是数据间因果关系强；②非结构化数据，如视频、图片、音频等，其特点是数据间没有因果关系；③半结构化数据，如文档、邮件、网页等，其特点是数据间因果关系弱。

### 3. 处理速度快

高速性，即通过算法对数据进行快速的逻辑处理，并可以从各种类型的数据中快速获取高价值的数据信息，快速创建和移动数据。在互联网时代，企业通过高速的计算机和服务器创建实时数据流已成为流行趋势。企业不仅需要了解如何快速创建数据，还需要知道如何快速处理、分析数据并返回结果给用户，以满足用户的实时需求。

### 4. 价值密度低

一般来说，价值密度的高低与数据总量的大小成反比。相比于传统的小数据，大数据最大的价值在于：从大量不相关的、各种类型的数据中挖掘出对未来趋势与模式预测分析有价值的数据，并通过数据挖掘、机器学习及深度学习等方法对数据进行深度分析，发现新规律和新知识，将其运用于农业、金融、医疗等各个领域，从而实现精准推荐、个性化营销及私人订制等，极大提升企业利润。

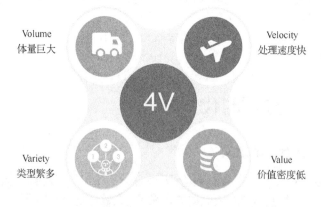

图 1-1　大数据的 4V 特征

## 1.1.2　大数据分析与传统数据分析

大数据分析由传统数据分析发展而来，因此它保留了很多传统数据分析的特点。但因为大数据的新颖性和爆炸式的数据增长速度，大数据分析又与传统数据分析有着较多的不同点。我们可以从以下几个角度入手分析它们之间主要的不同点。

### 1. 数据角度

传统数据分析大多使用数据库存储数据，数据处理规模以 MB 为单位。大数据的处理规模则以 GB、TB、PB（1GB=1 024MB，1TB=1 024GB，1PB=1 024TB）为单位，这意味着大数据的感知、获取、处理、展示都面临着巨大的挑战。如果将"鱼"比作数据，则传统数据分析就如同"在池塘中捕鱼"，大数据分析就如同"在大海中捕鱼"。数据总量越大，数据的价值密度就越低。大数据分析的目的是提取有效的价值信息。以社交网络为例，生活中，每个人都拥有自己的社交网络，并在社交网络中进行很多复杂的信息交互。如果大数据将所有人的社交网络数据进行整合并分析，则可以从中获取很多有趣的信息，如兴趣爱好变化趋势、日常生活消费习惯等。如何通过更加有效的大数据算法快捷地完成数据价值的提取，已经成为目前大数据背景下亟待解决的难题。

数据按照数据类型主要可以分为 3 类，即结构化数据、非结构化数据和半结构化数据，如图 1-2 所示。

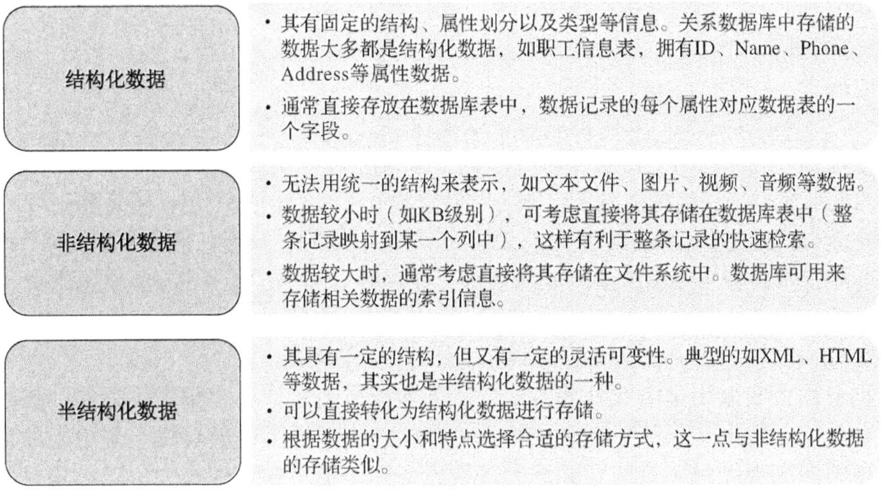

| 结构化数据 | · 其有固定的结构、属性划分以及类型等信息。关系数据库中存储的数据大多都是结构化数据，如职工信息表，拥有 ID、Name、Phone、Address 等属性数据。<br>· 通常直接存放在数据库表中，数据记录的每个属性对应数据表的一个字段。 |
| --- | --- |
| 非结构化数据 | · 无法用统一的结构来表示，如文本文件、图片、视频、音频等数据。<br>· 数据较小时（如 KB 级别），可考虑直接将其存储在数据库表中（整条记录映射到某一个列中），这样有利于整条记录的快速检索。<br>· 数据较大时，通常考虑直接将其存储在文件系统中。数据库可用来存储相关数据的索引信息。 |
| 半结构化数据 | · 其具有一定的结构，但又有一定的灵活可变性。典型的如 XML、HTML 等数据，其实也是半结构化数据的一种。<br>· 可以直接转化为结构化数据进行存储。<br>· 根据数据的大小和特点选择合适的存储方式，这一点与非结构化数据的存储类似。 |

图 1-2　3 类数据的简单总结

（1）结构化数据

结构化数据是通过二维表结构来完成逻辑表达的数据，也称作行数据。结构化数据严格地遵循数据格式与长度规范，有固定的结构、属性划分以及类型等信息，主要通过关系数据库进行存储和管理，数据记录的每个属性对应数据表的一个字段。常见的关系数据库有 MySQL、Oracle、DB2、SQLServer 等。

（2）非结构化数据

与结构化数据相对的是不适于由二维表来表现的非结构化数据，包括所有格式的办公文档、各类报表、图片、音频、视频等数据。在数据较小的情况下，可以使用关系数据库将其直接存储在数据库表的多值字段和变长字段中；若数据较大，则将其存储在文件系统中，数据库则用来存储相关数据的索引信息。这种存储方法广泛应用于全文检索和各种多媒体信息处理领域。

（3）半结构化数据

半结构化数据既具有一定的结构，又灵活多变，其实也是非结构化数据的一种。和普通纯文本、图片等相比，半结构化数据具有一定的结构，但和具有严格理论模型的关系数据库的数据相比，其结构又不固定。如员工简历，处理这类数据可以通过信息抽取等步骤，将其转化为半结构化数据，采用可扩展标记语言（Extensible Markup Language，XML）、超文本标记语言（HyperText Markup Language，HTML）等形式表达；或者根据数据的大小和特点，采用非结构化数据存储方式，结合关系数据库存储。

传统数据分析处理的数据类型通常较为单一，主要以结构化数据为主。换言之，传统数据分析建立在关系数据模型上，主体之间的关系在系统内就已经被创立，而分析也在此基础上进行，即先有模式后有数据。通常，信息系统涉及的生产、业务、交易、客户等方面的数据，会采用结构化方式存储。一般来讲，结构化数据只占全部数据的 20% 以内，但就是这 20% 以内的数据浓缩了企业各个方面的数据需求。而无法完全数字化的文本文件、图片、图纸资料、缩微胶片等数据属于非结构化数据。非结构化数据中往往存在大量有价值的信息，特别是随着移动互联网、物联网（Internet of Things，IoT）的发展，非结构化数据正以成倍速度快速增长，这就为大数据的发展开拓了市场。

大数据分析处理的数据类型繁多，包含结构化、半结构化及非结构化的数据。这意味着不能保证输入的数据是完整的，不能保证清洗过的数据是没有任何错误的，也不能保证有一个固定的模式可以适用于所有的数据。大数据使用动态模式进行数据存储，非结构化数据和结构化数据都可以存储，并且可以使用任何模式，仅在生成查询后才应用模式。大数据以原始格式存储，仅在要读取数据时才将其应用于架构之中。该过程有利于保存数据中存在的信息。

### 2. 处理架构角度

（1）扩展性

传统数据分析的扩展主要以纵向扩展（Scale-up）为主。纵向扩展即在需要处理更多负载的时候通过提高单个系统的处理能力的方法来解决问题。最为常见的情况是通过提高基础的硬件配置，从而提高系统的处理能力。在这种情况下，服务器数量没有变化，但是配置会越来越高。

大数据分析的扩展主要以横向扩展（Scale-out）为主。横向扩展是将服务划分为多个子服务，并利用负载均衡等技术在应用中添加新的服务实例。在这种情况下，服务器的配置保持不变，增加的是服务器的数量。

（2）分布式

传统数据分析主要采用集中式处理方法，主要包括集中式计算、集中式存储、集中式数据库等。集中式计算中，数据计算几乎完全依赖于一台中、大型的中心计算机。理论上和它相连接的设备需要具备不同的智能程度，但实际上大多数设备完全不具备处理能力。集中式存储，从概念上很容易看出是具有集中性的，也就是整个存储是集中在一个系统中的。但是集中式存储并不只指一个单独的设备，其在多数情况下是指集中在一套系统中的多个设备。集中式数据库指建立一个庞大的数据库，将各类数据存入其中，将各种功能模块围绕在信息库的周围并对信息进行增、删、改、查等操作。

大数据分析则更加倾向于分布式处理方法。分布式计算机系统是指由多台分散的、硬件自治的计算机，经过互联的网络连接而形成的系统，系统的处理和控制功能分布在各个计算机上。分布式系统由许多独立的、可协同工作的中央处理器（Central Processing Unit，CPU）组成，从用户的角度看，整个系统更像一台独立的计算机。分布式系统是从分散处理的概念出发来组织计算机系统的，冲破了传统的集中式单机的局面，具有较高的性价比，灵活的系统可扩展性，良好的实时性、可靠性与容错性。

此外，组成分布式系统的各计算机节点由分布式操作系统管理，以便让各个节点共同承担整个计算功能。分布式操作系统由内核以及提供各种系统功能的模块和进程组成，不仅包括单机操作系统的主要功能，还包括分布式进程通信、分布式文件系统、分布式进程迁移、分布式进程同步及分布式进程死锁等功能。系统中的每一台计算机都保存分布式操作系统的内核，以实现对计算机系统的基本控制。常见的分布式系统有分布式计算系统、分布式文件系统及分布式数据库系统等。

① 分布式计算系统

分布式计算系统是相对集中式计算系统而言的，它将需要进行大量计算的项目数据分割成小块，由系统中多台计算机节点分别计算，再合并计算结果以得出统一的数据结论。要达到分布式计算的目的，需要编写能在分布式计算系统上运行的分布式程序。分布式程序可以基于通用的并行分布式程序开发接口进行设计，如MPI、Corba、OpenMP、MapReduce和Spark等。

分布式计算的目的在于分析海量的数据。人们最初是通过提高单机计算能力（如使用大型机、超级计算系统机等）来处理海量数据的。但由于单机的性能无法跟上数据爆发式增长的需要，分布式计算系统应运而生。由于计算需要拆分以在多台计算机上并行运行，因此也会出现一致性、数据完整性、通信、容灾、任务调度等一系列问题。

② 分布式文件系统

分布式文件系统是将数据分散存储在多台独立的设备上，采用可扩展的系统结构，利用多台存储服务器分担存储负荷，利用元数据（Metadata）定位数据在服务器中的存储位置，具有较高的系统可靠性、可用性和存取效率，并且易于扩展。而传统的网络存储系统则采用集中的存储服务器存储所有数据，这样存储服务器就成了整个系统的瓶颈，也成了可靠性和安全性的焦点，不能满足大数据存储应用的需要。

分布式文件系统利用分布式技术将标准 x86 服务器的本地硬盘驱动器（Hard Disk Drive，HDD）、固态驱动器（Solid State Disk，SSD）等存储介质组织成一个大规模存储资源池，同时，对上层的应用和虚拟机提供工业界标准的小型计算机系统接口（Small Computer System Interface，SCSI）、互联网小型计算机系统接口（Internet Small Computer System Interface，ISCSI）及对象访问接口，进而打造一个虚拟的分布式统一存储产品。常见的分布式存储系统有 Google 公司的 Google 文件系统（Google File System，GFS）、Hadoop 的 Hadoop 分布式文件系统（Hadoop Distributed File System，HDFS）及加州大学圣克鲁兹分校（University of Californ Sage Weil）提出的 Ceph 系统等。

分布式文件系统的关键技术介绍如下。

- 元数据管理

元数据为描述数据的数据，主要用来描述数据属性的信息，支持存储位置描述、历史数据描述、资源查找及文件记录等功能。在大数据环境下，要求数据分布式存储，描述数据的元数据的体量也非常大，所以如何管理好元数据并保证元数据的存取性能是整个分布式文件系统性能的关键。

- 系统高扩展性技术

在大数据环境下，数据规模和复杂度往往呈指数级上升，这对系统的扩展性提出了较高的要求。实现存储系统的高扩展性需要解决元数据的分配和数据的透明迁移两个方面的问题。元数据的分配主要通过静态子树划分技术实现，数据的透明迁移则侧重数据迁移算法的优化。

- 存储层级内的优化技术

大数据的规模大，因此需要在保证系统性能的前提下，降低系统能耗和构建成本，即从性能和成本两方面对存储层次（通常采用多层、不同性价比的存储器件组成存储层次结构）进行优化。数据访问局部性原理是进行这两方面优化的重要依据。在提高性能方面，可以通过分析应用特征，识别热点数据并对其进行缓存或预取，以及高效的缓存预取算法和合理的缓存容量配比，提高访问性能。在降低成本方面，采用信息生命周期管理方法，将访问频率低的冷数据迁移到低速、廉价的存储设备上，可以在小幅度牺牲系统整体性能的基础上，大幅度降低系统的能耗和构建成本。

- 针对应用和负载的存储优化技术

针对应用和负载来优化存储，就是将数据存储与应用耦合，简化或扩展分布式文件系统的功能，根据特定应用、特定负载、特定的计算模型对文件系统进行定制和深度优化，使应用达到最佳性能。这类优化技术可在诸如 Google、Facebook 等互联网公司的内部存储系统上，高效地管理千万亿字节级别及以上的大数据。

③ 分布式数据库系统

分布式数据库系统的基本思想是将原来的集中式数据分散存储到多个通过网络连接的数据存储节点上，以获取更大的存储容量和更高的并发访问量。分布式数据库系统可以由多个异构、位置分布、跨网络的计算机节点组成。每个计算机节点中都可以存储数据库管理系统的一份完整或不完整的副本，并存储自己局部的数据库。多个计算机节点利用高速计算机网络将物理上分散的多个数据存储单元相互连接，可共同组成一个完整的、全局的、逻辑上集中的、物理上分布的大型数据库系统。

为了快速处理海量的数据，分布式数据库系统在数据压缩和读/写方面进行了优化。并行加载技术和行/列压缩存储技术是快速处理海量数据的两种常用技术。并行加载技术采用并行数据流引擎，数据加载完全并行，并且可以直接通过 SQL 语句对外部表进行操作。行/列压缩存储技术的压缩表通过利用空闲的 CPU 资源减少 I/O 资源占用，除了支持主流的行存储模式外，还支持列存储模式。如果常用的查询中只取表中少量字段，则列存储模式效率更高；如果需要取表中的大量字段，则行存储模式效率更高。在实际应用中，我们可以根据不同的应用需求选择合适的存储模式以提高查询效率。

应对大数据处理的分布式数据库系统可以归纳为关系数据库和非关系数据库两种。随着数据量的增大，关系数据库开始在高扩展性、高并发性等方面暴露出一些难以克服的缺点，而键值（键-值对）存储数据库、文档数据库等 NoSQL 非关系数据库可以很好地解决关系数据库遇到的瓶颈。目前，NoSQL 数据库逐渐成为大数据时代下分布式数据库领域的主力，如 HBase、MongoDB 等。

### 3. 数据处理角度

传统数据分析采用的数据处理方法以处理器为中心，主要使用数据库和数据仓库（Data Warehouse）进行存储、管理与分析，其存储、管理与分析的数据量也相对较小。数据库是"按照数据结构来组织、存储和管理数据的仓库"，是一个长期存储在计算机内的、有组织的、共享的、统一管理的数据集。数据仓库则是决策支持系统（Decision Support System，DSS）和联机分析处理（Online Analytical Processing，OLAP）应用数据源的结构化数据环境。二者均基于结构化数据，因此可以使用 SQL 语句或者普通的 SQL 查询语句进行处理。与此同时，传统的数据库系统需要复杂且昂贵的硬件和软件资源才能管理大量数据，若将数据从一个系统迁移到另一个系统，则需要更多的硬件和软件资源，这大大增加了处理和分析的成本。就依靠并行计算提升数据处理速度而言，传统的并行数据库技术追求高度一致性和容错性，根据 CAP 理论，难以保证其可用性和扩展性。

而在大数据环境下，需要采取以数据为中心的模式，减少数据移动带来的开销。相应地，以数据为导向使得大数据的处理模式更加灵活，并没有任何一种方法可以适用于所有数据。不同于传统的数据处理方法，大数据拥有一套通用的数据处理流程。一般而言，大数据处理流程可分为 4 步，即数据采集、数据清洗与预处理、数据统计分析与挖掘、结果可视化，如图 1-3 所示。这 4 个步骤看起来与现在的数据处理分析步骤没有太大区别，但实际上处理的数据集更大，相互之间的关联更多，需要的计算量也更大，通常需要在分布式系统上利用分布式计算完成。

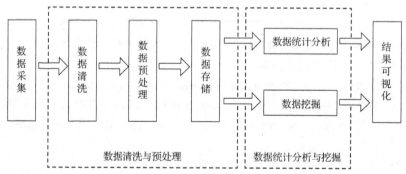

图 1-3　大数据处理流程

（1）数据采集

数据的采集一般采用数据仓库技术——抽取-转换-加载（Extract-Transform-Load，ETL）将分布的、异构数据源中的数据（如关系数据、平面数据以及其他非结构化数据等）抽取到临时文件或数据库中。大数据的采集不是抽样调查，它强调数据尽可能完整和全面，尽量保证每一个数据准确、有用。

（2）数据清洗、预处理与存储

采集好的数据，肯定有不少是重复的或无用的。此时需要对数据进行简单的清洗和预处理，使得不同来源的数据整合成一致的、适合数据分析算法和工具读取的数据，如数据去重、异常处理和归一化等。然后将这些数据存储到大型分布式数据库或者分布式存储集群中。

（3）数据统计分析与挖掘

统计分析数据需要使用统计产品与服务解决方案（Statistical Product and Service Solution，SPSS）工具、结构算法模型来进行分类和汇总。这个过程最大的特点是目的清晰，按照一定规则分类和汇总，才能得到有效的分析结果。这部分处理工作需要大量的系统资源。

统计分析数据的最终目的是通过数据来挖掘数据背后的联系，分析原因并找出规律，然后将这些联系和规律应用到实际业务中，重点是观察数据。与数据统计分析不同的是，数据挖掘是对信息价值的获取，重点是从数据中发现"知识规则"。数据挖掘主要是在现有数据上进行基于各种算法的计算，利用分析结果达到预测趋势的目的，以满足一些高级别数据分析的需求。比较典型的算法有用于聚类的 K 均值、用于统计学习的支持向量机（Support Vector Machine，SVM）和用于分类的朴素贝叶斯（NaiveBayes）等。

（4）结果可视化

大数据分析最基本的要求是结果可视化，因为可视化的结果能够直观地呈现大数据的特点，非常容易被用户所接受，就如同看图一样简单、明了。

大数据处理流程基本包括上述 4 个步骤，不过其中的处理细节、工具的使用、数据的完整性等会根据业务和行业特点而不断变化、更新。

## 1.1.3　大数据时代已经到来

2019 年 10 月 20 日，在第六届世界互联网大会上，中国互联网协会发布了《中国互联网发展报告 2019》。报告显示，截至 2019 年 6 月，中国网民规模为 8.54 亿人，网站数量为 518 万个；网络直播、网络音乐、网络视频等方面应用的用户规模半年增长均超过 3 000 万人，在线教育用户规模达 2.32 亿人，半年增长率为 15.5%，极大满足了人民群众的教育、文化及娱乐需求；超过 90% 的中国宽带用户使用光纤接入，数量已居全球首位。报告中的这些数据反映出我国网民规模不断扩大，网民红利更加凸显。目前，我国已是世界上产生和积累数据体量最大、类型最丰富的国家之一。大数据技术及其应用领域将面临新的发展机遇，成为推动经济高质量发展的新动力。大数据时代已经到来。

大数据时代下的各行各业也在面临着巨大的数据挑战。据不完全统计，淘宝网站单日数据产生量超过 5 万 GB，存储量高达 4 000 万 GB。百度公司数据总量约 10 亿 GB，存储网页约 1 万亿页，每天大约要处理 60 亿次搜索请求。一个 8Mbit/s 的摄像机一个小时可能产生约 3.6GB 的数据，一个城市每月产生的数据量达上千万 GB。医院中，一个病人的 CT 影像数据达几十 GB，全国每年须保存的数据达上百亿 GB。利用大数据技术存储、分析这些数据并从中提取有效信息，对企业的决策和发展都有着重大意义。

大数据技术并非无所不能，千万不能把"大数据"当作解决世界上所有问题的全能办法。人类的思想、个人的文化和行为模式、不同国家及社会的发展都非常复杂、曲折和独特，显然不能全部通过计算机来使"数字自己说话"。无论何时，其实都还是人在思考和"说话"。大数据不能替代的事物主要包括以下几方面。

- 不能替代管理的决策力。数据间的打通需要最高领导推动决策。
- 不能替代有效的商业模式。不是拥有大数据就一定能有收益，商业模式虽是首要的，但如何盈利要提前考虑清楚。
- 不能无目的地发现知识。数据挖掘需要约束与目标，否则就是徒劳的。
- 不能替代专业人员的作用。在模型建立中专业人员对聚集关键特征意义重大。专业人员的作用可能会随时间而减小，但开始时专业人员的作用非常大。
- 不能一次建模，终生受益。大数据需要"活"的数据，模型需要不断地进行学习、更新。

## 1.2 大数据应用领域

随着大数据技术的逐渐成熟，大数据应用行业越来越多。早在 2015 年，《互联网周刊》就发布了大数据应用案例排行榜 Top100，并对大数据应用的热门行业进行了分类和汇总，如图 1-4 所示。从图 1-4 中我们可以看出，大数据已经渗透到了很多行业，如零售、医疗、教育、城市、金融等。如今，人们仍然在不断探索着大数据的新应用，希望借助这些大数据应用，在现实生活中帮助人们提取到真正有用的信息，从而改善人们的生活。

当今社会，社交网络和物联网技术拓展了数据采集通道。分布式存储和计算技术奠定了大数据处理的技术基础。神经网络等新兴技术开辟了大数据分析技术的新时代。这些技术都为大数据步入人们的生活打下了坚实的基础。因此，想要在各行业应用好大数据，就要学会洞见本质（业务）、预测趋势、指引未来，用未来牵引现在，用现在保证未来。

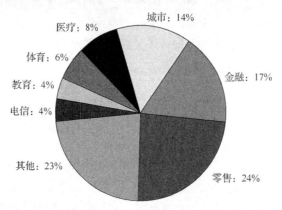

**图 1-4　大数据应用案例排行榜 Top100 分行业汇总占比**

下面介绍大数据在几个重要行业的应用。

（1）零售

要提起大数据在零售行业的应用，就不得不提起沃尔玛。沃尔玛早在 1969 年就开始使用计算机来跟踪存货，1974 年其分销中心与各家商场就运用计算机进行库存控制。1983 年，沃尔玛所有门店都开始采用条形码扫描系统。1987 年，沃尔玛完成了公司内部卫星系统的安装，该系统使得总部、分销中心和各个商场之间可以实现实时、双向的数据和声音传输。采用这些在当时还是小众和超前的信息技术来搜集运营数据，为沃尔玛最近 20 年的崛起打下了坚实的基础。如利用数据挖掘技术发现了"啤酒与尿布"之间的关联，这无疑是大数据在零售行业的一个典型且有趣的案例。沃尔玛是一个利用 Hadoop 数据的应用节省"捕手"，只要周边竞争对手降低了客户已经购买的产品的价格，该程序就会提醒客户，并向客户发送一张礼券补偿差价。这些良好的基础使得沃尔玛拥有了近乎全世界最大的数据仓库，在数据仓库中存储着沃尔玛数千家连锁店在 65 周内每一笔销售的详细记录，这使得业务人员可以通过分析购买行为更加了解他们的客户。

（2）教育

大数据可以应用于教育改革、学习分析、考试评价等多个方面。在教育改革中，大数据为基础教育和高等教育提供支持，分析学生的心理活动、学习行为、考试分数及职业规划等所有重要的信息。现在很多教学数据已经被诸如美国国家教育统计中心之类的政府机构存储起来用于统计分析。大数据分析的最终目的是提高学生的学习成绩，并利用相关数据为提高学生的成绩提供个性化的服务。与此同时，它还能改善学生期末考试的成绩、平时的出勤率、辍学率、升学率等，并能促进教育行业的均衡发展。

在学习分析中，教育工作者不仅会展示学生的作业和分数，还会通过监控学生浏览数字化学习资源的次数、提交电子版作业的完成度、在线师生互动指数、考试与测验完成度，让系统持续和精确地分析每个学生参与教学活动的数据，如阅读材料的时间长短和次数等更为详细的重要信息，这样教育工作者就能及时发现问题的存在，提出改进的建议，并预测学生的期末考试成绩。

在考试评价中，大数据要求教育工作者必须更新和超越传统观念，不能只追求正确的答案，学生完成整个教学过程的行为过程也同样重要。在一次考试中，学生在每道题上花费了多长时间，最长时间是多少，最短时间是多少，平均时间又是多少，哪些此前已经出现过的问题学生答对或者答错了，哪些问题的线索让学生获益了。通过监测这些信息，利用学习自适应系统，为学生提供个性化的学习方案和学习路径，形成学生个人的学习数据档案，这能够帮助教育工作者理解学生为了掌握学习内容而进行学习的全过程，并且有助于对学生进行因材施教。

（3）交通

如今，人们的出行越来越离不开大数据的帮助。利用电子地图，初来乍到的游客可以在陌生的城市自由穿行；忙碌了一天的"上班族"可以查询最快捷的回家方式；司机可以通过语音导航，知晓前方道路情况，避免堵车或者违章。运用大数据技术，交通管理中心可以对道路的交通态势以及枢纽客流态势进行动态监测，从而了解公路路况以及机场等重点枢纽的客流情况，为相关部门启动应急预案提供决策支持。在出行安全上，交通管理中心可以利用大数据对交通安全形势进行分析、研判，对容易发生拥堵的路段及时进行疏导、管控。通过数据分析，交通管理中心可以对事故多发路段及安全隐患突出路段进行重点管理、引导，同时针对恶劣天气及时发布预警和相关道路交通管制信息，最大限度地减小恶劣天气对车辆通行的影响。

大数据的应用还有很多，需要我们从生活中挖掘。各行各业只有利用好大数据，掌握好大数据的发展趋势，才能让大数据更好地提升人们的生活品质。

# 1.3　大数据时代企业所面临的挑战和机遇

随着互联网的普及，互联网+医疗、互联网+工业制造等得到了越来越多的推广，更多的数据正在被记录，数据源范围也正在不断扩大。截至 2020 年，全球所产生的数据量达到约 40 万亿 GB（约为 40EB），人类面临着强大的大数据存储、处理与分析需求。面对挑战，传统数据处理遭遇天花板，并产生了一系列潜在的问题，如海量数据的高成本存储、数据批量处理性能不足、流式数据处理缺失、有限的扩展能力等。新的时代，需要大数据分析履行新的使命。

## 1.3.1　大数据时代企业所面临的挑战

大数据时代下的信息技术日渐成熟，但是在高科技发展的今天，将大数据与现代生活相融合，也面临诸多挑战。

- 挑战一：业务部门无清晰的大数据需求。

很多企业业务部门不了解大数据，也不了解大数据的应用场景和价值，因此难以提出大数据的准确需求。由于业务部门需求不清晰，大数据部门又是非营利部门，企业决策层担心投入产出比不高，在搭建大数据部门时犹豫不决，甚至由于暂时没有应用场景，删除了很多有价值的历史数据。

- 挑战二：企业内部数据"孤岛"严重。

企业启动大数据最大的挑战之一就是数据的碎片化。在大型企业中，不同类型的数据常常散落在不同部门，使得同一企业内部数据无法共享，无法发挥大数据的价值。

- 挑战三：数据可用性低，质量差。

很多大、中型企业每天都会产生大量数据，但很多企业对大数据的预处理阶段很不重视，导致数据处理很不规范。大数据预处理阶段需要抽取数据，将数据转化为方便处理的数据类型，对数据进行清洗和去噪，以提取有效的数据等。Sybase 的数据表明，高质量数据的可用性能提高 10%，企业效益能提高 10%以上。

- 挑战四：数据相关管理技术和架构。

本挑战主要表现在如下几点：传统数据库部署处理 TB 级别的数据时十分复杂；传统数据库不能很好地考虑数据的多样性，尤其是在处理结构化数据、半结构化数据和非结构化数据的兼容问题上；传统数据库对数据的处理时间要求并不高，而大数据需要实时地处理海量数据；海量数据的运维需要保证数据稳定，需要服务器在支持高并发的同时能够减少服务器负载。

- 挑战五：数据安全。

网络化生活使犯罪分子更容易获得他人的信息，也有了更多不易追踪和防范的手段。因此，如何保证用户的信息安全成为大数据时代非常重要的课题。此外，在日常生产和生活中，每个个体、每台机器都在源源不断地产生海量数据，这意味着对数据存储的物理安全性要求会越来越高，从而对数据的多副本与容灾机制也提出了更高的要求。

- 挑战六：大数据人才缺乏。

大数据建设的每一个组件的搭建与维护等操作都需要依靠专业人员完成，因此必须培养一支掌握大数据、懂管理、有大数据应用经验的大数据建设专业队伍。全球每年将新增数 10 万个大数据相关的工作岗位，未来将会出现 100 万以上的大数据人才缺口。因此高校和企业须共同努力去培养和挖掘大数据人才。

- 挑战七：数据开放与隐私的权衡。

在大数据应用日益重要的今天，数据资源的开放和共享已经成为在大数据竞争中保持优势的关键。但是数据的开放和共享不可避免地会侵害一些用户的隐私。如何响应隐私保护的号召，在推动数据全面开放、应用和共享的同时有效地保护公民和企业的隐私，将是大数据时代的一个重大挑战。

## 1.3.2　大数据时代企业所面临的机遇

在大数据时代，商业的生态环境在不经意间发生了巨大的变化：网民和消费者的界限正在变得模糊，无处不在的智能设备、随时在线的网络传输、互动频繁的社交网络让以往只是网页浏览者的网民的面孔从模糊变得清晰。对企业来说，它们第一次有机会进行大规模的、精准化的消费者行为研究，主动地"拥抱"这种变化，从战略到战术层面开始自我蜕变和进化。这将会让它们更加适应这个新的时代，让大数据"蓝海"成为未来竞争的制高点。

大数据已上升至我国的国家战略，国内大数据产业发展非常迅速，行业应用得到快速推广，市场规模增速明显。大数据技术和应用呈现纵深发展趋势和以下几个技术趋势。

### 1.　数据分析成为大数据技术的核心

数据分析在数据处理过程中占据十分重要的位置。随着时代的发展，数据分析会逐渐成为大数据技术的核心。大数据的价值体现在通过对大规模数据集合的智能处理获取有用的信息。这就必须对数据进行分析和挖掘，而数据的采集、存储和管理都是数据分析的基础步骤。数据分析得到的结果将会被应用于大数据相关的各个领域，未来大数据技术的进一步发展，与数据分析技术是密切相关的。

### 2.　广泛采用实时性的数据处理方式

人们获取信息的速度越来越快，这就导致信息具有时效性，过时的消息的价值会迅速降低。大数据强调数据的实时性，因而对数据处理也要体现实时性，如在线实时推荐、股票交易信息、各类购票信息、实时路况信息等数据的处理时间要求在分钟级甚至秒级。未来实时性的数据处理方式将会成为主流，不断推动大数据技术的发展和进步。

3. 基于云的数据分析平台将更加完善

近年来，云计算技术的发展越来越快，与此相应的应用范围也越来越广。云计算技术的发展为大数据技术的发展提供了一定的数据处理平台和技术支持。云计算技术为大数据提供了分布式的计算方法以及可以弹性扩展且相对便宜的存储空间和计算资源，这些都是大数据技术发展中的重要因素。此外，云计算技术具有十分丰富的 IT 资源，分布较为广泛，为大数据技术的发展提供了技术支持。随着云计算技术的不断发展和完善，以及平台的日趋成熟，大数据技术相应地也会得到快速完善。

4. 开源软件将会成为推动大数据发展的新动力

开源软件是在大数据技术发展的过程中不断研发出来的。这些开源软件对大数据各个领域的发展具有十分重要的作用。开源软件的发展可以适当地促进商业软件的发展，并推动商业软件更好地服务程序开发、应用等。虽然商业软件的发展也十分迅速，但是二者之间并不会产生矛盾，可以优势互补，共同进步。开源软件自身在发展的同时，也为大数据技术的发展贡献着力量。

如何把握以上技术趋势，主要在于如何更好地提升自我的能力，将自己培养成大数据人才。目前，大数据人才主要分布在移动互联网行业，其次是金融互联网、线上到线下（Online to Offline，O2O）、企业服务、游戏、教育、社交等领域，涉及 ETL 研发、Hadoop 开发、系统架构、数据仓库研究等偏软件的工作，以 IT 背景的人才居多。随着大数据向各垂直领域延伸发展，未来大数据领域的人才需求会转向跨行业、跨界的综合型人才，以及商务模式专家、资源整合专家、大数据相关法律领域的专家等，在统计学、数学等领域，对从事数据分析、数据挖掘、人工智能等偏算法和模型工作的人才需求会同时增加。

# 1.4　大数据代表技术和解决方案

## 1.4.1　大数据代表技术

大数据技术贯穿大数据处理的各个阶段，包括采集、存储、计算处理和可视化等，而 Hadoop 则是一个集合了大数据不同阶段技术的生态系统。下面重点对 Hadoop 进行介绍。

Hadoop 的历史版本主要有 Hadoop 1.x 和 Hadoop 2.x，以及较新的 Hadoop 3.x。如图 1-5 所示，Hadoop 1.x 主要由 MapReduce（分布式计算框架）和 HDFS（Hadoop 分布式文件系统）组成；Hadoop 2.x 基于第 1 代，加入了 YARN（分布式资源管理器）等组件，从而可以提供统一的资源管理和调度。Hadoop 2.x 是为解决 Hadoop 1.x 中 MapReduce 和 HDFS 存在的各种问题而提出的，如 NameNode HA 不支持自动切换且切换时间过长、单 NameNode 制约 HDFS 扩展性、MapReduce 在扩展性和多框架支持方面表现不足等。因此，Hadoop 2.x 框架具有更好的扩展性、可用性、可靠性、向后兼容性和更高的资源利用率。Hadoop 2.x 是目前业界主要使用的 Hadoop 版本。

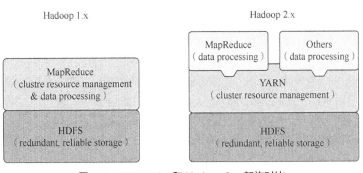

图 1-5　Hadoop 1.x 和 Hadoop 2.x 架构对比

Hadoop 3.x 是 Hadoop 的一个重要里程碑。相对 Hadoop 2.x 而言，Hadoop 3.x 推出了许多新的特性。

- 所需最低的 Java 版本从 Java 7 变为 Java 8

要使 Hadoop 2.x 正常工作，所需最低的 Java 版本是 Java 7。而 Hadoop 3.x 中，所有的代码都是针对 Java 8 的运行时版本进行编译的。因此，使用 Java 7 或者更低版本的用户在使用 Hadoop 3.x 时必须升级到 Java 8。

- 支持 HDFS 中的纠删码

通常，在存储系统中，纠删码（Erasure Code）主要用于独立冗余磁盘阵列（Redundant Arrays of Independent Disks，RAID）中。RAID 通过条带化实现纠删码。在条带化中，逻辑上连续的数据（如文件）被分成较小的单元（如位、字节或块），并将连续的单元存储在不同的磁盘上。然后，针对原始数据单元的每个条带，计算并存储一定数量的奇偶校验单元。这个过程称为编码。可以通过基于剩余数据单元和奇偶校验单元的解码计算来恢复任何条带单元上的错误。

Hadoop 2.x 使用副本机制保证了它的容错能力。在配置过程中，我们可以根据要求配置副本数，一般默认值为 3，其中一个是原始数据块，另外两个是副本，每个副本都要 100% 的存储开销。在这种情况下，将导致 200% 的存储开销，并消耗网络带宽等其他资源。但是在正常的访问操作期间，Hadoop 很少会访问具有低 I/O 活动的冷数据集的副本。

Hadoop 3.x 使用类似 RAID 技术中的纠删码技术。在进行数据块写操作时，HDFS 不会复制这些块，而会为所有文件块计算奇偶校验块；在进行数据读操作时，HDFS 会通过奇偶校验算法使用奇偶校验块对数据进行校验。而如果文件块损坏，Hadoop 就会使用剩余的块和奇偶校验块重新构建框架。使用纠删码技术可以使存储开销大大减少。

- YARN 时间线服务

Hadoop 2.x 提供时间线服务 v1.x。此版本的时间线服务无法拓展到集群之外，它只提供一个写入器和存储实例。Hadoop 3.x 中的时间线服务 v2.x 解决了 Hadoop 2.x 的主要缺陷，具有分布式写入器体系结构和可扩展的后端存储，并将数据的写入和读取分开。新版本的时间线服务展现出了更强的可伸缩性、可靠性和可用性。

- 修改多个服务更改的默认端口

在 Hadoop 3.x 之前，许多 Hadoop 服务的默认端口均在 Linux 临时端口范围（32 768～61 000）中。因此，很多时候这些服务在启动时将无法绑定。这是因为它们会与其他应用程序冲突。

除了以上新特性之外，Hadoop 3.x 还具有更好地支持两个以上的 NameNode、支持机会容器和分布式计划、支持 Intra-DataNode 平衡器等特性。

Hadoop 的核心是 YARN、HDFS 和 MapReduce。Hadoop 生态系统如图 1-6 所示，其中集成了 Spark（内存 DAG 计算模型）生态圈。在未来一段时间内，Hadoop 将与 Spark 共存。Hadoop 与 Spark 都能部署在 YARN 和 Mesos（分布式资源管理器）的资源管理系统之上。Hadoop 由许多元素构成，其中，HDFS、MapReduce，以及 Hive（数据仓库工具）和 HBase（分布式实时数据库），基本涵盖了 Hadoop 分布式平台的所有核心技术。

下面分别对图 1-6 中的主要元素及其相关元素进行简要介绍。

1. HDFS

HDFS 是 Hadoop 体系中数据存储管理的基础，它是一个高度容错的系统，能检测和应对硬件故障，可在低成本的通用硬件上运行。HDFS 简化了文件的一致性模型，通过流式数据访问，提供高吞吐量数据访问能力，适合带有大型数据集的应用程序。HDFS 提供了一次写入、多次读取的机制，数据以块的形式分布在集群的不同物理机上。HDFS 的架构基于一组特定的节点构建，这是由它自身的特点决定的。HDFS 的 NameNode 在 HDFS 内部提供元数据服务；若干个 DataNode 为 HDFS 提供存储块。

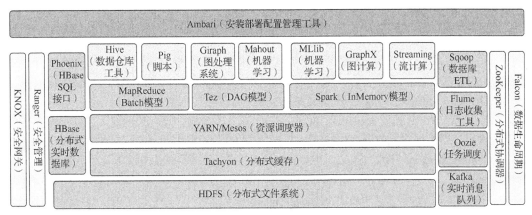

图 1-6　Hadoop 生态系统

2．MapReduce

MapReduce 是一种分布式计算框架，用于大数据计算。它屏蔽了分布式计算框架的细节，将计算抽象成 Map 和 Reduce 两部分。其中，Map 对数据集上的独立元素进行指定的操作，生成键-值（key-value）对形式的中间结果；Reduce 则对中间结果中相同"key"的所有"value"进行规约，以得到最终结果。MapReduce 非常适合在由大量计算机组成的分布式并行环境里进行数据处理。

MapReduce 提供了以下功能：

（1）数据划分和计算任务调度；

（2）数据/代码互定位；

（3）系统优化；

（4）出错检测和恢复。

3．HBase

HBase 是一个建立在 HDFS 之上的、面向列的、针对结构化数据的可伸缩、高可靠、高性能、分布式数据库。HBase 采用了 BigTable 的数据模型：增强的稀疏排序映射表（key-value）。其中，key 由行关键字、列关键字和时间戳（Timestamp）构成。HBase 提供了对大规模数据的随机、实时读/写访问。同时，HBase 中保存的数据可以使用 MapReduce 来处理，它将数据存储和并行计算完美地结合在一起。与 Fujitsu、Cliq 等商用大数据产品不同，HBase 是 Google Bigtable 的开源实现。类似 Google Bigtable 将 GFS 作为其文件存储系统，HBase 将 HDFS 作为其文件存储系统，并利用 MapReduce 来处理 HBase 中的海量数据，利用 ZooKeeper（分布式协同服务软件）提供协同服务。

4．ZooKeeper

ZooKeeper 是一个为分布式应用提供协同服务的软件，提供包括配置维护、域名服务、分布式同步、组服务等功能，用于解决分布式环境下的数据管理问题。Hadoop 的许多组件依赖于 ZooKeeper，用于管理 Hadoop 操作。ZooKeeper 的目标就是封装好复杂、易出错的关键服务，将简单、易用的接口和性能高效、功能稳定的系统提供给用户。

5．Hive

Hive 是基于 Hadoop 的一个数据仓库工具，由 Facebook 开源，最初用于解决海量结构化日志数据的统计问题。Hive 使用类似 SQL 的 HiveQL 来实现数据查询，并将 HiveQL 转化为在 Hadoop 上执行的 MapReduce 任务。Hive 用于离线数据分析，可让不熟悉 MapReduce 的开发者，使用 HiveQL 实现数据查询，降低了大数据处理的应用门槛。Hive 本质上是基于 HDFS 的应用程序，其数据都存储在 Hadoop 兼容的文件系统（如 Amazon S3、HDFS 等）中。

Hive 可以将结构化的数据文件映射为一张数据库表，并且提供简单的 SQL 查询功能，具有学习成本低、快速实现简单 MapReduce 统计的优点，十分适合数据仓库的统计分析。Hive 提供了一系列的工具，用来进行数据的提取、转化与加载。

6. Pig

Pig（ad-hoc 脚本）是由 Yahoo! 提供的开源软件，设计动机是提供一种基于 MapReduce 的 ad-hoc（计算在查询时发生）数据分析工具。Pig 定义了一种叫作 Pig Latin 的数据流语言，是 MapReduce 编程复杂性的抽象，其编译器将 Pig Latin 翻译成 MapReduce 程序序列，将脚本转换为 MapReduce 任务在 Hadoop 上执行。Pig 简化了 Hadoop 常见的工作任务，可加载、表达、转换数据并存储最终结果。Pig 内置的操作使得半结构化数据（如日志文件）变得有意义，同时 Pig 可扩展使用 Java 中添加的自定义数据类型并支持数据转换。与 Hive 类似，Pig 通常用于进行离线数据分析。

7. Sqoop

Sqoop（数据库 ETL/同步工具）是 SQL-to-Hadoop 的缩写，是一个 Apache 项目，主要用于在传统数据库和 Hadoop 之间传输数据。它可以将关系数据库（如 MySQL、Oracle、Postgres 等）中的数据导入 Hadoop 的 HDFS 中，也可以将 HDFS 中的数据导入关系数据库中。Sqoop 利用数据库技术描述数据架构，并充分利用了 MapReduce 的并行化和容错性。

8. Flume

Flume 是 Cloudera 公司提供的开源日志收集系统，具有分布式、高可靠、高容错、易于定制和扩展等特点。它将数据从产生、传输、处理并最终写入目标路径的过程抽象为数据流。在具体的数据流中，Flume 支持在数据源中定制数据发送方，从而支持收集各种不同协议的数据。同时，Flume 数据流提供对日志数据进行简单处理的能力，如过滤、格式转换等。此外，Flume 还具有将日志写往各种数据接收方（可定制）的能力。总体来说，Flume 是一个可扩展、适合复杂环境的海量日志收集系统，当然也可以用于收集其他类型的数据。

9. Mahout

Mahout（数据挖掘算法库）最初是 Apache Lucent 的子项目，在极短的时间内取得了长足的发展，现在是 Apache 的顶级项目。Mahout 的主要目标是创建一些可扩展的机器学习领域经典算法的实现，旨在帮助开发者更加方便、快捷地创建智能应用程序。Mahout 现在已经包含聚类、分类、推荐引擎（协同过滤）和频繁集挖掘等广泛使用的数据挖掘算法。除了算法，Mahout 还包含数据的输入/输出工具、与其他存储系统（如关系数据库、MongoDB 或 Cassandra）集成等数据挖掘支持架构。

10. Oozie

Oozie 具有可扩展的工作体系，集成于 Hadoop 的堆栈，用于协调多个 MapReduce 作业的执行。它能够管理一个复杂的系统，使其基于外部事件来执行。Oozie 工作流是放置在控制依赖有向无环图（Direct Acyclic Graph，DAG）中的一组动作（如 Hadoop 的 MapReduce 作业、Pig 作业等），其中指定了动作执行的顺序。Oozie 工作流通过 hPDL（一种 XML 的流程定义语言）进行定义，工作流操作通过远程系统启动，当任务完成后，远程系统会进行回调以通知任务已经结束，然后开始下一个操作。

11. YARN

YARN 是一种新的 Hadoop 资源管理器。它是一个通用资源管理系统，可为上层应用提供统一的资源管理和调度。YARN 是在第 1 代经典 MapReduce 调度模型基础上演变而来的，主要是为了解决原始 Hadoop 扩展性较差、不支持多计算框架而提出的。YARN 具有一个通用的运行时框架，用户可以在该运行框架中运行自己编写的计算框架。用户自己编写的框架可作为客户端的一个库，在提交作业时打包即可。

12. Mesos

Mesos 诞生于加州伯克利大学（UC Berkeley）的一个研究项目，现已成为 Apache 项目。当前已有一些公司在使用 Mesos 管理集群资源。与 YARN 类似，Mesos 是一个资源统一管理和调度平台，同样支持 MapReduce、Streaming 等多种运算框架。Mesos 作为数据中心的内核，其设计原则是分离资源分配和任务调度，为大量不同类型的负载提供可靠服务。

### 13.　Tachyon

Tachyon 是以内存为中心的分布式文件系统，拥有高性能和容错能力，并具有类 Java 的文件 API、插件式的底层文件系统、兼容 Hadoop MapReduce 和 Apache Spark 等特点，能够为集群框架（如 Spark、MapReduce）提供可靠的内存级速度的文件共享服务。Tachyon 充分使用了内存和文件对象之间的谱系（Lineage）信息，因此速度很快，官方称其最高吞吐量比 HDFS 的最高吞吐量高 300 倍。

### 14.　Tez

Tez 是 Apache 开源的、支持 DAG 作业的计算模型。它直接源于 MapReduce 框架，核心思想是将 Map 和 Reduce 两个操作进一步拆分，即 Map 被拆分成 Input、Processor、Sort、Merge 和 Output 等，Reduce 被拆分成 Input、Shuffle、Sort、Merge、Processor 和 Output 等。这些拆分后的元操作可以任意灵活组合，产生新的操作，这些操作经过一些控制程序组装后，可形成一个大的 DAG 作业。

### 15.　Spark

Spark 是一个 Apache 项目，被标榜为"快如闪电的集群计算"，拥有一个繁荣的开源社区，并且是目前最活跃的 Apache 项目之一。Spark 提供了一个更快、更通用的数据处理平台。和 Hadoop 相比，Spark 可以让程序在内存中运行时速度提升 100 倍，或者在磁盘上运行速度提升 10 倍。

### 16.　Giraph

Giraph 是一个可伸缩的分布式迭代图处理系统，基于 Hadoop 平台，并得到了 Facebook 的支持，获得了多方面的改进。

### 17.　MLlib

MLlib 是一个机器学习库，提供了各种各样的算法，这些算法可以针对集群进行分类、回归、聚类、协同过滤等操作。MLlib 是 Spark 对常用的机器学习算法的实现库，同时包括相关的测试和数据生成器。Spark 的设计初衷就是支持一些迭代的作业，这正好符合很多机器学习算法的特点。MLlib 基于弹性分布式数据集（Resilient Distributed Dataset，RDD），可与 Spark SQL、GraphX、Spark Streaming 无缝集成。以 RDD 为基石，4 个子框架可联合构建大数据计算中心。

### 18.　Spark Streaming

Spark Streaming（流计算）模型支持对流数据的实时处理，以"微批"的方式对实时数据进行计算。它是构建在 Spark 上处理 Stream 数据的框架，基本原理是将 Stream 数据分成小的片段，以类似批量处理（Batch）的方式来处理每个片段数据。Spark 的低时延执行引擎（100ms 以上）虽然比不上专门的流式数据处理软件，但也可以用于实时计算。而且相比基于 Record 的其他处理框架（如 Storm），一部分窄依赖的 RDD 可以通过重新计算源数据获得，以达到容错处理的目的。此外，批量处理的方式使得 Spark Streaming 可以同时兼容批量和实时数据处理的逻辑和算法，方便了一些需要历史数据和实时数据联合分析的特定应用场合。

### 19.　Spark SQL

Spark SQL 是 Spark 用来处理结构化数据的一个模块，它提供了一个称为 DataFrame 的编程抽象，并且可以充当分布式 SQL 查询引擎。它将数据的计算任务通过 SQL 的形式转换成了 RDD 的计算，类似于 Hive 通过 SQL 的形式将数据的计算任务转换成了 MapReduce。

### 20.　Kafka

Kafka 是 Linkedin 于 2010 年开源的消息系统，主要用于处理活跃的流式数据。活跃的流式数据在 Web 应用中非常常见，包括网站的点击量、用户访问内容、搜索内容等。这些数据通常以日志的形式被记录下来，然后每隔一段时间进行一次统计处理。Kafka 的目的是通过 Hadoop 的并行加载机制来统一线上和离线的消息处理，通过集群来提供实时的处理。

21. Phoenix

Phoenix 是 HBase 的 SQL 驱动。Phoenix 使得 HBase 支持通过 Java 数据库连接（Java Database Connectivity，JDBC）的方式进行访问，并将 SQL 查询转换成了 HBase 的扫描和相应的动作。Phoenix 是构建在 HBase 上的一个 SQL 层，能让用户使用标准的 JDBC API 而不是 HBase 客户端 API 来操作 HBase，如创建表、插入数据和查询数据等。

22. Kylin+Druid

Kylin 是一个开源的分布式分析引擎，它提供了 Hadoop 之上的 SQL 查询接口和多维分析（如 OLAP）能力以支持大规模数据，能够处理 TB 乃至 PB 级别的分析任务，能够在亚秒级查询巨大的 Hive 表，并支持高并发。

Druid 是目前最好的数据库连接池，在功能、性能、扩展性方面都超过其他数据库连接池，如 DBCP、C3P0、BoneCP、Proxool 和 JBoss DataSource 等。

23. Superset

Superset 是 Airbnb 开源的数据挖掘平台，最初是在 Druid 的基础上设计的，能快速创建可交互的、形象直观的数据集合，有丰富的可视化方法来分析数据，具有灵活的扩展能力，与 Druid 深度结合，可快速分析大数据。

24. Storm

Storm 是一个分布式实时大数据处理系统，用于在容错和水平可扩展方法中处理大数据。它具有一个流数据框架，且有较高的摄取率。类似于 Hadoop，Storm 是用 Java 和 Clojure 编写的。

## 1.4.2 大数据解决方案

目前很多企业都提供了大数据解决方案，常见的有 Cloudera、Hortonworks、MapR 以及 FusionInsight。下面对它们进行简单介绍。

1. Cloudera

在 Hadoop 生态系统中，规模最大的、知名度最高的是 Cloudera，它也是公司的名称。Cloudera 最初是混合开源 Apache Hadoop 生态系统的发行版本（Cloudera Distribution Including Apache Hadoop，CDH）。其目标是使该技术能够达到企业级别的部署。Cloudera 可以为开源 Hadoop 提供支持，同时将数据处理框架延伸到一个全面的"企业数据中心"范畴。这个数据中心可以作为管理企业所有数据的中心点，也可以作为目标数据仓库、高效的数据平台或现有数据仓库的 ETL 来源。

2. Hortonworks

Hortonworks 数据管理解决方案使组织可以实施下一代现代化数据架构。Hortonworks 是基于 Apache Hadoop 开发的，无论数据是静态的还是动态的，其都可以从云的边缘和内部来对数据资产进行管理。Hortonworks 数据平面服务（Hortonworks DataPlane Service，HDPS）可以轻松地配置和操作分布式数据系统（不管是数据科学、自助服务分析，还是数据仓储优化）。由于治理功能是内置的，并且基于开放源码技术（如 Apache Atlas），因此 HDPS 用户可以轻松访问防火墙和公有云（或两者的组合）背后的可信数据（无论数据的类型或来源如何），这使得组织能够从源到目标获得信任的沿袭。Hortonworks 数据流（Hortonworks DataFlow，HDF）能够收集、组织、整理和传送来自全联网（含设备、传感器、点击流、日志文件等）的实时数据。Hortonworks 数据平台（Hortonworks Data Platform，HDP）能够用于创建安全的企业数据池，为企业提供信息分析，实现快速创新和实时深入了解业务动态。目前，Cloudera 和 Hortonworks 已经合并。

3. MapR

MapR 是一个数据存取速度比现有 Hadoop 分布式文件系统还要快 3 倍的产品，并且也是开源的。MapR 软件能够在一个计算机集群中接受多种不同的数据源，如 Apache 的 Hadoop、Apache 的 Spark、分布式文件系统、多模型的数据库管理系统、结合事件流处理及实时分析的程序等工作负载平台。其技术可在商品硬件和公共云计算上运行服务。MapR 使 Hadoop 变为一个速度更快、可靠性更高、管理更容易、使用更方便的分布式计算服务和存储平台，并扩大了 Hadoop 的使用范围和方式。MapR 包含开源社区的许多流行工具和功能，如 HBase、Hive 以及和 Apache Hadoop 兼容的 API。

4. FusionInsight

华为 FusionInsight 大数据平台，能够帮助企业快速构建海量数据信息处理系统，通过对企业内部和外部的巨量信息数据进行实时与非实时的分析挖掘，发现全新价值点和企业商机。FusionInsight 是完全开放的大数据平台，它以海量数据处理引擎和实时数据处理引擎为核心，并针对金融和运营商等数据密集型行业的运行维护和应用开发等需求，打造了敏捷、智慧、可信的平台软件和建模中间件，让企业可以更快、更准、更稳地从各类繁杂无序的海量数据中发现价值。

基于华为对电信运营商网络和业务的长期专注和深刻理解，FusionInsight 大数据平台还集成了企业实时知识引擎和实时决策支持中心等。企业级的实时知识引擎是电信运营商大数据解决方案的核心，数据在这里经过分析和挖掘形成真正有价值的知识。实时决策支持中心是事件适配和策略生成的核心，数据在这里经过适配生成对应的策略，满足特定场景的决策需求。丰富的知识库和分析套件工具、全方位企业实时知识引擎和实时决策支持中心，能够帮助运营商在瞬息万变的数字商业环境中进行快速决策，实现商业成功。开发者可以在华为 FusionInsight 大数据平台上，基于大数据的各类商业应用场景，如增强型商业智能（Business Intelligence，BIS）、客户智能和数据开放，为金融、运营商等客户提取数据的价值——提升效率与收入。

# 1.5　本章小结

本章主要介绍了大数据的定义、大数据代表技术以及大数据解决方案。希望通过本章的阅读，读者可以对大数据领域的技术有大致的了解，并熟悉各个技术在现实大数据处理过程所起的作用。对于本章提到的主要大数据技术，在后文会进行详细的介绍。

# 1.6　习题

（1）大数据的 4V 特征是什么？

（2）请简述大数据处理流程。

（3）分布式计算在大数据分析中有哪些作用？

（4）请通过查阅资料了解 Hadoop 3.x 还具有哪些新的特性？

（5）你认为在 5G 时代下大数据还有哪些新的应用？

（6）大数据解决方案 FusionInsight 有哪些特性？

# 02

# 第2章 分布式文件系统

当今，数据无处不在。我们如果想要进行大数据分析，那么首先需要解决的是大数据的存储问题。自计算机诞生以来，科学家研究了多种存储技术，目的都是利用某种存储技术有效地、可靠地存储信息。从打孔机、磁带到软盘、闪存、磁盘，再到未来对量子存储、脱氧核糖核酸（Deoxyribo Nucleic Acid，DNA）存储技术的探索，人们在数据存储科学领域前行的脚步从未停止。

在大数据时代，高效、安全地存储与读/写数据是提升大数据处理效率的关键。本章将重点介绍大数据 HDFS 技术及其应用场景，以及 HDFS 在华为大数据存储结构中的角色、位置和关键特性。同时也会介绍为 HDFS 的高可用性等高级特性提供分布式应用程序协调服务的 ZooKeeper 组件。

## 2.1 文件系统概述

文件系统是一种存储和组织计算机数据的方法，它使得对数据的访问和查找变得容易。早在 20 世纪 60 年代，文件系统就已经被学界和业界广泛地进行研究、开发和应用。随着计算机的发展，文件系统已经成为计算机系统重要且不可分割的一部分。从总体上看，文件系统是对计算机资源的一种抽象，它使用文件和树形目录的抽象逻辑来替代硬盘等物理设备的数据块概念。当对文件进行操作的时候，用户无须关心需要操作的文件在磁盘上的哪个位置，属于哪个数据块，只须通过目录和文件名的形式对其进行访问，其余的工作将通过文件系统进行处理。需要注意的是，文件系统并不依赖于本地数据存储设备，这意味着文件系统的底层不一定是磁盘，也可以是其他动态生成的数据，如通过网络协议提供的文件访问等。

### 1. 文件名

在文件系统中，文件名是用来唯一标识和定位文件存储位置的名称。在不同的操作系统中，系统对文件进行命名有着不同的限制。例如，在我们常用的 Windows 操作系统中，不能使用含有\、/、:、*、"、<、>、|等特殊字符的名称。相比之下，在 Linux 操作系统中，除了字符/ 和空格之外的所有字符均可以使用。文件系统可能会使用这些特殊字符来表示一个设备、设备类型、目录前缀或者文件类型。因此，为了方便，一般不建议在文件名中使用特殊字符。

### 2. 目录

文件系统一般都有目录（也称为文件夹），目录允许用户将文件分割成单独的集合，其内部可以保存文件，也可以包含一些其他的目录。这就决定了目录的结构不一定是平坦的，也可以是一个由目录和文件构成的层次结构，这样的结构我们称之为目录树。使用目录树组织文件系统时，需要通过路径来确定一个文件的位置。从根目录到文件的路径是绝对路径；而在工作目录（也称为当前目录）下，文件所在的路径就变成了相对路径。

#### 3. 元数据

元数据是保存文件属性的数据，即描述数据的数据。描述的内容主要包括文件名、文件长度、文件所属用户组、文件存储位置等。元数据是从信息资源中抽取出来的用于说明其特征、内容的结构化数据，主要用于组织、描述、检索、保存、管理信息和知识资源。如果把一本书比作数据的话，那么它的书名、版本、出版日期、相关说明等就是它的元数据。在大多数文件系统中，元数据一般会和其相关联的文件分开存储，所有文件的文件名会存储在所在目录的目录表中，而其他元数据（如文件属性等）则会存储在其他位置，如 inode 中。

#### 4. 权限控制

文件系统的结构解决了文件的存储和访问问题，但也带来了文件权限的问题。不同的用户使用同一个文件系统的文件，可能会存在当前用户的文件被其他用户破坏等情况。这就需要一种针对不同的用户或者用户组的管理访问权限的方法，即控制一个用户或用户组对文件进行读、写、执行的许可权。目前用于控制文件系统安全访问的主要方式是访问权限控制列表（Access Control List，ACL），又称存取控制串列，是使用以访问控制矩阵为基础的访问控制表，使每个（文件系统内的）对象对应一个串列主体。这种方式可以完整、有效地控制文件权限，但是不能有效地迅速枚举出一个对象的访问权限，需要搜索整个访问控制表才能找出某个文件的访问权限。

Linux 操作系统在文件系统管理方面是优秀的"领导者"。Linux 操作系统最初是由芬兰赫尔辛基大学的学生林纳斯·托瓦兹（Linus Torvalds）在 1990 年设计的。经过多年的发展，Linux 操作系统成为一个功能完善、稳定、可靠的操作系统。"一切皆文件"是 UNIX/Linux 的基本哲学之一。普通文件、目录、字符设备、块设备和网络设备等在 UNIX/Linux 中都被当作文件来对待，并为用户提供统一的管理接口。这样设计的显著优点就是在输入/输出资源的使用上，可以使用相同的 Linux 工具、应用程序以及 API 集。目前，Linux 提供了多种本地文件系统，主要包括第二扩展文件系统（Second Extended Filesystem，Ext2）、第三扩展文件系统（Third Extended Filesystem，Ext3）、第四扩展文件系统（Fourth Extended Filesystem，Ext4）、ReiserFS、XFS 等日志式文件系统。它们都是 UNIX 文件系统的一种快速、稳定的实现，能够通过独立的日志文件跟踪磁盘内容的变化，在遇到故障时，具有较强的故障恢复能力。同时，为了实现对不同文件系统的支持，Linux 还在文件系统上层抽象出了虚拟文件系统（Virtual File System，VFS），利用抽象的通用接口屏蔽了底层文件系统和物理介质的差异。这就是 VFS 的核心设计——统一文件模型。

VFS 的统一文件模型源自 UNIX 风格的文件系统，内部定义了 4 种对象。

- 超级块（superblock）：存储已经挂载文件系统的基本元数据，如文件系统类型、大小、状态等。superblock 对于文件系统是非常关键的，因此一般文件系统都会冗余存储多份。
- 索引节点（inode）：存储有关文件的元数据，如文件的所有者、访问权限、类型等。但需要注意的是，存储的信息不包括这个文件的文件名。接下来要介绍的 HDFS，也借鉴了 inode 的思想，对应的类为 INode。
- 目录项（dentry）：存储文件名称和具体的 inode 的对应关系。同时存储有关目录条目与相应文件的链接信息。另外也会作为缓存的对象，缓存最近经常访问的文件或者目录，提高系统性能。
- 文件（file）：存储打开的文件和文件之间的交互信息。每个打开的文件都对应一个 file 结构，还会保存文件的打开方式和偏移等。

Linux 的权限控制利用的是改进的访问控制列表来控制文件权限。每个文件或目录的权限包括读（r）、写（w）和执行（x），分别对应权限数值 4、2、1，如表 2-1 所示。权限字符串第一位表示文件类型，其中，d 表示文件目录，-表示文件，l 表示链接文件，c 表示字符设备文件，s 表示数据接口文件，p 表示管道文件。剩下的权限字符分为 3 组，分别对应 3 类用户：文件所有者、文件所属组用户、其他用户。每组使用权限符号 r、w、x 组合表示用户的读、写、执行权限（目录的权限符号 x 表示搜索权限），而组用户的权限数字则由当前组的所有权限字符所对应的权限数值累加得到。例如，-rwxr-xr-x 中第一位权限字符表示这是一个文件，文件所有者的权限字符串为 rwx，对应的权限数字为 4+2+1=7；文件所属组用户的权限字符串为 r-x，对应的权限数字为 4+0+1=5；其他用户的权限字符串为 r-x，对应的权限数字为 4+0+1=5。所有者能允许同组用户有权访问文件，也能将文件的访问权限赋予系统中的其他用户。

表 2-1　　　　　　　　　　　　Linux 文件权限

| 权限项 | 文件类型 | 读 | 写 | 执行 | 读 | 写 | 执行 | 读 | 写 | 执行 |
|---|---|---|---|---|---|---|---|---|---|---|
| 字符表示 | d\|l\|c\|s\|p | r | w | x | r | w | x | r | w | x |
| 数字表示 | | 4 | 2 | 1 | 4 | 2 | 1 | 4 | 2 | 1 |
| 权限分配 | | 文件所有者 | | | 文件所属组用户 | | | 其他用户 | | |

## 2.2　HDFS 架构

HDFS 是 Hadoop 的核心子项目，为 Hadoop 提供了一个综合性的文件系统抽象，并实现了多类文件系统的接口。HDFS 基于流式数据访问、存储和处理超大文件，并运行于商用硬件服务器上。HDFS 的特点可归纳如下。

**1．存储和处理的数据较大**

运行在 HDFS 上的应用程序有较高的数据处理要求，通常会存储从 GB 级到 TB 级的超大文件。目前在实际应用中，已经利用 HDFS 来存储和处理 PB 级的数据了。

**2．支持流式数据访问**

HDFS 设计的思路为"一次写入，多次读取"，数据集一旦由数据源生成，就会被复制分发到不同的存储节点，然后响应各种数据分析任务请求。一般情况下，每次分析都会涉及数据集的大部分数据甚至是全部数据，因此请求读取整个数据集要比读取一条记录更加高效。应用程序关注的是数据吞吐量而非响应时间，HDFS 放宽了可移植操作系统接口（Portable Operation System Interface，POSIX）的要求，能以流的形式访问文件系统中的数据。

**3．支持多硬件平台**

Hadoop 可以运行在廉价、异构的商用硬件集群上，并且在设计 HDFS 时充分考虑了数据的可靠性、安全性及高可用性，以应对高发的节点故障问题。

**4．数据一致性高**

应用程序采用"一次写入，多次读取"的数据访问策略，支持追加，不支持多次修改，降低了造成数据不一致问题的可能性。

**5．有效预防硬件异常**

硬件异常比软件异常更加常见。对具有上百台服务器的数据中心而言，硬件异常是常态。HDFS 可有效预防硬件异常，并具有自动恢复数据的能力。

**6．支持移动计算**

计算与存储采取就近的原则，从而降低网络负载，减少网络拥塞。

HDFS 在处理一些特定问题上也存在着一定的局限性，并不适用于所有情况。其局限性主要表现在以下 3 个方面。

1. 不适合低时延的数据访问

HDFS 不适合处理要求低时延的数据访问请求, 因为 HDFS 是为了处理大型数据集任务 (主要针对高数据吞吐) 而设计的, 会产生高时延。

2. 无法高效地存储大量小文件

HDFS 采用主/从 (Master/Slave) 架构来存储数据, 需要用到名称节点 (NameNode) 来管理文件系统的元数据, 以响应请求、返回文件位置等。为了快速响应文件请求, 元数据存储在主节点的内存中, 文件系统所能存储的文件总数受限于 NameNode 的内存容量。小文件数量过大, 容易造成内存不足, 导致系统错误。

3. 不支持多用户写入和任意修改文件

在 HDFS 中, 一个文件只能被一个用户写入, 而且写操作总是将数据添加在文件末尾, 并不支持多个用户对同一文件进行写操作, 也不支持在文件的任意位置进行修改。

HDFS 可用于多个场景, 如网站用户行为数据存储、生态系统数据存储、气象数据存储等。Linkdln 公司将数据存储在 HDFS 中, 并将 HDFS 中存储的用户活动信息、服务器指标、图像以及事务日志用于数据分析, 以挖掘有用的信息, 如发现可能认识的人等。Adobe 公司搭建的 HDFS 节点和 HBase 集群, 用于提供结构化数据存储的社会服务。

## 2.2.1 HDFS 体系结构

HDFS 的存储策略是把大数据文件分块并存储在不同的计算机节点 (Node) 中, 通过 NameNode 管理文件分块存储信息 (即文件的元信息)。图 2-1 所示为 HDFS 的体系结构。

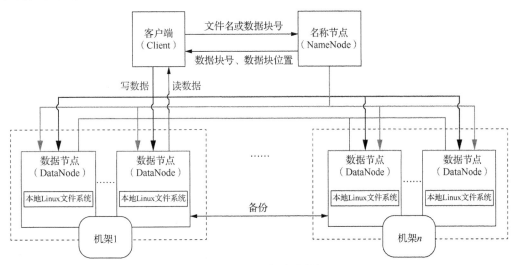

图 2-1　HDFS 的体系结构

HDFS 采用了典型的 Master/Slave 架构, 一个 HDFS 集群通常包含一个 NameNode 和若干个 DataNode。一个文件被分成了一个或者多个数据块, 并存储在一组 DataNode 上, DataNode 可分布在不同的机架上。NameNode 负责执行文件系统的命名空间打开或关闭、重命名文件或目录等操作, 同时负责管理数据块到具体 DataNode 的映射。在 NameNode 的统一调度下, DataNode 负责处理文件系统客户端的读/写请求, 完成数据块的创建、删除和复制。

1. NameNode 和 DataNode

HDFS 采用 Master/Slave 架构存储数据, NameNode 负责集群任务调度, DataNode 负责执行任务和存储数据块。NameNode 管理文件系统的命名空间, 维护着整个文件系统的文件目录树以及这些文件的索引目录。这些信息以两种形式存储在本地文件系统中，一种是命名空间镜像，一种是编辑日志。从 NameNode 中可以获取每个文件的每个块存储在 DataNode 中的位置，NameNode 会在每次启动系统时动态地重建这些信息。客户端通过 NameNode 获取元数据信息，并与 DataNode 进行交互以访问整个文件系统。

DataNode 是文件系统的工作节点，供客户端和 NameNode 调用并执行具体任务，存储数据块。DataNode 通过心跳机制定时向 NameNode 发送所存储的数据块信息，并报告其工作状态。

### 2. 数据块

数据块是磁盘进行数据读/写操作的最小单元。文件以块的形式存储在磁盘中，文件系统每次都能操作大小为磁盘数据块整数倍的数据。HDFS 中的文件也被划分为多个逻辑块进行存储。HDFS 中的数据块的大小会影响寻址开销。数据块越小，寻址开销越大。如果数据块设置得足够大，则从磁盘传输数据的时间会明显大于定位这个数据块开始位置所需要的时间。因而，传输一个由多个数据块组成的文件的时间取决于磁盘传输速率，用户必须在数据块大小设置上做出优化选择。Hadoop 2.0 以后的数据块大小默认为 128MB。

HDFS 作为一个分布式文件系统，使用抽象的数据块具有以下优势：

（1）通过集群扩展能力可以存储大于网络中任意一个磁盘容量的任意大小的文件；

（2）将抽象块而非整个文件作为存储单元，可简化存储子系统，固定的块大小可方便元数据和文件数据块内容的分开存储；

（3）便于数据备份和数据容错，提高了系统可用性。HDFS 默认将文件块副本数设定为 3，分别存储在集群不同的节点上。当一个块损坏时，系统会通过 NameNode 获取元数据信息，在其他机器上读取一个副本并自动进行备份，以保证副本的数量维持在正常水平。

### 3. 安全模式

安全模式是 HDFS 所处的一种特殊状态，在这种状态下，文件系统只接收读数据请求，而不接收删除、修改等变更请求。NameNode 启动后，HDFS 首先进入安全模式，DataNode 在启动时会向 NameNode 汇报可用的数据块状态等。当整个系统达到安全标准时，HDFS 会自动退出安全模式。如果 HDFS 处于安全模式下，则不能进行任何文件数据块副本的复制操作。NameNode 从所有的 DataNode 上接收心跳信号和数据块状态报告，数据块状态报告中包括某个 DataNode 上存储的所有数据块的列表。

每个数据块都有一个指定的最小副本数，当 NameNode 检测确认某个数据块的副本数达到最小值时，即副本数等于最小值时，就会认为该数据块的副本是安全的。退出安全模式的基本要求是：副本数达到要求的数据块占系统总数据块的百分比不能小于最小百分比（还需要满足其他条件），默认为 0.999f。也就是说，符合最小副本数要求的数据块占比超过 99.9%，并且其他条件也满足时才能退出安全模式。

NameNode 退出安全模式状态后会继续检测，确认有哪些数据块的副本没有达到指定数目，并将这些数据块复制到其他 DataNode 上。

### 4. 文件安全性

由于 HDFS 文件数据库的描述信息由 NameNode 集中管理，一旦 NameNode 出现故障，集群将无法获取文件块的位置，因此也就无法通过 DataNode 上的数据块来重建文件，进而即会导致整个文件系统中的文件全部丢失。为了保证文件的安全性，HDFS 提供备份 NameNode 元数据和增加 Secondary NameNode 两种基本方案。

（1）备份 NameNode 上持久化存储的元数据，然后同步地将其转存到其他文件系统中。一种通常的实现方式是将 NameNode 中的元数据转存到远程的网络文件系统（Network File System，NFS）中。

（2）在系统中同步运行一个 Secondary NameNode，其作为二级 NameNode 可以周期性地合并编辑日志中的命名空间镜像。Secondary NameNode 的运行通常需要大量的 CPU 和内存做合并操作，建议将其安装在与 NameNode 不同的其他单独的服务器上。Secondary NameNode 会存储储合并后的命名空间镜像，并在 NameNode 宕机后作为替补使用，以便最大限度地减少文件的损失。由于 Secondary NameNode 的同步备份总会滞后于 NameNode，因此依然存在数据损失的风险。

5. 文件权限

HDFS 的文件权限模型基本上和 POSIX 模型的文件和目录实现权限模型相同。每个文件和目录都与一个所有者和一个组相关联。该文件或目录对作为所有者的用户、作为该组成员的其他用户以及所有其他用户具有单独的权限。对于文件，需要 r 权限才能读取文件，需要 w 权限才能写入或附加到文件。对于目录，需要 r 权限才能列出目录的内容，需要 w 权限才能创建或删除目录，并且需要 x 权限才能访问目录的子级。但不同的是，因为没有可执行文件的概念，所以文件没有 setuid 或 setgid 位。setuid 或 setgid 位的作用主要是使命令执行者在执行该程序文件时获得该程序文件所有者或者组的身份。此部分因 HDFS 中无此权限位的设置，故不做深入讨论。

## 2.2.2 HDFS 中的数据流

Java 抽象类 org.apache.hadoop.fs.FileSystem 定义了 Hadoop 的一个文件系统接口。该类是一个抽象类，通过以下两个方法可以创建 FileSystem 对象：

```
public static FileSystem.get(Configuration conf) throws IOException
public static FileSystem.get(URI uri, Configuration conf) throws IOException
```

这两个方法均要求传递一个 Configuration 的对象实例。Configuration 对象可以理解为描述 Hadoop 集群配置信息的对象。创建一个 Configuration 对象后，可调用 Configuration.get() 以获取系统配置的 key-value 对属性。用户在得到一个 Configuration 对象之后就可以利用该对象创建一个 FileSystem 对象。

Hadoop 发行包支持不同的 FileSystem 子类，以满足多种数据访问需求。其除了可以访问 HDFS 上的数据外，也可以访问其他文件系统，如 Amazon 的 S3 等。用户也可以根据特定需求，自己实现特定网络存储服务。

Hadoop 抽象文件系统提供的方法主要可以分为两部分：一部分用于处理文件和目录相关的事务；另一部分用于读/写文件数据。处理文件和目录相关的事务主要是指创建文件/目录、删除文件/目录等操作；读/写数据文件主要是指读取/写入文件数据等操作。这些操作与 Java 的文件系统 API 类似，如通过 FileSystem.mkdirs（Path f，FsPermission permission）方法在 FileSystem 对象所代表的文件系统中创建目录。Java.io.File.mkdirs() 也是创建目录的方法。FileSystem.delete(Path f) 方法用于删除文件或目录，Java.io.File.delete 方法也用于删除文件或目录。

1. 文件的读取

客户端从 HDFS 中读取文件的流程如图 2-2 所示。

（1）客户端通过调用 FileSystem 对象中的 open() 函数打开需要读取的文件。对 HDFS 来说，FileSystem 是分布式文件系统的一个实例，对应着图 2-2 中的第（1）步。

（2）DistributedFileSystem 通过远程过程调用（Remote Procedure Call，RPC）来调用 NameNode，以确定文件起始块的位置。对于每一个块，NameNode 会返回存有该块副本的 DataNode 的地址。这些返回的 DataNode 会按照 Hadoop 定义的集群网络拓扑结构计算自己与客户端的距离并进行排序，就近读取数据。如果客户端本身就是一个 DataNode，并保存有相应数据块的一个副本，该节点就会直接从本地读取数据。

（3）HDFS 会向客户端返回一个支持文件定位的输入流对象 FSDataInputStream，用于提供给客户端读取数据。FSDataInputStream 类转而封装 DFSInputStream 对象，该对象管理着 NameNode 和 DataNode 之间的 I/O。当获取到数据块的位置后，客户端就会在这个输入流上调用 read() 函数。存储着文件起始块 DataNode 的地址的 DFSInputStream 对象随即连接距离最近的 DataNode。

（4）连接完成后，DFSInputStream 对象反复调用 read()函数，将数据从 DataNode 传输到客户端，直到这个块被全部读取完毕。

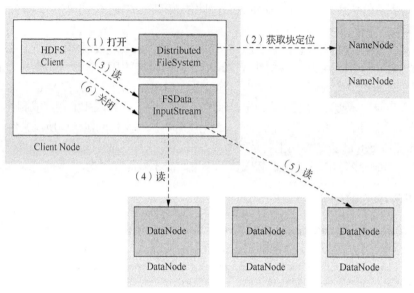

图 2-2　客户端从 HDFS 中读取文件的流程

（5）当最后一个数据块读取完毕时，DFSInputStream 会关闭与该 DataNode 的连接，然后寻找下一个数据块中距离客户端最近的 DataNode。客户端从流中读取数据时，块是按照打开 DFSInputStream 与 DataNode 新建连接的顺序读取的。它会根据需要来询问 NameNode 以检索下一批数据块的 DataNode 的位置。

（6）一旦客户端完成读取，就会对 FSDataInputStream 调用 close()函数。

在读取数据的时候，如果 DFSInputStream 与 DataNode 通信错误，则会尝试读取该块最近邻的其他 DataNode 上的数据块副本，同时也会记住发生故障的 DataNode，以保证以后不会再读取该节点上的后续块。收到数据块以后，DFSInputStream 也会通过校验和来确认从 DataNode 发来的数据的完整性。如果块损坏，则 DFSInputStream 试图从其他 DataNode 读取该副本，并向 NameNode 报告该信息。

对于文件的读取，NameNode 负责将客户端引导到最合适的 DataNode，由客户端直接连接 DataNode 去读取数据。这种设计可以让数据的 I/O 任务分散在所有 DataNode 上，也有利于 HDFS 扩展到更大规模的客户端以进行并行处理；同时 NameNode 只需要提供请求数据块所在的位置信息，而不需要提供其他数据，避免了 NameNode 随着客户端数量的增长而成为系统的瓶颈。

2. 文件的写入

客户端在 HDFS 中写入一个新文件的流程如图 2-3 所示。

（1）客户端通过对 DistributedFileSystem 对象调用 create()函数创建一个文件。

（2）DistributedFileSystem 对 NameNode 创建一个 RPC，在文件系统的命名空间中新建一个文件。此时该文件还没有相应的数据块，即还没有相关的 DataNode 与之关联。

（3）NameNode 会执行各种不同的检查以确保这个新文件在文件系统中不存在，并确保客户端有创建文件的权限。当所有验证通过时，NameNode 会创建一个新文件的记录。否则，文件创建失败并向客户端抛出一个 IOException 异常。如果文件创建成功，则 DistributedFileSystem 向客户端返回一个 FSDataOutputStream 对象，客户端开始借助这个对象向 HDFS 写入数据。FSDataOutputStream 封装着一个 DFSOutPutStream 数据流对象，负责处理 NameNode 和 DataNode 之间的通信。

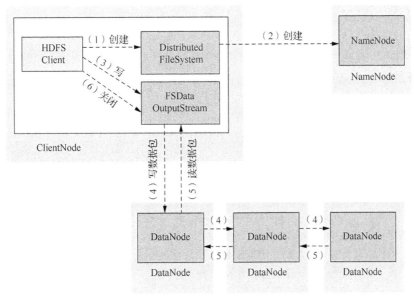

图 2-3　客户端在 HDFS 中写入一个新文件的流程

（4）当客户端写入数据时，DFSOutPutStream 会将文件分割成多个数据包，并会将其写入一个数据队列中。DataStreamer 负责处理数据队列，将这些数据包放入数据流中，并向 NameNode 发出请求以为新的文件分配合适的 DataNode 存储副本，返回的 DataNode 列表会形成一个管道。假设副本数为 3，那么管道中就会有 3 个 DataNode。DataStreamer 将数据包以流的形式传送给管道中的第 1 个 DataNode，第 1 个 DataNode 会存储这个数据包，然后将它传送给管道中的第 2 个 DataNode，第 2 个 DataNode 存储该数据包并将其传送给管道中的第 3 个 DataNode。

（5）DFSOutputStream 同时维护着一个内部数据包队列来等待 DataNode 返回确认信息，该队列被称为确认队列。只有当管道中所有的 DataNode 都返回了写入成功的信息后，该数据包才会从确认队列中删除。

（6）客户端成功完成数据写入操作以后，对数据流调用 close()函数。该操作将剩余的所有数据包写入 DataNode 管道，并连接 NameNode，等待通知确认信息。

如果在数据写入期间 DataNode 发送故障，HDFS 就会执行以下操作。

① 关闭管道，任何在确认队列中的数据包都会被添加到数据队列的前端，以保证管道中失败的 DataNode 的数据包不会丢失。当前存储在正常工作的 DataNode 上的数据块会被制定一个新的标识，并和 NameNode 进行关联，以便故障 DataNode 在恢复后可以删除存储的部分数据块。

② 管道会把失败的 DataNode 删除，文件会继续被写到另外两个 DataNode 中。

③ NameNode 会注意到现在的数据块副本没有达到属性配置要求，会在另外的 DataNode 上重新安排创建一个副本，后续的数据块继续正常接收处理。

3. 一致性模型

文件系统的一致性模型描述了文件读/写的数据可见性。为了提高性能，HDFS 牺牲了部分 POSIX 标准定义的接口标准请求。文件被创建之后，其在文件系统的命名空间中是可见的，但写入文件的内容并不保证能被看见。只有写入的数据超过一个块的数据，其他读取者才能看见该块。总之，当前正在被写入的块，其他读取者是不可见的。不过，HDFS 提供了一个 sync 方法来强制所有的缓存与数据节点同步。在 sync 方法返回成功后，HDFS 能保证文件中写入的从开始到结束时的数据对所有读取者都是可见且一致的。

HDFS 的文件一致性模型与具体设计应用程序的方法有关。如果不调用 sync 方法，则一旦客户端或系统发生故障，就可能失去一个块的数据。所以，用户应该在适当的地方调用 sync 方法，如在写入一定的记录或字节之后。尽管 sync 方法被设计为尽量减少 HDFS 负载，但仍有开销。用户可通过不同的 sync 频率来衡量应用程序，最终在数据可靠性和吞吐量间找到平衡。

### 4. 数据完整性

I/O 操作过程中难免会出现数据丢失或者脏数据，数据传输的量越大，出错的概率就越高。比较传输前后的校验和是最为常见的错误校验方法。例如，循环冗余校验（Cyclical Redundancy Check 32，CRC32）是一种数据传输检错功能，对数据进行多项式计算，计算 32 位的校验和，并将得到的校验和附在数据的后面，接收设备也执行类似的算法，以保证数据传输的正确性和完整性。

HDFS 也通过计算 CRC32 校验和的方式保证数据完整性。HDFS 会在每次写固定字节长度时就计算一次校验和。这个固定字节长度可由 io.bytes.per.checksum 指定，默认是 512Byte。HDFS 每次读的时候也会再次计算并比较校验和。DataNode 在收到客户端的数据或者其他副本传过来的数据时会检查数据的校验和。

HDFS 数据流中，客户端写数据到 HDFS 时，在管道的最后一个 DataNode 会检查这个校验和，如果发现错误，就会抛出 ChecksumException 异常到客户端。

客户端从 DataNode 读数据的时候也要检查校验和，而且每个 DataNode 还会保存检查校验和的日志，客户端的每一次校验都会记录到日志中。

除了读/写操作会检查校验和以外，DataNode 也会通过 DataBlockScanner 进程定期校验它上面的数据块，以预防诸如位衰减引起硬件问题导致的数据错误等问题发生。

如果客户端发现有数据块出错，则主要通过以下步骤恢复数据块：

（1）客户端在抛出 ChecksumException 异常之前把坏的数据块和该数据块所在的 DataNode 报告给 NameNode；

（2）NameNode 把这个数据块标记为已损坏，这样 NameNode 就不会把客户端指向这个数据块，也不会复制这个数据块到其他的 DataNode；

（3）NameNode 把一个好的数据块复制到另外一个 DataNode；

（4）NameNode 把损坏的数据块删除。

## 2.3 HDFS 关键特性

### 2.3.1 HDFS 高可用性

HDFS 主要由 NameNode 和 DataNode 两种节点组成。NameNode 中存储的是元数据信息（FSImage）和操作日志（EditLog），客户端对 HDFS 的任何读/写操作都需要从 NameNode 获取元数据后才可以进行后续操作。NameNode 的健康情况直接影响着整个存储系统的使用。虽然 Secondary NameNode 可以配合 NameNode 合并 FSImage 和 EditLog 来防止数据丢失，但是它不能解决 NameNode 的单点故障问题（Single Point Of Failure，SPOF）。这意味着如果 NameNode 失败了，则所有客户端都将无法操作 HDFS 上的数据。此时如果使用一个新的 NameNode 来恢复整个存储系统，则需要修改所有 DataNode 的配置信息以同这个新的 NameNode 进行沟通。同时，还需要将之前所有的元数据重新加载到 NameNode 中。当 HDFS 集群的规模变得庞大时，恢复 HDFS 的复杂程度会明显上升，时间成本也会随之增加。

Hadoop 2.x 增加了对 HDFS 高可用性（High Availability，HA）的支持，很好地解决了上述 NameNode 的单点故障问题。HDFS 高可用性架构如图 2-4 所示。在这个架构中，HDFS 的可靠性主要体现在使用 ZooKeeper 来实现主/备 NameNode（ZooKeeper 作为 Hadoop 的重要组成部分，将在 2.5 节介绍）。两台 NameNode 形成互备，一台处于 Active 状态，称为主 NameNode，其功能同处于非高

可用状态下的 NameNode 节点类似，用于接收客户端的 RPC 请求并提供服务；另一台处于 Standby
状态，称为备 NameNode，主要用于同步主 NameNode 上的元数据并作为它的热备。当主 NameNode
失效后，备 NameNode 就会快速接管来自客户端的请求，恢复 HDFS 服务。

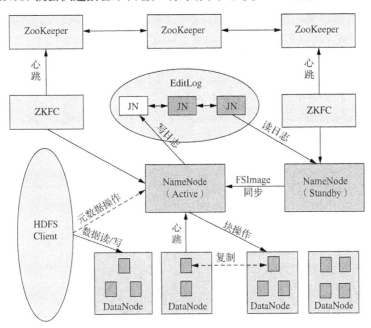

图 2-4　HDFS 高可用性架构

　　NameNode 的主备切换主要由主备切换控制器（ZKFailoverController，ZKFC）进程配合 ZooKeeper
完成。ZooKeeper 集群为主备切换控制器提供主备选举支持，一般建议 ZK 个数为 3 及以上，且为奇数，
这是由 ZooKeeper 的选举机制（FastLeaderElection 算法）决定的。主备切换控制器作为一个精简的仲
裁代理，利用 ZooKeeper 的分布式功能，实现主备仲裁，其在 NameNode 的机器上以独立的进程运行。
主备切换控制器在启动时，会创建 HealthMonitor 和 ActiveStandbyElector 这两个主要的内部组件，并
向 HealthMonitor 和 ActiveStandbyElector 注册回调函数的方式，订阅 HealthMonitor 和 Active
StandbyElector 的事件，并做相应的处理。其中 HealthMonitor 以独立线程方式运行，通过 RPC 的方法，
周期性地获取 NameNode 的状态，并汇报给 ActiveStandbyElector。ActiveStandbyElector 负责管理
NameNode 在 ZooKeeper 上的状态。如果节点发生变化，则其会通过回调函数把变化通知给 ZKFC。ZKFC
会根据返回的信息调用 NameNode 的特定 RPC 接口来调整 NameNode 的状态，完成主备切换。
　　JournalNode（简写为 JN）用于存储 Active NameNode 生成的 EditLog，负责主 NameNode 和备
NameNode 之间的日志同步，从而保证在进行主备切换时，备 NameNode 的命名空间已经完全同步，
可以快速切换。JN 在 HDFS 高可用架构下以组的形式出现，形成群体日志管理器（Quorum Journal
Manager，QJM）。QJM 通常由 3 个 JN 组成，因此系统可以忍受其中任何一个的丢失。当主 NameNode
的命名空间有任何修改时，均会将生成的 EditLog 同时写入本地和 JN，同时更新主 NameNode 中的
数据。备 NameNode 监测到 JN 上的 EditLog 变化时，会读取其中的变更信息，将 EditLog 加载到内
存，将变化应用于自己的命名空间，完成元数据同步。
　　需要注意的是，在 HDFS 高可用性架构下，DataNode 需要同时向两个 NameNode 发送数据块处
理报告，因为数据块映射信息存储在 NameNode 的内存中，而非磁盘。备 NameNode 在一定程度
上包含之前 Secondary NameNode 的功能，为主 NameNode 的命名空间设置周期性的检查点
（Checkpoint），在一定程度上缓解了主 NameNode 的负载压力。
　　Hadoop 3.x 中允许用户运行多个备 NameNode，但是主 NameNode 始终只有一个，剩余的都是备

NameNode。在这种架构下，集群可以容忍多个 NameNode 的故障。

## 2.3.2　HDFS 元数据持久化

　　HDFS 元数据（描述文件）持久化由 FSImage 和 EditLog 两个文件组成，随着 HDFS 的运行而进行持续更新。元数据持久化的过程如图 2-5 所示。第 1 步，主 NameNode（即图 2-5 中的 Active NameNode）接收文件系统操作请求，生成 EditLog，并回滚日志，在 EditLog.new 中记录日志；第 2 步，备 NameNode（即图 2-5 中的 Standby NameNode）从主 NameNode 上下载 FSImage，并从共享存储中读取 EditLog；第 3 步，备 NameNode 将日志和旧的元数据合并，生成新的元数据 FSImage.ckpt；第 4 步，备 NameNode 将元数据上传到主 NameNode；第 5 步，主 NameNode 将上传的元数据进行回滚；最后，循环第 1 步。

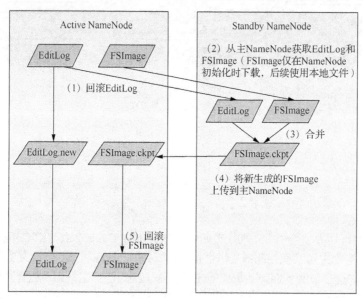

图 2-5　元数据持久化的过程

## 2.3.3　HDFS 联邦

　　HDFS 高可用性解决了 NameNode 的单点故障问题。但是集群在同一时刻，只能有一台 NameNode 处于 Active 状态，对外提供服务，这使得 HDFS 在集群扩展性和性能上都有潜在的问题。当集群大到一定程度之后，NameNode 进程使用的内存可能会达到上百 GB，NameNode 成为性能的瓶颈。与此同时，单 Active NameNode 中维护的元数据都在同一个命名空间中，集群中所有的应用程序无法很好地隔离。一个程序操作元数据可能会影响其他程序的运行。

　　为了解决如上问题，HDFS 联邦应运而生。在 HDFS 联邦中，有多个联合却相互独立的 NameNode，这使得 HDFS 的命名空间可以进行水平拓展。每个 NameNode 维护着属于自己的命名空间，包含命名空间的元数据和一个数据块池（Block Pool），其中 Block Pool 管理着该命名空间下文件的所有数据块。Block Pool 允许一个命名空间在不通知其他 NameNode 的情况下为一个新的数据块创建一个 BlockID，这样当 DataNode 向集群中所有 NameNode 汇报数据块时，每一个命名空间只管理属于自己的一组数据块信息。因此，一个 NameNode 的服务中断并不会影响其他 NameNode 中数据的可用性。简单来看，各 NameNode 负责自己所属的目录。与 Linux 挂载磁盘到目录类似，此时每个 NameNode 只负责整个 HDFS 集群中的部分目录。如 NameNode1 负责/database 目录，那么在/database 目录下的文件元数据都由 NameNode1 负责。各 NameNode 间元数据不共享，每个 NameNode 都有对应的 standby。HDFS 联邦架构如图 2-6 所示。

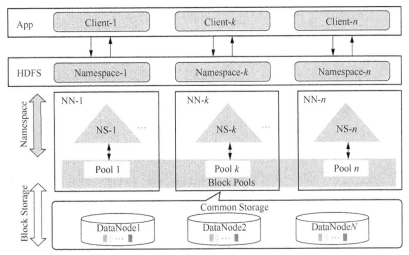

图 2-6 HDFS 联邦架构

HDFS 联邦技术主要应用于互联网公司存储用户行为数据、访问历史数据、语音数据等超大规模数据存储场景。在该架构中，因为存在多个命名空间，YARN/MapReduce 的应用程序可能会涉及跨 NameNode 读/写数据，传统的 Scheme 路径（如单个 hdfs://URl）已经不适用于应用程序的配置，所以必须给 HDFS 联邦提供一个新的、全局的访问入口，这就是视图文件系统（View File System，ViewFs）。

## 2.3.4　HDFS 视图文件系统

视图文件系统提供了一种管理多个 Hadoop 文件系统命名空间（或称为命名空间卷）的方法。这对 2.3.3 小节提出的具有多个 NameNode 的 HDFS 联邦集群特别有用。ViewFs 类似于某些 UNIX/Linux 操作系统中的 client-side mount table，可以用于创建个性化的命名空间视图，也可以用于整个集群的通用视图。

图 2-7 展示了 client-side mount table 管理命名空间的方法。下面 4 个深色的三角形代表 4 个独立的命名空间，分布在不同的 NameNode 上。ViewFs 通过将各个命名空间挂载到全局的 mount-table 中，来实现数据全局共享。用户通过不同的挂载点来访问不同的命名空间，如通过 viewfs://data 来访问第一命名空间。

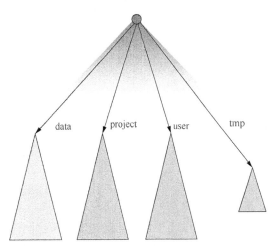

图 2-7　client-side mount table 管理命名空间的方法

该技术也在一定程度上导致了联邦技术的局限性。ViewFs 路径和其他 Scheme 路径（如 hdfs://URl）互不兼容。也就是说，如果将技术架构修改为联邦，则需要将 Hive meta、ETL 脚本、MR/Spark 作业中所有的 HDFS 路径的 scheme 修改为 viewFs。同时，这种访问模式下的联邦集群可能会出现负载不均衡的问题，需要更多的人工介入来达到理想的负载均衡。

### 2.3.5　HDFS 机架感知策略

大规模 Hadoop 集群节点分布在不同的机架上，同一机架上的节点往往通过同一网络交换机连接，在网络带宽方面比跨机架通信更具优势；但若某一文件数据块同时存储在同一机架上，则可能由于电力或网络故障，导致文件不可用。HDFS 采用机架感知策略来改进数据的可靠性、可用性和网络带宽的利用率。

通过机架感知，NameNode 可确定每个 DataNode 所属的机架 ID，HDFS 会把副本放在不同的机架上。如图 2-8 所示，第 1 个副本 B1 在本地机架；第 2 个副本 B2 在远端机架；第 3 个副本 B3 判断之前的两个副本是否在同一机架，如果是则选择其他机架，否则选择和第 1 个副本 B1 相同机架的不同节点；第 4 个及以上，随机选择副本存储位置。

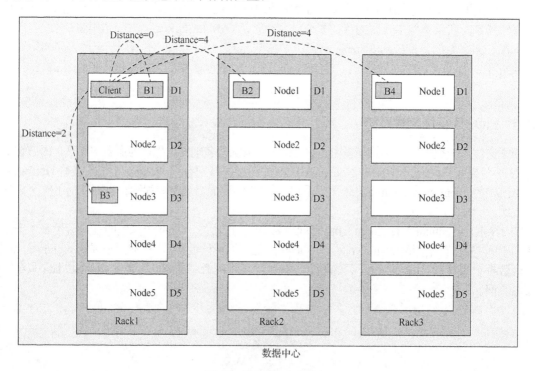

图 2-8　数据副本存储示意

HDFS 的机架感知策略的优势是防止由于某个机架失效导致数据丢失，并允许读取数据时充分利用多个机架的带宽。HDFS 会尽量让读取者去读取离客户端最近的副本数据以减少整体带宽消耗，从而降低整体的带宽时延。

对于副本距离的计算公式，HDFS 采用以下约定：

（1）Distance（Rack1/D1 Rack1/D1）= 0　　# 同一服务器的距离为 0

（2）Distance（Rack1/D1 Rack1/D3）= 2　　# 同一机架不同服务器的距离为 2

（3）Distance（Rack1/D1 Rack2/D1）= 4　　# 不同机架服务器的距离为 4

其中，Rack1、Rack2 表示机架标识号，D1、D3 表示所在机架中的 DataNode 主机的编号。即同一服务器的两个数据块的距离为 0；同一机架不同服务器上的两个数据块的距离为 2；不同机架上的服务器上的两个数据块距离为 4。

通过机架感知，处于工作状态的 HDFS 总是设法确保数据块的 3 个副本（或更多副本）中至少有 2 个处在同一机架上，至少有 1 个处在不同机架上（至少处在 2 个机架上）。

## 2.3.6　HDFS 集中式缓存管理

Hadoop 从 2.3.0 版本开始支持 HDFS 缓存机制。这是一种显式的缓存机制，允许用户指定需要 HDFS 缓存的路径。NameNode 会通知所需块的 DataNode，将这些块在堆外内存（Off-heap）中进行缓存。在高并发的情况下，堆内缓存（On-heap）会频繁导致垃圾回收（Garbage Collection，GC）的问题，堆外内存则可以脱离 Java 虚拟机（Java Virtual Machine，JVM）的管控，从而减少因程序 GC 导致的应用暂停。集中式缓存管理给 HDFS 带来了很多显著优势。

（1）当工作集的大小超过了 HDFS 主内存大小时，会有部分工作集的数据从内存中被清除。为了防止这种情况的发生，可以显式地进行锁定，以避免频繁使用的数据从内存中被清除。

（2）缓存可以减少 CPU 通过 I/O 去读取磁盘的次数，提高磁盘 I/O 的效率。因此如果将应用程序频繁读/写的块副本进行缓存，则可以提高读/写性能。

（3）当块已经由 DataNode 缓存后，客户端可以使用一个新的、更高效的、零拷贝的 API。这是因为 DataNode 已经对缓存数据进行了校验和验证，当客户端使用此新 API 时，客户端的开销基本为 0。

（4）在每个 DataNode 依赖操作系统缓存区缓存时，重复读取块将导致块的所有 $n$ 个副本被放入缓存区缓存。而使用集中化缓存管理，显式地锁定 $n$ 个副本中的 $m$ 个副本进行缓存，可以减少 $n-m$ 个副本块，提高内存利用率。

如图 2-9 所示，在 HDFS 集中式缓存架构中，当用户向 NameNode 发送一个缓存路径的请求后，NameNode 会根据内存中的元数据信息来确定请求的数据块所在的 DataNode，并在该 DataNode 的心跳响应信息中附带缓存命令以分配缓存任务。DataNode 会定期向 NameNode 发送缓存报告（包括描述缓存在给定 DataNode 中的所有块）以通知 NameNode 数据块的缓存情况。除了上述用户触发的缓存动作外，NameNode 也会周期性地重复扫描命名空间和活跃的缓存，以确定需要缓存或不缓存哪个块。

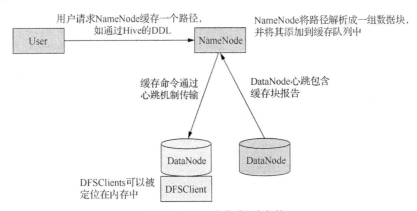

**图 2-9　HDFS 集中式缓存架构**

集中式缓存管理对重复访问的文件很有用。例如，Hive 中的一个较小的 fact 表（常常用于 joins 操作）就是一个很好的缓存对象。然而，对一个全年报表查询的输入数据进行缓存很可能就没有多大作用了，因为历史数据只会读取一次。集中式缓存管理对带有性能服务等级协议（Service-Level

Agreement，SLA）的混合负载也很有用。缓存正在使用的高优先级负载可以保证它不会和低优先级负载竞争磁盘 I/O。

### 2.3.7 配置 HDFS 数据存储策略

在实际的生产应用过程中，搭建 HDFS 集群数据节点的硬件环境可能会存在差异性，如固态硬盘的读/写性能会明显高于普通的磁盘。如果在选择数据存储节点时，没有考虑数据节点的性能、网络状况和存储空间的差异性，则可能会导致整个集群负载不均衡，进而造成数据节点的资源浪费。因此，我们在配置 HDFS 集群时，应该适当考虑配置 HDFS 数据存储策略。目前，存储策略可分为以下几种。

#### 1. 分级存储

HDFS 的异构分级存储框架提供了 RAM_DISK、SSD、DISK、ARCHIVE 这 4 种存储类型的存储设备，以对应 DataNode 上可能存在的不同存储介质。

* RAM_DISK 是一种由内存虚拟的硬盘，具有最高的读/写性能。其容量受限于内存大小，通常容量很小，且掉电可能丢失数据。

* SSD 即固态硬盘，具有较高的读/写性能。但通常存储容量较小，单位存储成本比普通机械硬盘高。

* DISK 即普通机械硬盘，是 HDFS 用于保存数据的主要存储类型。

* ARCHIVE 代表高密度、低成本的存储介质，读/写性能相对较差，通常装配于计算能力较低的节点，用于大容量、非热点的数据存储。

以上 4 种存储介质的存取速度从上到下依次递减。这 4 种存储类型的组合，可以适应不同场景的存储策略。HDFS 分级存储策略可分为如下几种（如表 2-2 所示）。

* COLD：用于有限计算的存储。不再使用的数据或者需要进行归档的数据会从 hot 存储移动到 cold 存储。当数据处于 cold 状态时，所有的副本会存储到 ARCHIVE 中，数据块创建或者复制的时候都没有备选的存储类型。

* WARM：部分数据处于 hot 状态、部分数据处于 cold 状态。当数据块处于 warm 状态时，部分副本会存储到 DISK，其余副本会存储到 ARCHIVE。

* HOT：用于存储和计算。在计算中的热点数据一般会应用此策略。当数据库处于 hot 状态时，所有的副本都会存储在 DISK 中。

* ONE_SSD：将一个副本存储到 SSD，其他副本存储到 DISK。

* All_SSD：将所有数据存储到 SSD。

* LAZY_PERSIST：向用户内存中写入单个副本块。副本首先写入 RAM_DISK，然后延迟保存到 DISK 中。这种情况比较特殊，如果一个文件的存储策略被指定为 LAZY_PERSIST，则在写入时会先写入内存，再异步地写入磁盘。该策略主要用来降低小数据量的写入时延，代价是在某些情况下会有数据丢失。

表 2-2　　　　　　　　　　　　　HDFS 分级存储策略

| 策略 ID | 名称 | Block 放置位置（副本数） | 备选存储策略 | 副本的备选存储策略 |
|---|---|---|---|---|
| 2 | COLD | ARCHIVE: $n$ | \<none\> | \<none\> |
| 5 | WARM | DISK: 1, ARCHIVE: $n-1$ | ARCHIVE、DISK | ARCHIVE、DISK |
| 7 | HOT（默认） | DISK: $n$ | \<none\> | ARCHIVE |
| 10 | ONE_SSD | SSD: 1, DISK: $n-1$ | SSD、DISK | SSD、DISK |
| 12 | All_SSD | SSD: $n$ | DISK | DISK |
| 15 | LAZY_PERSIST | RAM_DISK: 1, DISK: $n-1$ | DISK | DISK |

当有足够的存储空间时,将根据 Block 放置位置中指定的存储介质来存储副本块;当空间不足时,备选存储策略和副本的备选存储策略中指定的存储介质将会被用于文件创建和副本复制。以策略 15-LAZY_PERSIST 为例,如果 Block 副本数为 3,则配置了该策略的文件的第 1 个 Block 副本将写入 RAM_DISK,其余副本将写入 DISK。作为后备方案,如果第 1 个 Block 副本写入 RAM_DISK 失败,则会尝试写入备选存储策略中指定的存储介质;如果第 1 个副本之外的其他副本写入失败,则会尝试写入副本的备选存储策略中指定的存储介质。

#### 2. 机架组存储

机架组表示多个机架的集合。关键数据根据实际业务需要保存在高度可靠的节点中,通过修改 DataNode 的存储策略,系统可以将数据强制保存在指定的节点组中。此存储策略遵循如下约束(以图 2-10 为例)。

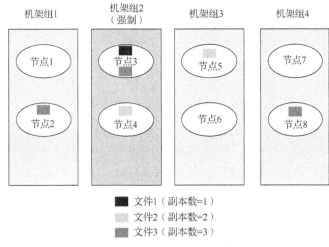

图 2-10　HDFS 机架组存储策略

- 第 1 个副本将从强制机架组(机架组 2)中选出。如果在强制机架组中没有可用节点,则写入失败。
- 第 2 个副本将从本地客户端机架或机架组的随机节点中(当客户端机架或机架组不是强制机架组时)选出。
- 第 3 个副本将从其他机架组中选出。
- 各副本应存储在不同的机架组中。如果所需副本的数量大于可用的机架组数量,则会将多出的副本存储在随机机架组中。
- 在由副本增加或数据块受损而导致再次备份时,如果有一个以上的副本缺失或无法存储至强制机架组,则将不会进行再次备份。此时,系统将会继续尝试重新备份,直至强制机架组中有正常节点恢复可用状态,简单地说就是强制某些关键数据存储到指定服务器中。

### 2.3.8　HDFS 同分布

同分布(Colocation)是将存在关联性的数据或可能要进行关联操作的数据存储在相同的节点上。HDFS 同分布的特性是,将那些需要进行关联操作的文件存储在相同的数据节点上,在进行关联操作时可以避免到别的数据节点上获取数据,大大减少了网络带宽的占用。如图 2-11 所示,假设有 6 个数据节点,在由这 6 个数据节点组成的分布式文件系统中,存储了 4 个文件,每个文件有 3 个副本。如果要将文件 A 和 D 进行关联操作,那么不可避免地要进行大量的数据搬迁,整个集群将由于数据传输占用大量网络带宽,严重影响大数据处理与系统性能。使用文件同分布可以将文件 A 和 D 的副本存储在同一个数据节点上，这样可以降低网络带宽的占用，如图 2-12 所示。

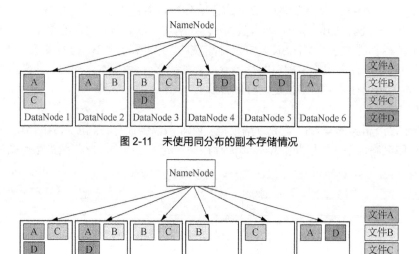

图 2-11　未使用同分布的副本存储情况

图 2-12　同分布下的副本存储情况

HDFS 同分布是通过引入一个名为 locator 的新文件属性实现的。每一个 locator 由一个唯一值（ID）标识，其中每一个文件最多被分配给一个 locator，但是多个文件可以被分配给同一个 locator。具有相同 locator 的文件被放置在同一组数据节点上，没有 locator 的文件则通过 Hadoop 的默认策略放置。同分布为 locator 分配数据节点时，locator 的分配算法会根据已分配的情况均衡地分配数据节点。算法会查询目前存在的 locator，读取所有 locator 分配的数据节点，并记录次数。根据次数，对数据节点进行排序，使用次数少的节点排在前面。算法优先选择排在前面的节点，每次选择一个节点之后，计数加 1，并重新排序以选择后序节点。

同分布也会存在一些问题，如在用户指定 DataNode 的情况下，会造成某些节点上数据量很大；在数据倾斜严重的情况下，会导致 HDFS 写任务失败。

# 2.4　HDFS 操作

## 2.4.1　使用命令行访问 HDFS

HDFS 提供多种 HDFS 客户端访问方式，最常见的是通过命令行和 Java API 两种方式访问。

命令行是操作文件最简单、最直接的方式之一。本小节通过读取文件、新建目录、移动文件、删除数据、列出目录等命令来进一步认识 HDFS。下面先介绍一些常用的文件命令行操作（Hadoop 1.x 和 Hadoop 2.x）。本小节需要读者有一定的 Linux 命令行操作的基础知识。

### 1. 操作文件和目录

通过命令行对 HDFS 文件和目录的操作主要包括：创建、浏览、删除文件和目录，以及在本地文件系统与 HDFS 间互相复制等。常用命令格式如下，其中 \<path\> 表示 HDFS 上的文件路径。

```
（1）hadoop fs -ls <path>        #列出 HDFS 上的文件或目录内容
例如：hadoop fs -ls /，表示列出 HDFS 上的根目录文件或目录内容
hadoop fs -lsr <path>           #递归列出 HDFS 目录内容
例如：hadoop fs -lsr /，表示递归列出 HDFS 根目录上的目录内容
```

（2）hadoop fs -df <path>　　　　　　　　#查看 HDFS 上目录的使用情况

例如：hadoop fs -df / ，表示查看 HDFS 上根目录的使用情况

（3）hadoop fs -du <path>　　　　　　　　#显示 HDFS 目录中所有文件和目录的大小

例如：hadoop fs -du /，表示显示 HDFS 根目录中所有文件和目录的大小

（4）hadoop fs -touchz <path>　　　　　　#创建一个路径为<path>的 0Byte 的 HDFS 空文件

例如：hadoop fs -touchz /test，表示在 HDFS 根目录下创建一个名为 test 的 0Byte 的空文件

（5）hadoop fs -mkdir <path>　　　　　　　#在 HDFS 上创建路径为<path>的目录

例如：hadoop fs -mkdir /testdir，表示在 HDFS 根目录下创建一个名为 testdir 的目录

（6）hadoop fs -rm [-skipTrash] <path>　#将 HDFS 上路径为<path>的文件移动到回收站；如果加上
　　　　　　　　　　　　　　　　　　　　　　-skipTrash，则直接删除

例如：hadoop fs -rm /test，表示删除在 HDFS 根目录下的 test 文件；如果没有指定-skipTrash，则会提示放到回收站中

（7）hadoop fs -rmr [-skipTrash] <path>　#将 HDFS 上路径为<path>的目录以及目录下的文件移动到回收
　　　　　　　　　　　　　　　　　　　　　　站；如果加上-skipTrash，则直接删除

例如：hadoop fs -rmr /testdir，表示删除 HDFS 根目录下的 testdir 文件夹

（8）hadoop fs -cat <src>　　　　　　　　#浏览 HDFS 上路径为<src>的文件的内容

hadoop fs -appendToFile <localsrc> ...<dst> #从本地文件系统中选择单个或者多个源路径并将其追加
　　　　　　　　　　　　　　　　　　　　　　到目标文件系统指定的文件中

例如：hadoop fs -appendToFile localfile /user/hadoop/hadoopfile，表示将本地的 localfile 的内容追加到/user/hadoop/hadoopfile 中

（9）hadoop fs -tail [-f]<file>　　　　　#显示 HDFS 上路径为<file>的文件的最后 1KB 的字节，
　　　　　　　　　　　　　　　　　　　　　　-f 选项表示使显示的内容随着文件内容的更新而更新

例如：hadoop fs -tail -f /user/test.txt，表示查看 HDFS 上 test.txt 文件最后 1KB 的字节，并随文件内容的更新而更新

（10）hadoop fs -stat[format]<path>　　　#显示 HDFS 上路径为<path>的文件或目录的统计信息。
　　　　　　　　　　　　　　　　　　　　　　格式为：%b 文件大小　%n 文件名　%o 打印 blocksize
　　　　　　　　　　　　　　　　　　　　　　%r 复制因子

例如：hadoop fs -stat %b %n %o %r /user/test，表示输出 HDFS 上 test 文件或目录的统计信息，包含文件大小、文件名、blocksize 和备份个数

（11）hadoop fs -put <localsrc>... <dst>　#将<localsrc>本地文件上传到 HDFS 的<dst>目录下

例如：hadoop fs -put /home/hadoop/test.txt /user/hadoop，表示将本地的 test.txt 文件上传至 HDFS 的/user/hadoop 目录下

（12）hadoop fs -count[-q] <path>　　　　#显示<path>下的目录数和文件数，输出格式为"目录数
　　　　　　　　　　　　　　　　　　　　　　文件数 大小 文件名"，加上-q 可以查看文件索引的情况

例如：hadoop fs -count /，表示统计根目录下的目录数与文件数

（13）hadoop fs -moveFromLocal <localsrc>...<dst>　#将<localsrc>本地文件移动到 HDFS 的
　　　　　　　　　　　　　　　　　　　　　　<dst>目录下

（14）hadoop fs -moveToLocal[-crc]<src><localdst>　#将 HDFS 上路径为<src>的文件移动到本地
　　　　　　　　　　　　　　　　　　　　　　<localdst>路径下

（15）hadoop fs -get [-ignorecrc] [-crc] [-p] [-f] <src> <localdst>
　　　　#从目标文件系统复制文件到本地文件系统。如果加上-ignorecrc，则表示复制的时候不使用 CRC 校验。如果
　　　　加上-p，则表示保留修改时间、文件组、权限等信息

例如：hadoop fs -get /user/hadoop/a.txt /home/hadoop，表示将 HDFS 上的 a.txt 复制到本地的/home/hadoop 中

（16）hadoop fs -getmerge <src><localdst>[addnl]

 #将 HDFS 上<src>目录下的所有文件按文件名排序，并将其合并成一个文件输出到本地的<localdst>目录下。addnl 是可选的，用于指定在每个文件结尾添加一个换行符

例如：hadoop fs -getmerge /user/test /home/hadoop/o，表示将 HDFS 上/user/test 目录下的所有文件按文件名排序并合并成一个文件，然后输出到本地的/home/hadoop/o 目录下

（17）hadoop fs -test -[ezd]<path>

 #检查 HDFS 上路径为<path>的文件。-e 检查文件是否存在，如果存在则返回 0。-z 检查文件是否是 0Byte，如果是则返回 0。-d 检查路径是否是目录，如果是则返回 1，否则返回 0

例如：hadoop fs -test -e /user/test.txt，表示检查 HDFS 上的 test.txt 是否存在

### 2. 修改权限或用户组

HDFS 提供了一些命令，可以用来修改文件的权限、所属用户以及所属组别，具体命令格式如下。

（1）hadoop fs -chmod [-R] <MODE [,MODE]... |OCTALMODE> PATH...

 #改变 HDFS 上路径为 PATH 的文件的权限，-R 选项表示递归执行该操作

例如：hadoop fs -chmod -R +r /user/test，表示为/user/test 目录下的所有文件赋予读的权限

（2）hadoop fs -chown [-R][OWNER][:[GROUP]]PATH...

 #改变 HDFS 上路径为 PATH 的文件的所属用户，-R 选项表示递归执行该操作

例如：hadoop fs -chown -R hadoop:hadoop /user/test，表示将/user/test 目录下所有文件的所属用户和所属组别改为 hadoop

（3）hadoop fs -chgrp [-R] GROUP PATH...

 #改变 HDFS 上路径为 PATH 的文件的所属组别，-R 选项表示递归执行该操作

例如：hadoop fs -chown -R hadoop /user/test，表示将/user/test 目录下所有文件的所属组别改为 hadoop

### 3. 其他命令

HDFS 除了提供上述两类命令之外，还提供许多实用性较强的工具命令，如查看版本信息、管理集群安全模式等。

（1）hadoop version                 #查看版本信息

（2）hdfs dfsadmin [-report [-live] [-dead] [-decommissioning] [-enteringmaintenance] [-inmaintenance]]                #报告服务状态

例如：hdfs dfsadmin -report ，表示报告 HDFS 的状态信息

（3）hdfs dfsadmin [-safemode enter | leave | get | wait | forceExit]  #管理安全模式状态

例如：hdfs dfsadmin -safemode leave，表示退出安全模式

## 2.4.2 使用 Java API 访问 HDFS

HDFS 提供的 Java API 是本地访问 HDFS 最重要的方式之一，所有的文件访问方式都建立在这些应用接口之上。FileSystem 类是与 Hadoop 的文件系统进行交互的 API，也是使用最为频繁的 API。

### 1. 使用 Hadoop URL 读取数据

要从 Hadoop 文件系统读取数据，最简单的方式是使用 java.net.URL 对象打开数据流，从中读取数据。代码如下：

```
1. InputStream in=null;
2. try {
3.     in= new URL("hdfs://host/path").openStream();
4. }finally{
5.     IOUtils.closeStream(in);
6. }
```

让 Java 程序能够识别 Hadoop 的 HDFS URL 方案还需要一些额外的工作，这里采用的方法是通

过 org.apache.hadoop.fs.FsUrlStreamHandlerFactory 实例调用 java.net.URL 对象的 setURLStreamHandler Factory 方法。每个 JVM 只能调用一次这个方法，因此通常在静态方法中调用。下面的示例展示的程序以标准输出方式显示 Hadoop 文件系统中的文件，类似于 UNIX 中的 cat 命令：

```
1.  package bigdata.ch02.hdfsclient;
2.  import java.io.IOException;
3.  import java.io.InputStream;
4.  import java.net.MalformedURLException;
5.  import java.net.URL;
6.  import org.apache.hadoop.fs.FsUrlStreamHandlerFactory;
7.  import org.apache.hadoop.io.IOUtils;
8.  public class URLcat{
9.    static{
10.       URL.setURLStreamHandlerFactory(new FsUrlStreamHandlerFactory());
11.   }
12.   public static void main(String[] args) throws
      MalformedURLException,IOException{
13.       InputStream in =null;
14.       try{
15.           in = new URL(args[0]).openStream();
16.           IOUtils.copyBytes(in,System.out,4096,false);
17.       }finally{
18.           IOUtils.closeStream(in);
19.       }
20.   }
21. }
```

编译代码，导出的文件为 URLcat.jar 文件，执行命令：

```
hadoop jar URLcat.jar hdfs://master:9000/user/hadoop/test
```

执行完成后，屏幕上显示 HDFS 文件/user/hadoop/test 中的内容。该程序是从 HDFS 读取文件的最简单的方式，即用 java.net.URL 对象打开数据流。其中，第 9～11 行所示静态代码块的作用是设置 URL 类能够识别 Hadoop 的 HDFS URL。第 16 行的 IOUtils 是 Hadoop 中定义的类，调用其静态方法 copyBytes 可实现从 HDFS 复制文件到标准输出流。其中 4096 表示用来复制的缓冲区大小，false 表示复制完成后并不关闭数据源。

2. 通过 FileSystem API 读取数据

在实际开发中，访问 HDFS 最常用的类是 FileSystem 类。Hadoop 文件系统中通过 Hadoop Path 对象来定位文件。可以将路径视为一个 Hadoop 文件系统 URI，如 hdfs://localhost/user/tom/test.txt。FileSystem 是一个通用的文件系统 API，获取 FileSystem 实例有以下几种静态方法：

```
public static FileSystem get(Configuration conf) throws IOException
public static FileSystem get(URI uri,Configuration conf) throws IOException
public static FileSystem get(URI uri,Configuration conf,String user) throw IOException
```

第 1 个方法返回的是默认文件系统。第 2 个方法通过给定的 URI 方案和权限来确定要使用的文件系统，如果给定的 URI 中没有指定方案，则返回默认文件系统。第 3 个方法作为给定用户来访问文件系统，这对保证系统的安全性来说至关重要。下面分别给出几个常用操作的代码示例。

（1）读取文件

代码示例如下：

```
1.  package bigdata.ch02.hdfsclient;
2.  import java.io.IOException;
3.  import java.io.InputStream;
4.  import java.net.URI;
5.  import org.apache.hadoop.conf.Configuration;
```

```
6.   import org.apache.hadoop.fs.FileSystem;
7.   import org.apache.hadoop.fs.Path;
8.   import org.apache.hadoop.io.IOUtils;
9.   public class FileSystemCat{
10.  public static void main(String[] args) throws IOException{
11.    String uri="hdfs://master:9000/user/hadoop/test";
12.    Configuration conf=new Configuration();
13.    FileSystem fs=FileSystem.get(URI.create(uri),conf);
14.    InputStream in=null;
15.    try{
16.        in = fs.open(new Path(uri));
17.        IOUtils.copyBytes(in,System.out,4096,false);
18.      }finally{
19.            IOUtils.closeStream(in);
20.      }
21.  }
22. }
```

上述代码直接使用 FileSystem 以标准输出格式显示 Hadoop 文件系统中的文件。

第 12 行定义了一个 Configruation 类的实例，代表 Hadoop 平台的配置信息，并在第 13 行作为引用传递到 FileSystem 的静态方法 get 中，产生 FileSystem 对象。

第 17 行与上例类似，调用 Hadoop 中的 IOUtils 类，并在 finally 子句中关闭数据流，同时也可以在输入流和输出流之间复制数据。copyBytes 方法的最后两个参数，第 1 个参数表示用于复制的缓冲区大小，第 2 个参数表示复制结束后是否关闭数据流。

（2）写入文件

代码示例如下：

```
1.   package bigdata.ch02.hdfsclient;
2.   import java.io.BufferedInputStream;
3.   import java.io.FileInputStream;
4.   import java.io.IOException;
5.   import java.io.InputStream;
6.   import java.io.OutputStream;
7.   import java.net.URI;
8.   import org.apache.hadoop.conf.Configuration;
9.   import org.apache.hadoop.fs.FileSystem;
10.  import org.apache.hadoop.fs.Path;
11.  import org.apache.hadoop.io.IOUtils;
12. public class FileCopyFromLocal{
13.    public static void main(String[] args) throws IOException {
14.        String source="/home/hadoop/test";
15.        String destination = "hdfs://master:9000/user/hadoop/test2";
16.        InputStream in = new BufferedInputStream(new FileInputStream(source));
17.        Configuration conf = new Configuration();
18.        FileSystem fs = FileSystem.get(URI.create(destination),conf);
19.        OutputStream out=fs.create(new Path(destination));
20.        IOUtils.copyBytes(in,out,4096,true);
21.  }
22.  }
```

上述代码显示了如何将本地文件复制到 Hadoop 文件系统中。每次 Hadoop 调用 progress 方法时，也就是每次将 64KB 数据包写入 datanode 管线后，都会通过输出一个时间点来显示整个运行过程。

（3）创建 HDFS 目录

代码示例如下：

```
1. package bigdata.ch02.hdfsclient;
```

```
2. import java.io.IOException;
3. import java.net.URI;
4. import org.apache.hadoop.conf.Configuration;
5. import org.apache.hadoop.fs.FileSystem;
6. import org.apache.hadoop.fs.Path;
7. public class CreateDir{
8.    public static void main(String[] args){
9.         String uri="hdfs://master:9000/user/test";
10.        Configuration conf=new Configuration();
11.        try{
12.             FileSystem fs=FileSystem.get(URI.create(uri),conf);
13.             Path dfs=new Path("hdfs://master:9000/user/test");
14.             fs.mkdirs(dfs);
15.             }catch (IOException e) {
16.                 e.printStackTrace();
17.        }
18.  }
19. }
```

FileSystem 实例提供了创建目录的方法:

```
public boolean mkdir(Path f) throws IOException
```

这个方法可以一次性创建所有必要但还未创建的父目录,就像 java.io.File 类的 mkdirs 方法。如果目录都已经创建成功,则返回 true。通常不需要显式创建一个目录,因为调用 create()函数写入文件时会自动创建父目录。

（4）删除 HDFS 上的文件或目录

示例代码如下:

```
1. package bigdata.ch02,hdfsclient;
2. import java.io.IOException;
3. import java.net.URI;
4. import org.apache.hadoop.conf.Configuration;
5. import org.apache.hadoop.fs.FileSystem;
6. import org.apache.hadoop.fs.Path;
7. public class DeleteFile{
8.    public static void main(String[] args){
9.    String uri="hdfs://master:9000/user/hadoop/test";
10.        Configuration conf = new Configuration();
11.        try{
12.             FileSystem fs = FileSystem.get(URI.create(uri),conf);
13.             Path delef=new Path("Path://master:9000/user/hadoop");
14.             boolean isDeleted=fs.delete(delef,true);
15.             System.out.println(isDeleted);
16.             } catch (IOException e){
17.                 e.printStackTrace();
18.        }
19.     }
20. }
```

使用 FileSystem 的 delete 方法可以永久性删除文件或目录。如果需要递归删除文件夹,则需要将 fs.delete（arg0，arg1）方法的第 2 个参数设为 true。

（5）列出目录下的文件或目录名称

示例代码如下:

```
1. package bigdata.ch02.hdfsclient;
2. import java.io.IOException;
```

```
3.  import java.net.URI;
4.  import org.apache.hadoop.conf.Configuration;
5.  import org.apache.hadoop.fs.FileStatus;
6.  import org.apache.hadoop.fs.FileSystem;
7.  import org.apache.hadoop.fs.Path
8.  public class ListFiles{
9.    public static void main(String[] args){
10.        String uri="hdfs://master:9000/user";
11.        Configuration conf=new Configuration();
12.        try{
13.            FileSystem fs=FileSystem.get(URI.create(uri),conf);
14.            Path path=new Path(uri);
15.            FileStatus stats[]=fs.listStatus(path);
16.            for(int i=0;i<stats.length;i++){
17.                              System.out.println(stats[i].getPath.toString());
18.        }
19.            fs.close();
20.        } catch (IOException e) {
21.            e.printStackTrace();
22.        }
23.  }
24. }
```

任何一个文件系统的重要特性都是提供浏览和检索其目录结构下所存文件与目录的相关信息。FileStatus 类封装了文件系统中文件和目录的元数据，包括文件长度、块大小、副本、修改时间、所有者以及权限信息。执行上述代码后，控制台将会输出/user 目录下的目录名称或者文件名。

# 2.5 ZooKeeper

ZooKeeper 是一个分布式的、开放源码的分布式应用程序协调服务组件，主要用来解决分布式应用中经常遇到的一些数据管理问题。ZooKeeper 是 Hadoop 和 HBase 的重要组件，提供配置管理、名字服务、分布式锁、集群管理等功能。ZooKeeper 封装了复杂、易出错的关键服务，将简单易用的接口与性能高效、功能稳定的系统提供给用户。在安全模式下，ZooKeeper 依赖于 Kerberos 和 LdapServer进行安全认证；在非安全模式下，ZooKeeper 不依赖于 Kerberos 和 LdapServer 进行安全认证。ZooKeeper 作为底层组件被上层组件广泛使用并依赖，如 Kafka、HDFS、HBase、Storm 等。在 2.3.1小节中，已经介绍了采用 ZooKeeper 来实现主/备 NameNode 以达到构建高可用 HDFS 的方法。本节将对 ZooKeeper 进行简单介绍。

## 2.5.1 ZooKeeper 体系结构

ZooKeeper 分布式协调服务框架的总体架构如图 2-13 所示。

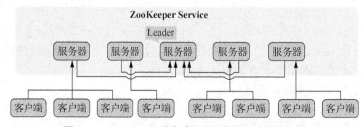

图 2-13 ZooKeeper 分布式协调服务框架的总体架构

　　ZooKeeper 集群由一组服务器组成，并存在一个角色为 Leader 的服务器（以下称 Leader 节点）和多个 Follower Server 节点（以下称 Follower 节点）。当客户端连接到 ZooKeeper 集群并且执行写请求时，这些请求会被发送到 Leader 节点上，然后 Leader 节点上的数据变更会同步到集群中其他的 Follower 节点上。

　　Leader 节点在接收到数据变更请求后，首先会将变更写入本地磁盘，以作恢复之用；当所有的写请求持久化到磁盘以后，才会将变更应用到内存中。

　　ZooKeeper 使用了一种自定义的原子消息协议，保证了整个协调系统中的节点数据或状态的一致性。Follower 节点通过这种协议保证本地的 ZooKeeper 数据与 Leader 节点同步，然后基于本地的存储来独立地对外提供服务。

　　当一个 Leader 节点发生故障失效时，失效故障是快速响应的，消息层负责重新选择一个 Leader 节点。当某一台服务器获得了半数以上的票时，该服务器变为 Leader，继续作为协调服务集群的中心处理客户端写请求，并将 ZooKeeper 协调系统的数据变更同步（广播）到其他的 Follower 节点上。

　　对于包含 $n$ 个实例的服务，$n$ 可能为奇数或偶数。假设容灾能力为 $x$，则：

　　当 $n=2x+1$ 为奇数时，节点要想成为 Leader 须获得 $x+1$ 票；

　　当 $n=2x+2$ 为偶数时，节点要想成为 Leader 须获得 $x+2$ 票。

## 2.5.2　ZooKeeper 读/写机制

　　来自客户端的读服务（Read Request），是直接由对应服务器的本地副本来进行服务的。对于来自客户端的写服务（Write Request），因为 ZooKeeper 要保证每台服务器的本地副本是一致的（单一系统映像），所以需要通过一致性协议来处理，成功处理的写请求（数据更新）会先序列化到每台服务器的本地磁盘，再保存到内存数据库中。图 2-14 给出了集群模式下一个 ZooKeeper 服务器提供读/写服务的流程。数据的写请求都会被转发到 Leader 节点来处理。Leader 节点会对这次的更新发起投票，并且发送提议消息给集群中的其他节点，当半数以上的 Follower 节点将本次修改持久化之后，Leader 节点会认为这次写请求处理成功了，进而即会提交本次的事务。

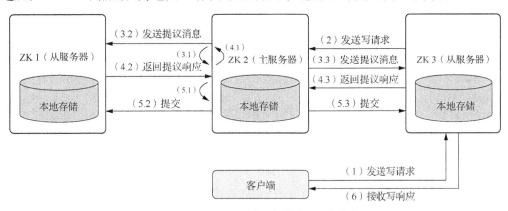

图 2-14　ZooKeeper 服务器提供读/写服务的流程

　　集群模式下，ZooKeeper 使用简单的同步策略，通过以下 3 条基本保证实现数据的一致性。

　　（1）全局串行化所有的写操作。串行化可以把变量转化成连续的字节数据，并保存在一个文件里或在网络上传输，再通过反串行化将其还原为原来的数据。

　　（2）保证同一客户端的指令（以及消息通知）被先进先出（First Input First Output，FIFO）地执行。

　　（3）自定义的原子消息协议。

### 2.5.3 ZooKeeper 关键特性

ZooKeeper 在大数据框架中无处不在。ZooKeeper 的特性在一定程度上决定了其他大数据组件的服务性能，如高可用性等。ZooKeeper 具有如下特性。

（1）最终一致性：客户端不论连接到哪个服务器，展示给它的都是同一个视图，这是 ZooKeeper 最重要的特性。

（2）可靠性：具有简单、健壮、良好的特性。如果消息 m 被某一台服务器接收，那么它将会被所有的服务器接收。

（3）实时性：ZooKeeper 保证客户端将在一个时间间隔范围内获得服务器的更新信息，或者服务器失效的信息。但由于网络时延等原因，ZooKeeper 不能保证两个客户端同时得到刚更新的数据，如果需要最新数据，则应在读数据之前调用 sync()接口。

（4）等待无关（Wait-free）：慢的或者失效的客户端不得干预快速的客户端的请求，这使得每个客户端都能进行有效的等待。

（5）原子性：更新只能成功或者失败，没有中间状态。

（6）顺序性：包括全局有序和偏序两种。全局有序是指如果在一台服务器上消息 a 在消息 b 之前发布，则在所有服务器上消息 a 都将在消息 b 之前发布；偏序是指如果消息 b 在消息 a 之后被同一个发送者发布，则消息 a 必将排在消息 b 前面。

### 2.5.4 ZooKeeper 命令行操作

ZooKeeper 的命令行较为简单，在安装完 ZooKeeper 后，可通过自带脚本 zkCli.sh 连接到 ZooKeeper 服务器上。具体的常用 ZooKeeper 命令行操作如下。

1. 创建节点

```
create /node
```

2. 列出节点的子节点

```
ls /node
```

3. 创建节点数据

```
set /node data
```

4. 获取节点数据

```
get /node
```

5. 删除节点

```
delete /node
```

## 2.6 本章小结

本章首先介绍了基本的文件系统组成，并以 Linux 为例阐述了文件系统的相关概念。然后对 HDFS 的概念及应用场景进行了介绍，分析了 HDFS 的基本架构原理、数据流及关键特性。最后介绍了为实现 HDFS 集群的高可用而提供分布式协调服务的 ZooKeeper 组件，并介绍了其关键特性及其在其他组件中的应用场景。学完本章内容，读者需要掌握 HDFS 的整体架构组成、读/写数据流程及其访问操作，并能够大致了解 HDFS 中存在的一些问题及其解决方案，如 HDFS 的 NameNode 的单点故障问题可以使用高可用方案进行解决等。同时读者须对 ZooKeeper 的特性和作用有一定的了解，这样才能更好地使用大数据组件。

# 2.7　习题

（1）简述 Linux 中的虚拟文件系统。

（2）HDFS 有何特点？主要应用在哪些场景？

（3）什么是元数据？NameNode 如何实现元数据持久化？

（4）HDFS 采用哪些机制来保证数据的安全性？

（5）简述 HDFS 数据读取和写入的流程。

（6）描述缓存的作用，并简述 HDFS 中的集中式缓存管理流程。

（7）简述同分布的使用场景，并说明可能存在的问题。

（8）为什么建议对 ZooKeeper 进行"奇数部署"？

# 第3章　Hive分布式数据仓库

数据库的广泛使用积累了大量的历史数据，人们已经不再满足于仅用数据库对业务数据进行操作和管理，而是更加注重对这些历史数据进行各种分析以辅助决策。传统的数据库在事务处理方面的应用获得了巨大的成功，但它对数据分析和处理的支持一直不能令人满意，于是数据仓库应运而生。本章首先向读者介绍被科研与技术人员广泛接受的数据仓库的定义，然后详细介绍 Hadoop 平台的数据仓库工具 Hive 的体系架构和基本操作。

## 3.1　数据仓库

### 3.1.1　数据仓库的定义

其实，很难给数据仓库一个严格的定义，不准确地说，数据仓库也是一种数据库，它与操作性数据库分开维护。按照数据仓库系统构造方面的领头设计师威廉·恩门（William Inmon）的说法，数据仓库是一个面向主题的（Subject Oriented）、集成的（Integrated）、相对稳定的（Non-Volatile）以及反映历史变化的（Time Variant）数据集合，用于支持管理决策。

面向主题是指数据仓库会围绕一些主题来进行组织和构建，如顾客、供应商、产品等，这些主题是指用户使用数据仓库进行决策时所关心的重点，而不是指企业的日常操作和事务处理。通常一个主题可以与多个操作型信息系统相关。数据仓库排除对决策支持过程无用的数据，提供面向特定主题的视图。

集成是指构建数据仓库通常会将多个异构的数据源（如关系数据库、一般的文件和事务处理记录等）集成在一起。这就需要使用数据清理和数据集成技术来确保命名约定、编码结构和属性度量等的一致性。

相对稳定是指数据仓库大多会分开存储数据，数据仓库不需要进行事务处理、数据恢复和并发控制等。同时，数据一旦确认写入就不会被取代或删除，即数据仓库不允许对数据进行修改，只能进行初始化装入和查询分析。

反映历史变化是指数据仓库是从历史的角度提供信息的，换句话说，数据的变动在数据仓库中是能够被记录和追踪的。这样有助于反映数据随时间变化的轨迹。

### 3.1.2　数据仓库和数据库的区别

数据库的操作一般称为联机事务处理（Online Transaction Processing，

OLTP），是针对具体的业务在数据库中的联机操作。它涵盖了企业、组织、机构等大部分的日常操作，如购物、注册、记账等。OLTP 面向一般的客户，关注企业的当前数据，主要用于存储和管理日常运营的数据。这些数据对企业的业务来说至关重要，所以往往需要付出巨大的努力来确保在高并发等特殊环境下数据的完整性。这也就决定了 OLTP 的访问模式由短的原子事务组成，同时需要考虑事务管理、并发控制和故障恢复等机制。

数据仓库的操作一般称为联机分析处理（Online Analytical Processing，OLAP），是针对某些主题（综合数据）的历史数据进行分析，支持管理决策。与 OLTP 不同的是，OLAP 面向的是管理决策人员，提供数据分析的功能。管理决策人员可以分析 OLAP 中存储的大量历史数据，并在不同的粒度级别、不同的维度视角存储和管理数据，从而进行分析决策。数据仓库与 OLAP 的关系是互补的。现代 OLAP 系统一般以数据仓库为基础，即从数据仓库中抽取详细数据的一个子集并经过必要的聚集存储到 OLAP 存储器中以供前端分析工具读取。

数据库与数据仓库的主要区别如表 3-1 所示。

表 3-1　　　　　　　　　　　数据库与数据仓库的主要区别

| 特性 | 数据库（OLTP） | 数据仓库（OLAP） |
| --- | --- | --- |
| 用户 | 办事员、数据库管理员 | 高级管理者、决策者 |
| 功能 | 日常事务处理 | 数据分析、决策支持 |
| 访问 | 读、写 | 读、追加 |
| 工作单元 | 短事务 | 复杂查询 |
| 数据规模 | MB～GB 级别 | 大于 TB 级别 |
| 性能优先 | 高性能、高可用 | 高灵活性、终端用户自治 |
| 数据 | 当前数据 | 历史数据 |
| 度量 | 事务吞吐量 | 查询吞吐量、响应时间 |
| 业务方向 | 日常操作 | 决策支持 |

### 3.1.3　数据仓库的系统结构

数据仓库的系统结构通常包含 4 个层次：数据源、数据存储和管理、数据服务及数据应用。

数据源：是数据仓库的数据来源，包含外部数据、现有业务系统和文档资料等。对这些数据首先须完成数据集成操作，包括数据的抽取、清洗、转换和加载。数据源中的数据采用数据 ETL 工具处理并以固定的周期加载到数据仓库中。

数据存储和管理：此层次主要涉及对数据的存储和管理，包含数据仓库、数据仓库检测、运行与维护工具，以及元数据管理等。

数据服务：为前端和应用提供数据服务，可直接从数据仓库中获取数据以供前端应用使用，也可通过 OLAP 服务器为前端应用提供负责的数据服务。

数据应用：此层次直接面向用户，包含数据查询工具、自由报表工具、数据分析工具、数据挖掘工具和各类应用系统。经典的数据仓库的系统结构如图 3-1 所示。

随着应用需求的发展变化，传统数据仓库也存在如下几个亟待解决的问题。

（1）无法满足快速增长的数据存储需求。传统数据仓库基于关系数据库，横向扩展较差，纵向扩展有限。

（2）无法处理不同类型的数据。传统数据仓库只能处理和存储结构化数据。随着应用需求的发展，数据的格式越来越丰富，半结构化、非结构化数据所占比例越来越大，数据处理需求越来越迫切。

（3）传统数据仓库建立在关系数据库之上，计算和处理能力不足，当数据量达到 TB 级别后性能难以得到保证。

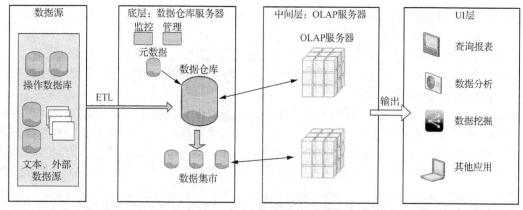

图 3-1　经典的数据仓库的系统结构

# 3.2　Hive 概述和体系结构

## 3.2.1　Hive 概述

Hive 是基于 Hadoop 文件系统之上的数据仓库架构,可以将结构化的数据文件映射成一张数据库表,为数据仓库的管理提供了数据 ETL 工具、数据存储管理及大型数据集的查询和分析功能。同时,为了方便用户使用,Hive 还定义了与 SQL 相似的操作——允许开发者使用 Mapper 和 Reducer 操作。这种类似于 SQL 的查询语言称为 HiveQL。

由于 Hive 处理的数据集相对比较大,在执行时会出现时延现象,在任务提交和处理时会消耗一定的时间成本,因此 Hive 的性能不能与传统的 Oracle 数据库进行比较。Hive 不提供数据排序和高速缓存(Cache)查询等功能、不提供在线事务处理、不提供实时的查询和记录级的更新,但 Hive 能更好地处理不变的大规模数据集上的批量任务。因此,Hive 不支持 OLTP 所需的关键功能,而更接近一个 OLAP 工具。但是,Hadoop 本身的时间开销很大,并且 Hadoop 被设计用来处理的数据规模很大,这导致 Hive 提交查询和返回结果很可能具有很大的时延,所以 Hive 在一定程度上并不能作为 OLAP 的"联机"部分,而只能作为一个离线数据仓库。

Hive 具有如下特性。

* 方便灵活的 ETL 工具。
* 支持 MapReduce、Tez、Spark 等多种计算引擎。
* 支持访问 HDFS 文件和 HBase。
* 易用、易编程。

如图 3-2 所示,Hive 的主要应用场景可分为数据挖掘、非实时分析、数据汇总、数据仓库。最佳应用场景是大数据集的批处理。

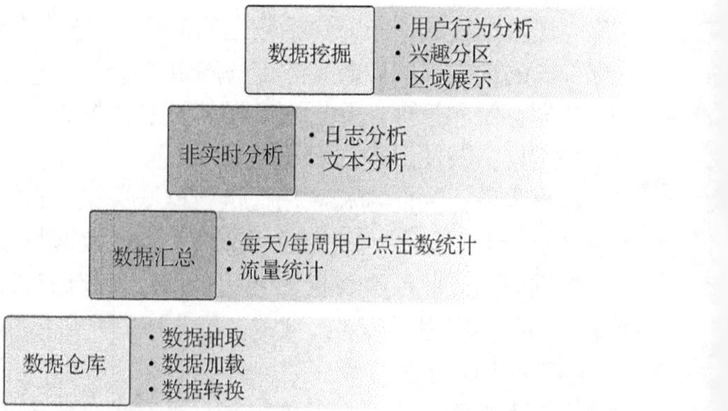

数据挖掘
* 用户行为分析
* 兴趣分区
* 区域展示

非实时分析
* 日志分析
* 文本分析

数据汇总
* 每天/每周用户点击数统计
* 流量统计

数据仓库
* 数据抽取
* 数据加载
* 数据转换

图 3-2　Hive 的主要应用场景

## 3.2.2　Hive 的体系结构

Hive 建立在 Hadoop 的体系架构之上,提供了一个类 SQL 的解析过程,从外部接口获取命令,对用户指令进行解析。Hive 可将命令解析为 MapReduce 任务,然后交给 Hadoop 集群进行处理。

Hive 的体系结构如图 3-3 所示。Hive 命令行界面(Command-Line Interface,CLI)是使用 Hive

的最常见场景。使用 CLI 可创建表、检查模式以及查询表等。CLI 可提供交互式的界面，供用户输入语句或者执行含有 Hive 语句的脚本。

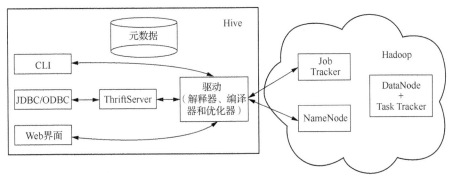

图 3-3　Hive 的体系结构

Thrift 允许客户端使用 Java、C++、Ruby 等多种语言通过编程来远程访问 Hive，也提供使用 JDBC 和开放数据库互连（Open DataBase Connectivity，ODBC）访问 Hive 的功能，这些都是基于 HiveServer 实现的。在 Hive 中，HiveServer 也经常被称作 ThriftServer，但这可能会给读者造成一种误解，因为 HiveServer 2 也是建立在 Thrift 之上的。自从引入 HiveServer 2 之后，HiveServer 也被称为 HiveServer 1。HiveServer 1 无法处理来自多个客户端的并发请求，这是 HiveServer 使用的 Thrift 接口所导致的限制，且不能通过修改 HiveServer 的代码来修正。而 HiveServer 2 进行了改进，可以支持多客户端并发和身份认证。HiveServer 2 旨在为开放客户端（如 JDBC 和 ODBC）提供更好的服务。

所有的 Hive 客户端都需要一个元数据服务（Metadata Service），Hive 使用这个服务来存储表模式信息和其他元数据信息。该服务通常会使用关系数据库中的表来存储这些信息。

HiveQL 查询语句在词法分析、语法分析、编译、优化以及查询计划的生成等各个阶段的任务，由解释器、编译器和优化器分别完成。生成的查询计划存储在 HDFS 中，随后由 MapReduce 调用执行。目前，Hive 默认的执行引擎是 MapReduce，但也支持切换成 Apache Tez 或者 Apache Spark。Tez 和 Spark 都使用的是有向无环图，它们比 MapReduce 更加灵活，性能也更加优越。但若使用这两种执行引擎，则必须先安装 Tez 或 Spark。

Hive 还提供了一个远程访问 Hive 的服务，也就是 Hive Web 界面（Hive Web Interface，HWI），但其提供的功能不多，可用于展示、查看数据表，执行 HiveQL 脚本。

在 FunsionInsight 中，华为引入了 WebHCat 组件，形成的架构如图 3-4 所示。其中，HiveServer 主要会对用户提交的 HiveQL 语句进行编译，且会将其解析成对应的 YARN 任务、Spark 任务或者 HDFS 操作，从而完成数据的抽取、转换、分析。Metastore 提供元数据服务。WebHCat 对外提供 REST 接口，使用户可以通过超文本传输安全协议（Hyper Text Transfer Protocol Secure，HTTPS）来享受元数据访问、数据定义语言（Data Definition Language，DDL）查询等服务。

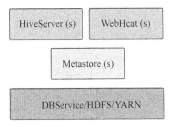

图 3-4　FunsionInsight 中 Hive 的架构

### 3.2.3 Hive 与传统数据仓库

Hive 并非数据仓库的唯一选择。在 Hive 流行之前，企业大多采用传统的并行数据仓库架构。传统数据仓库一般采用国外知名厂商的大型服务器和成熟的解决方案，不仅价格昂贵、可扩展性较差，而且平台工具与其他厂商难以适配，用户操作体验比较差，开发效率不高，当数据量达到 TB 级别后基本无法得到很好的性能。另外，传统数据仓库基本只擅长处理结构化或半结构化数据，对非结构化数据的处理并不能给予很好的支持。Hive 的出现，为企业提供了更加廉价且优质的解决方案。Hive 与传统数据仓库的比较如表 3-2 所示。

表 3–2                          Hive 与传统数据仓库的比较

| 比较项 | Hive | 传统数据仓库 |
|---|---|---|
| 存储 | HDFS，理论上有无限扩展的可能 | 集群存储，存在容量有上限，而且伴随着容量的增长，计算速度会急剧下降。只能适用于数据量比较小的商业应用，对于超大规模数据无能为力 |
| 存储引擎 | 内置多种文件格式，并且支持用户定制的格式 | 须把数据装载到数据库中，按特定的格式存储成特定的页文件，才能执行查询 |
| 执行引擎 | 有 MapReduce、Tez、Spark 多种引擎可供选择 | 可以选择更加高效的算法来执行查询，也可以执行更多的优化措施来提高速度 |
| 使用方式 | HiveQL（类似 SQL） | SQL |
| 灵活性 | 元数据存储独立于数据存储之外 | 低，数据用途单一 |
| 分析速度 | 计算依赖于集群规模，易扩展，在大数据量的情况下，远远快于传统数据仓库 | 在数据量较小时非常快速，而在数据量较大时，速度会急剧下降 |
| 索引 | 低效，目前还不完善 | 高效 |
| 缓冲 | 只能依赖于文件系统的缓冲机制 | 往往禁用操作系统的缓冲机制，针对不同查询的特点设计了多种缓冲机制，从而优化了性能 |
| 易用性 | 需要自行开发应用模型，灵活度高，但是易用性较低 | 集成一整套成熟的报表解决方案，可以较为方便地进行数据分析 |
| 可靠性 | 数据存储在 HDFS 中，可靠性高，容错性强。如果在执行查询计划过程中某个节点故障，则只需要重新调度，而不必重新提交查询 | 可靠性较低，一次查询失败需要重新开始。数据容错性依赖于硬件 RAID |
| 依赖环境 | 依赖硬件较低，可适应一般的普通机器 | 依赖于高性能商业服务器 |
| 价格 | 开源产品 | 商用比较昂贵 |

由表 3-2 可知，Hive 并不是处处都优于传统数据仓库。Hive 虽然具有高可靠、高容错、可扩展等优点，但也存在部分缺点（如图 3-5 所示），如时延较高、不支持物化视图、不适用 OLTP、暂不支持存储过程等。

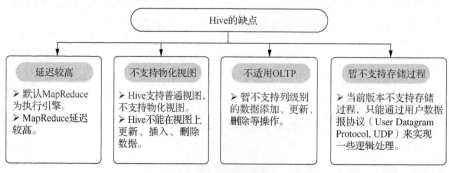

图 3-5   Hive 的缺点

在实际应用中，企业使用 Hive 还是传统数据仓库，取决于经济因素和数据规模。对于数据规模，如果需要几千甚至上万节点的集群，则传统数据仓库就很难支撑了。如果数据规模不大且较重视性能，则可以考虑使用传统数据仓库。

## 3.2.4　Hive 数据存储模型

Hive 中所有的数据均存储在 HDFS 上，Hive 没有专门的数据存储格式，也不能为数据建立索引。用户可以非常自由地组织 Hive 中的表，只需要在创建表的时候指定列分隔符和行分隔符，Hive 便可解析数据。

如图 3-6 所示，Hive 的数据存储模型主要包括表、分区和桶等。

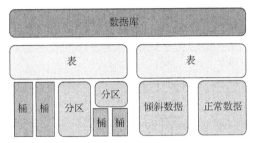

图 3-6　Hive 的数据存储模型

Hive 中的表分为内部表（或托管表）和外部表。

内部表的概念和数据库中的表的概念是类似的，每个内部表实际上对应了 HDFS 上的一个数据存储目录。用户可以通过修改 ${HIVE_HOME}/conf/hive-site.xml 配置文件中的 hive.metastore.warehouse.dir 属性来配置这些数据表的存储目录。默认情况下，该属性的值为/user/hive/warehouse（HDFS 上的目录）。

外部表和内部表很类似，但是其中的数据并不会存储在自己表所属的目录中，而是会存储在别的 HDFS 目录上。外部表和内部表的区别在于，当删除外部表时，只会删除外部表对应的元数据，该外部表所对应的数据不会被删除；而如果删除内部表，则该内部表对应的数据和元数据均会被删除。如果所有处理都由 Hive 来完成，则建议使用内部表。但如果要用 Hive 和其他工具来处理同一个数据，则建议使用外部表。

作为数据仓库，Hive 往往需要存储大量数据。如果仅将所有数据存储在一个表上，则在进行查询操作时会大大降低查询效率。有时候，用户只需要扫描表中的部分数据。因此，Hive 引入了分区的概念。分区就是将整个表的数据在存储的时候划分成多个子目录。一个表可以拥有一个或者多个分区，一个分区对应表下的一个目录，所有分区的数据都存储在对应的目录中。Hive 分区的依据是创建表时所指定的"分区列"。需要注意的是，"分区列"并不是表里的某个字段，而是独立的列。但该独立的"分区列"可以被指定为查询条件。

分区提供了一个隔离数据和优化查询的可行方案，但是并非所有的数据集都可以形成合理的分区，分区的数量也不是越多越好。过多的分区可能会导致很多分区上没有数据。为了解决这一问题，Hive 提供了一种更加细粒度的数据拆分方案：桶。桶会根据指定的列计算散列值，并根据计算出的散列值切分数据，然后通过除以桶的个数并求余的方式决定该条记录存储在哪个桶中，每一个桶就是一个文件。桶的个数是在建表的时候指定的，并且可以指定在桶内进行排序。桶主要应用于数据抽样、提升某些查询操作效率等。

Hive 的分区和桶也可以结合使用，以确保表数据在不同粒度上都可以得到合理的拆分。具体的创建样例详见 3.3.1 小节。

# 3.3 Hive 基本操作

## 3.3.1 Hive 数据基本操作

### 1. 数据类型

Hive 的数据类型可以分为两大类：基础数据类型和复杂数据类型。Hive 不仅支持关系数据库中大多数的基本数据类型，同时也支持集合数据类型（如 STRUCT、MAP、ARRAY 等）。在表 3-3、表 3-4 中分别列举了 Hive 的基础数据类型和复杂数据类型。

表 3-3　　　　　　　　　　　　Hive 的基础数据类型

| 序号 | 数据类型 | 长度 | 范围 | 示例 |
|---|---|---|---|---|
| 1 | TINYINT | 1Byte | −128～127 | 10 |
| 2 | SMALLINT | 2Byte | −32 768～32 767 | 1 000 |
| 3 | INT | 4Byte | −2 147 483 648～2 147 483 647 | 1 000 000 |
| 4 | BIGINT | 8Byte | −9 223 372 036 854 775 808～9 223 372 036 854 775 807 | 10 |
| 5 | BOOLEAN | — | — | TRUE |
| 6 | FLOAT | 4Byte | — | 1.234 56 |
| 7 | DOUBLE | 8Byte | — | 1.234 56 |
| 8 | STRING | — | 可指定字符集，可使用单引号和双引号 | 'hello hive' "hello hadoop" |
| 9 | TIMESTAM | — | 整数、浮点数或字符串 | 1 232 321 232<br>12 312 341.212 344 21<br>'2017-04-07 15:05:56.1231352' |
| 10 | BINARY | — | — | — |

表 3-4　　　　　　　　　　　　Hive 的复杂数据类型

| 序号 | 数据类型 | 描述 | 示例 |
|---|---|---|---|
| 1 | STRUCT | STRUCT 封装一组有名字的字段，其类型可以是任意的基本类型，可以通过 "." 来访问元素的内容 | names('Zoro', 'Jame') |
| 2 | MAP | MAP 是 key-value 对元组集合，使用数组表示法可以访问元素，其中 key 只能是基本类型，value 可以是任意类型 | money('Zoro':1000, 'Jame':800) |
| 3 | ARRAY | ARRAY 类型是由一系列相同数据类型的元素组成的，每个数组元素都有一个编号，编号从 0 开始。例如, fruits['apple', 'orange', 'mango']，可通过 fruits[1]来访问 orange | fruits('apple', 'orange', 'mango') |
| 4 | UNION | UNION 类似于 C 语言中的 UNION 结构,在给定的任何一个时间点, UNION 类型可以保存指定数据类型中的任意一种。类型声明语法为 UNIONTYPE<data_type, data_type, ...>。每个 UNION 类型的值都通过一个整数来表示其类型，这个整数位声明时的索引从 0 开始 | |

### 2. 数据定义

（1）创建数据库

Hive 是一种数据库技术，可以定义数据库和表来分析结构化数据。如果用户没有显式地指定数据库，那么将使用默认的数据库 default。Hive 对大小写并不敏感，本书为了便于读者的阅读与理解，将语句中的关键字全部大写。创建数据库的语法如下：

```
CREATE DATABASE|SCHEMA [IF NOT EXISTS] <database name>
```

在这里，IF NOT EXISTS 是可选子句，若创建的数据库已经存在，则没有这个子句时，会抛出一个错误信息。可以使用 DATABASE 或 SCHEMA 中的任意一个，创建一个名为 first 的数据库：

```
hive> CREATE DATABASE IF NOT EXISTS first;
hive> CREATE SCHEMA first;
```

可以使用如下语句查看 Hive 中的数据库：

```
hive> SHOW DATABASES;
default
first
```

Hive 会为每个数据库创建一个目录，数据库中的表会以数据库目录的子目录形式存储。但是 default 数据库没有本身的目录，数据库的文件目录是以.db 结尾的。

用户可以使用 DROP DATABASE 删除数据库，语法如下：

```
DROP (DATABASE|SCHEMA) [IF EXISTS] database_name [RESTRICT|CASCADE];
```

IF EXISTS 子句是可选的，加上这个子句可以避免因数据库不存在而抛出警告信息。

注意，Hive 不允许用户删除包含表的数据库。用户应在删除数据库中的所有表后，再删除数据库；或者在删除命令的后面加上关键字 CASCADE，这意味着在删除数据库前删除所有相应的表。如果使用 RESTRICT 关键字，就和默认情况一样：若删除数据库，则必须先删除数据库中的所有表。

（2）创建表

首先指定要创建表的数据库为 first：

```
hive>USE first;
```

CREATE TABLE 是用于在 Hive 中创建表的语句，语法如下：

```
CREATE [TEMPORARY] [EXTERNAL] TABLE [IF NOT EXISTS] [db_name.] table_name
[(col_name data_type [COMMENT col_comment], ...)]
[COMMENT table_comment] [ROW FORMAT row_format]
[STORED AS file_format]
LIKE table_name1
[LOCATION hdfs_path]
```

关键字说明：CREATE TABLE，创建一个指定名字的表，若名字相同的表已经存在，则抛出异常；若用户添加了 IF NOT EXISTS，则会忽略这个异常；EXTERNAL，创建一个外部表，后面的 LOCATION 语句是外部表的存储路径，COMMENT 是为表的属性添加注释，LIKE 是用户将已存在的表复制给新建表，复制定义而不复制数据。

创建 employees 表的语句如下：

```
hive> CREATE TABLE employees(
 > id INT COMMENT 'employee id',
 > name STRING COMMENT 'employee name',
 > salary FLOAT COMMENT 'employee salary',
 > address STRUCT<city:STRING,state:STRING,street:STRING> COMMENT 'employee address'
 > );
```

使用 LIKE 关键字复制 employees 表的语句如下：

```
CREATE TABLE IF NOT EXISTS test LIKE employees;
```

使用关键字 SHOW TABLES 列举所有的表。完成上述创建数据库和数据表的操作之后，可以查看已存在的表，语句如下：

```
hive>SHOW TABLES;
employees
test
```

也可以使用 DESCRIBE EXTENDED database.tablename 来查看所建表的详细信息。如查看 employees 表的详细信息：

```
hive> DESCRIBE EXTENDED first.employees;
OK
```

```
id                        int                      employee id
name                      string                   employee name
salary                    float                    employee salary
address                   struct<city:string,state:string,street:string> employee address
```

前面所创建的表都是内部表，当删除一个内部表时，Hive 会删除这个表中的数据。前面已经介绍了如何使用关键字 EXTERNAL，通过 EXTERNAL 创建的是外部表，使用 LOCATION 告诉 Hive 存储外部表的数据所在的路径。删除外部表时并不会删除数据，只会删除描述表的数据信息。用户可以通过如下语句查看表是外部表还是内部表：

```
DESCRIBE EXTENDED [tablename]
```

对于内部表，可以看到如下信息：

```
#省略前面的大段输出
…tableType:MANAGED_TABLE)
```

对于外部表，可以看到如下信息：

```
#省略前面的大段输出
…tableType:EXTERNAL_TABLE)
```

（3）分区表

数据分区可以水平分散压力。按照数据表的某列或某些列，可将 Hive 分成多个区，这样可以减少数据读/写的总量，缩短数据库的响应时间。Hive 中也有分区表的概念，分区表对内部表和外部表同样适用。例如，对于 employees 表而言，可以在创建表的同时按照 city（城市）、state（城区）和 street（街道）对数据进行分区：

```
hive> CREATE TABLE employees(
    > id INT COMMENT 'employee id',
    > name STRING COMMENT 'employee name',
    > salary FLOAT COMMENT 'employee salary',
    > address STRUCT<city:STRING,state:STRING,street:STRING> COMMENT 'employee address'
    > )
    > PARTITIONED BY (year INT,month INT,day INT);
```

分区表改变了 Hive 对数据存储的组织方式，通过关键字 PARTITIONED BY 能够指定分区的依据。

（4）分桶表

分桶是将数据集分解为更容易管理的若干部分的另一种技术。相比分区，分桶不会出现部分分区数据为空的特殊情况。创建数据分桶表与普通表区别并不是太大。针对上述的 employees 表，可以在创建时进行分桶：

```
hive> CREATE TABLE employees(
    > id INT COMMENT 'employee id',
    > name STRING COMMENT 'employee name',
    > salary FLOAT COMMENT 'employee salary',
    > address STRUCT<city:STRING,state:STRING,street:STRING> COMMENT 'employee address'
    > )
    > CLUSTERED BY (id) INTO 96 BUCKETS;
```

分桶和分区也可以进行组合，从而进行更加合理的数据拆分：

```
hive> CREATE TABLE employees(
    > id INT COMMENT 'employee id',
    > name STRING COMMENT 'employee name',
    > salary FLOAT COMMENT 'employee salary',
    >address STRUCT<city:STRING,state:STRING,street:STRING> COMMENT 'employee address'
    > )
    > PARTITIONED BY(year INT,month INT,day INT)
    > CLUSTERED BY (id) INTO 96 BUCKETS;
```

（5）删除表

Hive 中删除 employees 表的语句如下：

```
hive > DROP TABLE IF EXISTS employees;
```

关键字 IF EXISTS 可以选择使用，如果表不存在，则会抛出错误信息；若加上这个关键字，则不会抛出错误信息。在前面已经提到，对于内部表，表中的元数据信息和表内的数据都会被删除；对于外部表，只会删除元数据的信息，而不会删除表中的数据。

（6）修改表

大多数表属性可以通过 ALTER TABLE 语句进行修改，这种操作会修改元数据，但不会修改数据本身。

① 表重命名。使用如下语句可以将表进行重命名，即将 first_table 重命名为 second_table：

```
ALTER TABLE first_table RENAME TO second_table;
```

② 增加、修改和删除表分区。通过 ALTER TABLE table_name ADD PARTITION 语句为表增加新的分区，其中 LOCATION 关键字指定了新分区的 Hive 数据存储在哪条路径下：

```
hive > ALTER TABLE employees ADD IF NOT EXISTS PARTITION (year = 2017,month = 4,day = 11)
LOCATION 'logs/2017/4/11';
```

Hive 也提供了高效的修改分区路径的方法，但下面这条语句不会将数据从旧的路径转移，也不会删除旧的数据：

```
hive > ALTER TABLE employees PARTITION (year = 2017,month = 4,day = 11) SET LOCATION
'tmp/logs/2017/4/11';
```

还能通过以下语句删除某个分区，语句中的 IF EXISTS 为可选语句。对于内部表，即使是使用 ALTER TABLE table_name ADD PARTITION 语句增加的分区，分区内的数据也会同时和元数据一起被删除；对于外部表，分区内的数据不会被删除。

```
hive > ALTER TABLE employees DROP IF EXISTS PARTITION (year = 2017,month = 4,day = 11);
```

③ 增加、修改、删除和替换列。Hive 支持在字段分区之前增加新的字段到已有的字段之后。语法如下所示：

```
ALTER TABLE table_name ADD|REPLACE
    COLUMNS (col_name data_type [COMMENT col_comment], ...)
```

关键字说明：在增加列的过程中，table_name 为需要修改的表名，col_name 为列名，data_type 为列类型。ADD COLUMNS 允许用户在当前列的末尾增加新的列，但是要将其添加到分区列之前。REPLACE COLUMNS 会删除 table_name 表中的所有列，并使用新的列进行替换。接下来对 employees 表进行操作，为 employees 表增加 Comp_name 和 Session_id 两列：

```
hive > ALTER TABLE employees ADD COLUMNS(
    > Comp_name STRING COMMENT 'company name',
    > Session_id STRING COMMENT 'The current session id');
```

其中 COMMENT 是可选的，为属性注释。如果新增的字段中有某个或者多个字段位置是错误的，那么需要使用 ALTER COLUMN table_name CHANGE COLUMN 语句逐一将字段调整到正确的位置，并修改其类型或注释。修改列的语法如下所示：

```
ALTER TABLE table_name CHANGE [COLUMN]
col_old_name col_new_name column_type
    [COMMENT col_comment]
    [FIRST|AFTER column_name]
```

因此，如果需要修改 employees 表的 Comp_name 列为 Company_name，则需要使用如下语句：

```
hive > ALTER TABLE employees
    > CHANGE COLUMN Comp_name Company_name STRING
    > COMMENT 'The employees company ' AFTER salary;
```

注意，即使字段名或字段类型没有改变，也需要在命令中指定旧的字段名，并给出新的字段名及新的字段类型。关键字 COLUMN 和 COMMENT 子句都是可选的。上面的例子中，将 Comp_name 列修改成了 Company_name 列，并将该字段转移到了 salary 字段之后。如果想把这个字段移动到第一个位置，则只需要用关键字 FIRST 替代 AFTER salary 子句。

下面的这个例子移除了之前所有的字段并重新指定了新的字段：

```
hive > ALTER TABLE employees REPLACE COLUMNS(
    > id INT COMMENT 'employee id',
    > Company_name STRING COMMENT 'The employees company',
    > Session_id STRING COMMENT 'The current session id');
```

这个语句使用了 REPLACE 关键字，实际上重命名了 employees 表之前的所有字段并重新指定了新的字段。

④ 修改表属性。用户可以增加表的属性或者修改已经存在的属性，但是无法删除属性：

```
hive > ALTER TABLE employees SET TBLPROPERTIES(
    > 'note'='This column is always NULL');
```

3. 数据操作

（1）装载数据

Hive 没有行级别的数据插入、更新和删除操作，向表中装载数据的唯一途径就是使用一种"大量"的数据装载操作，或者通过其他方式仅仅将数据文件写到正确的目录下。当数据被装载至表中时，不会对数据进行任何转换。下面的 LOAD 操作只是将数据复制或者移动至 Hive 表对应的位置：

```
LOAD DATA [LOCAL] INPATH 'filepath'
[OVERWRITE] INTO TABLE tablename
[PARTITION (partcol1=val1, partcol2=val2 ...)]
```

若分区目录不存在，则这个语句会先创建分区目录，然后将数据复制到该目录下。如果目标表不是分区表，那么 PARTITION 应该省去。一般指定的路径是一个目录，而不是单个独立的文件，Hive 会将所有文件都复制到目录中，这样方便用户组织数据到多个文件中。

如果使用了 LOCAL 关键字，那么路径应该是本地文件系统路径，数据将会被复制到目标位置；如果省略了 LOCAL 关键字，那么路径应该是分布式文件系统的路径。如果使用关键字 OVERWRITE，那么目标文件夹之前存储的数据将会被删除；如果没有使用关键字 OVERWRITE，那么只会把新增的文件增加到目标文件夹中而不会删除之前的数据，但是如果存在同名的文件，则旧的同名文件会被覆盖并重写。

（2）通过查询语句向表中插入数据

INSERT 语句允许用户通过查询语句向目标表中插入数据，用户也可以把一个 Hive 表导入另一个已建的表中。语法如下所示：

```
INSERT OVERWRITE TABLE tablename
[PARTITION (partcol1=val1, partcol2=val2 ...)]
select_statement FROM from_statement
```

这里使用 OVERWRITE 关键字，因此之前分区中的内容会被覆盖。如果没有使用 OVERWRITE 关键字或者 INTO 关键字替换的话，那么 Hive 将会以追加的方式写入数据而不会覆盖之前已存在的数据。

（3）动态分区插入

如果需要创建非常多的分区，那么用户就要写很多 SQL 语句。幸运的是，Hive 提供了一个动态分区功能，可以基于查询参数推断出需要创建的分区名称。

```
hive > INSERT OVERWRITE TABLE employees
    > PARTITION(year,month,day) SELECT …,se.cnty,se.st
    > FROM staged_employees se;
```

Hive 根据 SELECT 语句中的后两列来确定分区字段 country 和 state 的值。在 staged_employees

表中使用不同的命名，就是为了强调字段值和输出分区值之间的关系是根据位置而不是根据命名来匹配的。如果 staged_employees 表中共有 100 个国家，则执行完上面的查询后，employees 表就会有 100 个分区。

（4）在单个查询语句中创建表并加载数据

Hive 可以在一个语句中完成创建表并将查询结果载入这个表中。

```
hive > CREATE TABLE ca_employees
     > AS SELECT name,salary
     > FROM employees
     > WHERE se.state = 'HB' ;
```

这张表只含有 employees 表中来自 HB（湖北）的雇员的 name 和 salary 信息，新表的模式是根据 SELECT 语句生成的。

**4. 数据查询**

（1）SELECT 基本语句

Hive 中的 SELECT 语句和 SQL 语言中的 SELECT 语句类似，支持 WHERE、GROUP BY 等子句，这对熟悉 SQL 语句的人来说是十分友好的。SELECT 的查询结果如下所示：

```
SELECT [ALL | DISTINCT] select_expr, select_expr, ...
FROM table_reference
[WHERE where_condition]
[GROUP BY col_list [HAVING condition]]
[ CLUSTER BY col_list
| [DISTRIBUTE BY col_list] [SORT BY| ORDER BY col_list]
]
[LIMIT number]
```

其中，select_expr 表示需要查询的列，其表现形式较为灵活，可以用列名表示，可以使用正则表达式来过滤符合条件的列，也可以使用函数（详见 3.3.2 小节）或者算术运算符（如 A 列加 B 列可表示为 A+B）来表达符合条件的列。table_reference 代表查询的输入，它可以是一张表，也可以是一个视图或者子查询等。ALL 和 DISTINCT 关键字用来区分针对重复记录的处理方式，ALL 表示查询所有记录，DISTINCT 表示去掉重复的记录，默认值为 ALL。WHERE、GROUP BY、SORT BY、ORDER BY 和 LIMIT 类似于传统的 SQL 语句，具体语法可以参考传统 SQL 语句。当使用 ORDER BY 时，所有的数据都会集中在一个 reduce 节点上，然后进行排序，此时，数据量可能会超过单个节点内存的存储能力而导致任务失败。SORT BY 则是在各自的 reduce 里面进行排序，因此并不能保证全局有序。DISTRIBUTE BY 是控制如何在 map 端拆分数据给 reduce 端的。Hive 会根据 DISTRIBUTE BY 指定的列，将相同的 KEY 记录划分到一个 reduce 中。通常情况下，DISTRIBUTE BY 和 SORT BY 会合并使用以完成某些特定的需求，如统计商户中各个商店盈利的排序等。CLUSTER BY 相当于 DISTRIBUTE BY 和 SORT BY 的组合。但 CLUSTER BY 中分区列和排序列必须相同，相对 DISTRIBUTE BY 和 SORT BY 的组合缺乏灵活性。

（2）JOIN

Hive 中支持通常的 JOIN 语句，但是只支持等值连接。JOIN 语句的语法如下所示：

```
 table_reference JOIN table_factor [join_condition]
| table_reference {LEFT|RIGHT|FULL} [OUTER] JOIN table_reference join_condition
| table_reference LEFT SEMI JOIN table_reference join_condition
| table_reference CROSS JOIN table_reference [join_condition] (as of Hive 0.10)
```

其中，table_factor 可以是表名、表别名、子查询别名，也可以是 table_reference 和括号的组合，如（table_references）。而 table_reference 可以是连接后的表或者 table_factor。join_condition 为 ON 表达式，用于描述连接条件。

JOIN 指的是内连接，即只有进行连接的两个表中都存在的且与连接标准相匹配的数据才会被保留下来。如：

```
hive > SELECT employees.*, salaries.* FROM employees
     > JOIN salaries ON (employees.id = salaries.id );
```

该查询等价于：

```
hive > SELECT employees.*, salaries.*
     > FROM employees,salaries
     > WHERE employees.id = salaries.id;
```

LEFT JOIN 连接操作中，JOIN 左边的表中的有些行即使无法与所要连接的表（JOIN 右边的表）中的任何数据行对应，查询还是会返回左边表中的每一行数据；而对于右边的表，当其中没有符合 ON 后面连接条件的记录时，右边表指定的列值将会是 NULL。如上述 JOIN 语句，若改成：

```
hive > SELECT employees.*, salaries.*
     > FROM employees
     > LEFT JOIN salaries
     > ON (employees.id = salaries.id );
```

则 employees 表中指定的列数据会全部返回，而 salaries 表中，如果存在符合 employees.id = salaries.id 条件的，则返回对应的列数据，否则返回 NULL。

RIGHT OUTER JOIN 和 LEFT OUTER JOIN 相比较，交换了两个表的角色。JOIN 右边的表中所有指定列返回，JOIN 左边的表中符合 ON 条件的指定列返回，否则返回 NULL。还有一种 FULL OUTER JOIN，即两个连接表中的所有行在输出中都有对应行，如果任一表的指定字段没有符合条件的值，就使用 NULL 值代替。

LEFT SEMI JOIN 会返回左边表的记录，前提是其记录对于右边表满足 ON 语句中的判断条件。LEFT SEMI JOIN 的结果也可以由 INNER JOIN 得到，但是通常情况下 LEFT SEMI JOIN 效率更高。

```
hive > SELECT employees.*
     > FROM employees
     > LEFT SEMI JOIN salaries
     > ON (employees.id = salaries.id );
```

在上述查询语句中，只能获取 employees 表中指定列的数据，但是无法获取 salaries 表中的数据。Hive 不支持 RIGHT SEMI JOIN。CROSS JOIN 表示笛卡儿积关联，返回两个表的笛卡儿积，不需要指定关联键。

由 Hive 的语法可知，table_factor 和 table_reference 可互相嵌套，所以 Hive 的 JOIN 语句支持多表连接，如可以将 dept_emp（部门）表、employees（员工）表、salaries（工资）表进行多表连接：

```
hive > SELECT employees.*, salaries.* , dept_emp.*
     > FROM employees
     > JOIN salaries
     > ON (employees.id = salaries.id )
     > JOIN dept_emp
     > ON (employees.id = dept_emp.id );
```

（3）map 端 JOIN

Hive 的 JOIN 底层可以被转化为 MapReduce 任务。但是如果有一张表是小表，那么可以在最大的表通过 Mapper 的时候将小表映射到内存中，这样 JOIN 操作就可以被转换为只有一个任务，无须启动 Reduce 任务，也可以避免经过 shuffle 阶段，从而在一定程度上提高 JOIN 的效率。

在 Hive 0.7 之前，必须使用 MAPJOIN 标记来显式地告诉 Hive 启动该优化操作：

```
Hive > SELECT /*+ MAPJOIN(smalltable)*/ .key,value
     > FROM smalltable
     > JOIN bigtable
     > ON smalltable.key = bigtable.key
```

在 Hive 0.7 之后，MAPJOIN 得到了优化，用户无须使用 MAPJOIN 标记，只须通过两个属性来设置该优化的触发时机。一个是 hive.auto.convert.join 属性，默认值为 false，表示不开启 MAPJOIN 优化，若开启 MAPJOIN 则设置该值为 true。另一个是 hive.mapjoin.smalltable.filesize 属性，默认值为 2500000，通过配置该属性来确定使用该优化的表的大小，如果表的大小小于此值就会被加载进内存中。虽然 MAPJOIN 在一定程度上可以提高 JOIN 的效率，但存在部分限制，如 RIGHT OUTER JOIN 和 FULL OUTER JOIN 不支持此优化。

## 3.3.2　用户自定义函数

用户自定义函数（User Defined Function，UDF）是 Hive 提供的一个允许用户拓展 HiveQL 的强大功能。当 Hive 提供的内置函数无法满足当前的需要时，就可以考虑使用 UDF。对于系统内置函数，我们可以通过如下语句来查看。

```
hive> SHOW FUNCTIONS;
```

对于具体的函数，可以使用 DESCRIBE FUNCTION 语句来展示对应函数简单的用法介绍，如：

```
hive>DESCRIBE FUNCTION concat
```

也可以通过增加 EXTENDED 关键字来查看更多详细信息：

```
hive>DESCRIBE FUNCTION EXTENDED concat
```

目前 Hive 内置函数主要可以分为 3 类。

- 数学函数：如 round()、floor()、abs()、rand()等。
- 日期函数：如 to_date()、month()、day()等。
- 字符串函数：如 trim()、length()、substr()等。

Hive 自定义有 3 种 UDF：普通的 UDF、用户定义聚集函数（User-Defined Aggregate Function，UDAF）以及用户定义表生成函数（User-Defined Table-generating Function，UDTF）。这 3 种函数的输入、输出行数不同。UDF 操作作用于单个数据行，并产生一个数据行作为输出。UDAF 操作作用于多个数据行，并产生一个数据行作为输出，如 COUNT、MAX 等函数。UDTF 操作作用于单个数据行，并产生多个数据行作为输出。下面讲解关于 UDF 的具体定义方法。

UDF 必须满足两个条件：

- 必须继承 org.apache.hadoop.hive.ql.exec.UDF；
- 至少实现了一个 evaluate 方法。

其中，evaluate 方法并非接口定义的方法，因此它的形式较为自由，可以接受多个参数，且返回类型不确定。Hive 在执行 UDF 时会自动匹配符合条件的 evaluate 方法，如下所示：

```
package bigdata.ch03.hiveudf
import org.apache.hadoop.hive.ql.exec.UDF;
public class MyUDF extends UDF{
    public String evaluate(String word){
        if(word == null){
            return null;
        }
        return word.toUpperCase();
    }
    public String evaluate(String firstword, String secondword){
    {
        If(firstword == null || secondword == null){
            return null;
        }
        Return firstword.toUpperCase() + secondword.toUpperCase();
    }
}
```

使用 UDF 时，只须将 Java 类打包成一个 JAR 文件（如 ch09-UDFexamples.jar），在 Metastore 中注册这个函数并使用 CREATE FUNCTION 为它命名：

```
CREATE FUNCTION myfunc AS 'bigdata.ch09.hiveudf.MyUDF'
USING JAR '/path/to/ch09-UDFexamples.jar'
```

接下来就可以像内置函数一样使用 UDF：

```
hive > SELECT myfunc("AAA") FROM employees;
aaa
hive > SELECT myfunc("AAA", "NNN") FROM employees;
aaannn
```

如果需要删除该函数，则使用 DROP FUNCTION 语句：

```
DROP FUNCTION myfunc
```

### 3.3.3 Hive 数据压缩与文件存储格式

#### 1. 数据压缩

使用压缩的优势是可以最小化所需要的磁盘空间，减少网络 I/O 操作；缺点是文件压缩和解压缩的过程可能会消耗 CPU 资源。因此，需要权衡数据压缩的利弊，合理选择数据压缩格式。目前常见的压缩格式有 GZIP、BZIP2、LZO、Snappy 等。下面将从压缩率、压缩速度、是否可分割、是否 Hadoop 自带、是否需要修改应用程序等方面对常见压缩格式进行比较，如表 3-5 所示。

表 3–5　　　　　　　　　　　　常见压缩格式比较

| 压缩格式 | 压缩率 | 压缩速度 | 是否可分割 | 是否 Hadoop 自带 | 是否需要修改应用程序 |
|---|---|---|---|---|---|
| GZIP | 很高 | 中 | 否 | 是 | 否 |
| BZIP2 | 最高 | 慢 | 是 | 是 | 否 |
| LZO | 比较高 | 快 | 是 | 否 | 是 |
| Snappy | 比较高 | 快 | 是 | 否 | 否 |

压缩格式及其对应的 Hadoop 编/解码器方式如表 3-6 所示。

表 3–6　　　　　　　压缩格式及其对应的 Hadoop 编/解码器方式

| 压缩格式 | 对应的编/解码器方式 |
|---|---|
| DEFLATE | org.apache.hadoop.io.compress.DefaultCodec |
| GZIP | org.apache.hadoop.io.compress.GzipCodec |
| BZIP2 | org.apache.hadoop.io.compress.BZip2Codec |
| LZO | com.hadoop.compress.lzo.LzopCodec |
| Snappy | org.apache.hadoop.io.compress.SnappyCodec |

Hive 支持两种压缩设置，一种是中间数据压缩，另一种是最终数据压缩。

（1）Hive 中间数据压缩

对于中间数据压缩，应当选择一个低 CPU 开销的编/解码器。默认情况下，Hive 中间数据压缩是关闭的，即 hive.exec.compress.intermediate 属性的默认值为 false。如果需要开启中间数据压缩，则将该属性值设置为 true，并可以通过 mapred.map.output.compression.codec 属性指定具体使用的数据压缩算法。

```
hive > SET hive.exec.compress.intermediate=true;
hive > SET mapred.map.output.compression.codec= org.apache.hadoop.io.compress.Sna-
ppyCodec;
```

上述设置可以在 hive-site.xml 中进行。对于中间数据压缩，如果选择可以分割的压缩格式，将允许单一文件由多个 Mapper 程序处理，可以更好地并行化。

（2）Hive 最终数据压缩

Hive 最终数据压缩默认也是关闭的，默认的输出为非压缩的纯文本文件。如果需要开启最终数据压缩，则须将 hive.exec.compress.output 属性设置为 true，以开启输出结果压缩功能。开启压缩后，须通过 mapred.output.compression.codec 属性来指定合适的编/解码器。

```
hive > SET hive.exec.compress.output=true;
hive > SET mapred.output.compression.codec=org.apache.hadoop.io.compre-ss.GzipCodec;
```

最终数据压缩同样也可以在 hive-site.xml 中设置。对于最终数据压缩，通常选择压缩率大的压缩格式，因为其可以大幅度减小文件的大小。

### 2. 文件存储格式

在 Hive 表创建语句中，通常可以通过 STORED AS 关键字来指定 Hive 表的文件存储格式。Hive 支持的文件存储格式主要有 TEXTFILE、SEQUENCEFILE、RCFILE、ORCFILE、PARQUET 等。其中 TEXTFILE 为默认文件存储格式。

（1）TEXTFILE

如果在创建表时没有用 ROW FORMAT 或 STORED AS 子句，那么 Hive 默认选择的文件存储格式便是 TEXTFILE 格式，每行存储一个数据。建表时，Hive 对该格式的处理是直接把数据文件复制到 HDFS 上但不进行处理。TEXTFILE 格式在反序列化的过程中，必须逐个字符判断是不是分隔符和行结束符，因此反序列化的开销比较大。创建表时使用 TEXTFILE 的语句为：

```
CREATE TABLE … STORED AS TEXTFILE;
```

（2）SEQUENCEFILE

Hadoop 所支持的 SEQUENCEFILE 和裸压缩文件的区别在于，其支持将一个文件分成多个块，然后采用一种可分割的方式对块进行压缩。创建表时使用 SEQUENCEFILE 的语句为：

```
CREATE TABLE … STORED AS SEQUENCEFILE
```

SEQUENCEFILE 提供了 3 种压缩方式，即 NONE、RECORD 和 BLOCK，默认为 RECORD。通常来说，BLOCK 级别会比 RECORD 级别的压缩性能更好。用户可以在 Hive 命令行通过 mapred.output.compression.type 属性指定压缩方式，如：

```
hive > SET mapred.output.compression.type=BLOCK;
```

也可以在 Hadoop 的 mapred-site.xml 或者 Hive 的 hive-site.xml 中指定，如：

```
<property>
    <name> mapred.output.compression.type </name>
    <value>BLOCK</value>
    <description> sequencefile compression type</description>
</property>
```

（3）RCFILE

RCFILE 基于 HDFS 架构，结合了行存储和列存储的优势，对数据进行行分割和列分割后存储。行分割形成的多行组成一个行组，每个行组里面进行列分割。其压缩率最高，查询速度最快，数据加载最慢。但针对数据库 "一次写入，多次读取" 的特点来看，RCFILE 相较于 TEXTFILE 和 SEQUENCEFILE，具有明显的优势。创建表时使用 RCFILE 的语句为：

```
CREATE TABLE … STORED AS RCFILE;
```

（4）ORCFILE

ORCFILE 是 RCFILE 的改进版本。ORCFILE 主要补充了数据压缩与数据处理的短板。与 RCFILE 之前将列数据都统一为 Blob 数据不同，ORCFILE 可以感知列的数据类型，做出更为合理的数据压缩选择。创建表时使用 ORCFILE 的语句为：

```
CREATE TABLE … STORED AS ORCFILE;
```

（5）PARQUET

PARQUET 是一种能有效存储嵌套数据的列式存储格式。无论数据处理框架、数据模型或编程语言的选择如何，Apache Parquet 都是 Hadoop 生态系统中任何项目均可用的列式表。创建表时使用 PARQUET 的语句为：

```
CREATE TABLE … STORED AS PARQUET;
```

# 3.4  Hive 增强特性

FusionInsight 对 Hive 在 HDFS 同分布、列加密、HBase 删除操作、行分隔符指定等方面有所增强。本节针对这些增强特性进行简单的介绍。

## 3.4.1  支持 HDFS 同分布

HDFS 同分布是 HDFS 提供的数据分布控制功能，利用 HDFS 同分布接口，可以将存在关联关系或者可能进行关联操作的数据存储在相同的存储节点上。Hive 支持 HDFS 的同分布功能，如图 3-7 所示。即在创建 Hive 表时，通过设置表文件分布的 locator 信息，将相关表的数据文件存储在相同的存储节点上，从而使后续的多表关联的数据计算更加方便和高效。

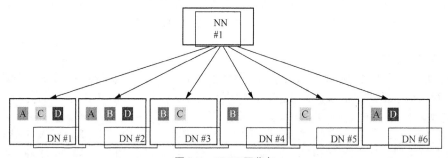

图 3-7　HDFS 同分布

如有两份数据，一份为学生表，表的字段为（ID，name，sex）；另一份为成绩表，表的字段为（ID，subject，score）。我们需要查询男、女生平均成绩分别为多少。这时必须对这两份数据进行关联，使这两份数据具有关联关系。此时采用同分布特性可以减少数据移动等网络开销，直接在本地执行关联操作即可。

需要注意的是，该特性存在部分约束，必须使用 INSERT 语句分别向该类型表导入数据，HDFS 同分布才能生效；文件存储格式仅支持 TEXTFILE 和 RCFILE。下面通过一个实例来介绍同分布的使用。

步骤 1：通过 HDFS 接口创建 groupId 和 locatorId。

```
hdfs colocationadmin -createGroup -groupId groupid -locatorIds locatorid1,locatorid2,
locatorid3
```

步骤 2：在 Hive 中使用同分布。

```
CREATE TABLE tbl_1 (id INT, name STRING) STORED AS RCFILE
TBLPROPERTIES("groupId"="group1","locatorId"="locator1");
CREATE TABLE tbl_2 (id INT, name STRING) ROW FORMAT DELIMITED FIELDS TERMINATED BY '\t'
STORED AS TEXTFILE
TBLPROPERTIES("groupId"="group1","locatorId"="locator1");
```

在上述两个创建表的语句中，groupId 参数用于指定 group，一个集群可以划分为多个 group，每个 group 会有对应的 ID；locatorId 参数用于指定 locator，一个 group 下可以包含多个 locator，每个 locator 对应一个 ID。在创建完 tbl_1 和 tbl_2 之后，如果往它们里面存储数据，那么这两个表的数据都将存储在同一个 group 下的同一个 locator 下，即数据都存储在 group1 的 locator1 中。

### 3.4.2　支持列加密

Hive 支持对表的某一列或者多列进行加密。在创建 Hive 表时，可以指定要加密的列和加密算法。当使用 INSERT 语句向表中插入数据时，即可对相应的列进行加密。Hive 列加密不支持视图和 Hive over HBase 场景。

Hive 列加密机制目前支持的加密算法有两种，具体使用哪种算法在建表时指定。

- AES（对应的加密类名称为 org.apache.hadoop.hive.serde2.AESRewriter）。
- SMS4（对应的加密类名称为 org.apache.hadoop.hive.serde2.SMS4Rewriter）。

用户可通过如下步骤，为表增加列加密。

步骤 1：在创建表时指定相应的加密列和加密算法。

```
CREATE TABLE encode_test (id INT, name STRING, phone STRING, address STRING)  ROW FORMAT
serde
    "org.apache.hadoop.hive.serde2.lazy.LazySimpleSerDe "
    WITH SERDEPROPERTIES(
    "column.encode.columns" = "phone,address ", "column.encode.classname" = "org.apache.
hadoop.hive.serde2.AESRewriter "
    );
```

步骤 2：使用 INSERT 语句向设置列加密的表中导入数据。

```
INSERT INTO TABLE encode_test
SELECT id, name, phone, address FROM test;
```

使用列加密时存在部分约束，serde 必须先使用 "org.apache.hadoop.hive.serde2.lazy.La-zy SimpleSerDe"，再使用 INSERT 语句分别向该类型表导入数据，列加密特性才能生效；文件存储格式仅支持 TEXTFILE 和 SEQUENCEFILE。

在上述创建表的语句中，ROW FORMAT serde 指定数据序列化和反序列化到表文件中的处理类；column.encode.columns 参数指定要加密的列，示例中指定了 phone、address 列要加密；column.encode.classname 参数指定加密需要的处理类。

### 3.4.3　支持 HBase 删除操作

由于底层存储系统的原因，Hive 并不支持对单条表数据进行删除，但在 Hive on HBase 功能中，FusionInsight Hive 提供了对 HBase 表的单条数据的删除功能。通过特定的语法，Hive 可以将自己的 HBase 表中符合条件的一条或者多条数据删除。

如果需要删除某个 HBase 表中的某些数据，则可以执行以下 HiveQL 语句：

```
remove table HBase_table where expression
```

其中 expression 规定要删除数据的删除条件。

### 3.4.4　支持行分隔符指定

通常情况下，Hive 以文本文件存储的表会将回车符作为其行分隔符，即在查询过程中，将回车符作为一行表数据的结束符。但某些数据文件并不用回车符分隔规则文本，而是用某些特殊符号来分隔规则文本。FusionInsight Hive 支持指定不同的字符或字符组合作为 Hive 文本数据的行分隔符。

指定行分隔符的步骤如下所示。

步骤 1：创建表时指定 InputFormat 和 OutputFormat。

```
CREATE [TEMPORARY] [EXTERNAL] TABLE [IF NOT EXISTS]
[db_name.] table_name
[(col_name datatype [COMMENT col_comment], …)]
```

```
[ROW FORMAT row_format]
STORED AS
InputFormat
"org.apache.hadoop.hive.contrib.fileformat.SpecifiedDelimiterInputFormat "
OutputFormat
"org.apache.hadoop.hive.ql.io.HiveIgnoreKeyTextOutputFormat ";
```

步骤 2：查询之前指定配置项。

```
set hive.textinput.record.delimiter= "!@! ";
```

建表语句中的 STORED AS InputFormat … OutputFormat 指定表数据的输入和输出格式处理类，前者指定对输入的数据按什么格式处理，后者指定结果按什么格式输出。步骤 1 创建的表只有指定了 InputFormat 格式为 SpecifiedDelimiterInputFormat 后，步骤 2 的设置参数在查询的时候才会生效。

### 3.4.5 其他增强特性

除了上述增强特性外，FusionInsight Hive 还有如下增强特性。

#### 1. 支持基于 HTTPS/HTTP 的 REST 接口切换

WebHCat 为 Hive 提供了对外可用的 REST 接口，开源社区版本默认使用 HTTP。FusionInsight Hive 支持使用更安全的 HTTPS，并且支持在两种协议间自由切换。

#### 2. 支持流控

通过流控特性，可以实现：
- 当前已经建立的总连接阈值控制；
- 每个用户已经建立的连接数阈值控制；
- 单位时间内所建立的连接数阈值控制。

流控特性的主要作用是避免因客户端请求数过多，造成服务端重启，因此需要做服务端流控。

#### 3. 支持创建临时函数不需要 ADMIN 权限

Hive 开源社区版本创建临时函数需要用户具备 ADMIN 权限。FusionInsight Hive 提供配置开关，默认创建临时函数需要 ADMIN 权限，与开源社区版本保持一致。用户可修改配置开关，实现创建临时函数不需要 ADMIN 权限。

#### 4. 支持数据库授权

Hive 开源社区版本只支持数据库的拥有者在数据库中创建表。FusionInsight Hive 支持授予用户在数据库中创建表 "CREATE" 和查询表 "SELECT" 的权限。当授予用户在数据库中查询表权限之后，系统会自动关联数据库中所有表的查询权限。

#### 5. 支持列授权

Hive 开源社区版本只支持表级别的权限控制。FusionInsight Hive 支持列级别的权限控制，可授予用户列级别权限，如查询 "SELECT"、插入 "INSERT"、修改 "UPDATE" 权限。

## 3.5 本章小结

本章主要介绍了有关数据仓库的概念，并介绍了 Hive 的体系结构、存储模型、基本操作、用户自定义函数等，然后介绍了 Hive 在 FusionInsight 中的增强特性以及常用的 HiveQL 语句。

# 3.6　习题

（1）Hive 适用的场景有哪些？

（2）数据仓库与数据库的区别有哪些？ Hive 与普通数据仓库的区别有哪些？

（3）请简述 Hive 分区和分桶的概念。

（4）Hive 中常用的数据压缩算法有哪些？

（5）使用本节所讲知识点，通过 Hive 来实现单词计数。

# 04 第4章 HBase技术原理

数据可分为结构化数据和非结构化数据。传统的关系数据库一般用于存储结构化数据，而对大数据环境下海量的非结构化数据，通常采用 HDFS 或 HBase 等 NoSQL 数据库。本章将重点介绍 NoSQL 数据库的概念以及 HBase 的原理和应用。

## 4.1 NoSQL 数据库

NoSQL（Not Only SQL），即 "不仅仅是 SQL"。NoSQL 的拥护者提倡运用非关系数据存储作为大数据存储的重要补充。NoSQL 数据库适用于数据模型比较简单、IT 系统需要更强的灵活性、对数据库性能要求较高且不需要高度的数据一致性等场景。NoSQL 数据库包含以下 4 大类。

### 1. 键值存储数据库

键值存储数据库会使用一个特定的 key 和一个指针指向特定数据的散列表。常见的键值存储数据库有 Tokyo Cabinet/Tyrant、Berkeley DB、MemcacheDB、Redis 等。key-value 模型简单、易部署，但是只对部分值进行查询或更新的时候，key-value 模型就显得效率低下了。

### 2. 列存储数据库

列存储数据库通常用来应对分布式存储的海量数据，如 HBase、Cassandra、Riak 等。列存储数据库通过 key 指向多个列，而这些列是由列族（Column Family）来安排的。列存储数据库可以理解为通过列族来组织的多维数据表。

### 3. 文档数据库

文档数据库同键值存储数据库类似，其数据模型是版本化的文档，半结构化的文档以特定的格式存储，如 JSON。文档数据库可以看作键值存储数据库的升级版，允许键值嵌套，而且文档数据库比键值存储数据库的查询效率更高。常见的文档数据库有 MongoDB、CouchDB、SequoiaDB 等。

### 4. 图数据库

图（Graph）结构的数据库同其他行、列以及刚性结构的 SQL 数据库不同，它是使用灵活的图模型而且自身能够扩展到多个服务器上的数据库，如 Neo4j、InfoGrid、InfiniteGraph 等。图数据库更加适用于分析具有海量关联关系或者复杂关系的使用场景，如知识图谱构建、社交关系分析等。

与传统的关系数据库不同的是，NoSQL 数据库通常更加注重性能和扩展性，而非传统 SQL 数据库中所关注的 ACID 的强事务机制。其中，A（Atomicity）代表原子性，即在事务中执行多个操作是原子性的，要么事务中的操作全部执行，要么一个都不执行；C（Consistency）代表一致性，即保证执行事务的过程中整个数据库的状态是一致的；I（Isolation）代表隔离性，即多个用户并发访问数据库时，数据库为每个用户开启的事务不能被其他事务的操作数据所干扰，多个并发事务之间要相互隔离；D（Durability）代表持久化，即事务如果完成，那么数据应该被写到安全的、持久化存储的设备上（如磁盘）。NoSQL 数据库仅提供对行级别的原子性保证，也就是说同时对同一个 key 下的数据执行的两个操作，在实际执行的时候会串行地执行，这保证了每个 key-value 对都不会被破坏。

表 4-1 显示了传统的关系数据库和 NoSQL 数据库的主要区别。

表 4-1 关系数据库与 NoSQL 数据库的主要区别

| 方面 | 关系数据库 | NoSQL 数据库 |
|---|---|---|
| 存储方式 | 数据存储在特定结构的表中 | 数据存储在数据集中，如文档、key-value 对或图结构 |
| 存储结构 | 预先定义了结构，结构描述了数据的形式和内容 | 动态结构，可以很好地适应数据类型和结构的变化 |
| 存储规范 | 将数据分割成最小的关系表以避免重复，规范性要求高 | 存储在平面数据集中，数据可能重复 |
| 存储扩展 | 纵向扩展，即提高计算机处理能力 | 横向扩展，天然支持分布式 |
| 查询方式 | SQL 语句 | 非结构化查询语言（UnQL） |
| 事务 | ACID 原则 | BASE 原则 |
| 性能 | 读/写性能较差 | 读/写性能较好 |

NoSQL 数据库的出现是为了解决高并发、海量数据、高可用等问题的，因此大多数的 NoSQL 数据库采用分布式架构。对分布式系统来说，CAP 理论（如图 4-1 所示）是其重要的基石。CAP 理论是指在一个分布式系统中，不能同时具备以下 3 点。

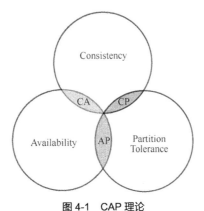

图 4-1 CAP 理论

- 一致性

一致性（Consistency）是指在更新操作完成后，所有节点在同一时间的数据完全一致。这和数据库的 ACID 原则的一致性类似，但其关注的是所有数据节点上的数据的一致性和正确性，数据库关注的则是一个事务内，对数据的一些约束。

- 可用性

可用性（Availability）是指在集群中的部分节点发生故障之后，用户访问数据，是否还能在正常的响应时间内返回结果。通常情况下，可用性和分布式系统的数据冗余、负载均衡等有着很大的关联。

- 分区容错性

分区容错性（Partition Tolerance）是指在遇到节点或者网络分区故障的情况下，系统依然可以继续运作。出现分区意味着存在节点之间的不连通或者节点故障问题，此时失去连通的节点，可能无法在一定时间内实现数据的一致性。

在计算机科学领域，分布式一致性问题是一个相当重要且被广泛论证与探索的问题。一致性可以按照严格程度由强到弱分类，或者是按照对客户端的保证程度分类。常见的一致性分为以下几类。

- 强一致性（Strong Consistency）：系统中的某个数据被成功更新后，后续任何对该数据的读取操作都将得到更新后的值。
- 弱一致性（Weak Consistency）：系统中的某个数据被成功更新后，后续对该数据的读取操作可能得到更新后的值，也可能得到更新前的值。但经过"不一致时间窗口"这段时间后，后续对该数据的读取操作得到的都是更新后的值。
- 最终一致性（Eventually Consistency）：弱一致性的特殊形式，不需要关注中间变化的顺序，只需要保证在某个时间点一致即可。只是这个"某个时间点"需要根据不同的系统、不同的业务来衡量。

由 CAP 理论可知，在分布式系统中，最多只能实现 CAP 中的两点。而由于当前的网络硬件肯定会出现延迟丢包等问题，因此分区容错性是我们必须要实现的。也就是说，我们只能在一致性和可用性之间进行权衡，即在 AP 和 CP 之间进行权衡。权衡并不意味着完全放弃一致性或者完全放弃可用性，而是根据系统的实际情况进行合理分配。如果偏向于一致性，即实现更强的一致性，则可能会导致系统在某些情况下拒绝服务，甚至关闭节点。如果偏向于可用性，即实现更好的可用性，系统就必须做好故障转移，尽最大的可能响应客户端的所有请求，但是有可能会返回不一致的结果。大数据框架中的 ZooKeeper、HBase 等更加偏向于一致性。

NoSQL 数据库遵循的原则为 BASE 原则，其是对 CAP 理论中的一致性和可用性进行权衡的结果。BASE 原则的核心思想是，即使无法做到强一致性，应用也可以采用适合的方式达到最终一致性。BASE 原则包含 3 大要素：基本可用（Basically Available）、软状态（Soft-state）、最终一致性。

- 基本可用

基本可用是指分布式系统在出现故障的时候，允许损失部分可用性，但须保证核心可用。

- 软状态

软状态是指允许系统存在中间状态，而该中间状态不会影响系统的整体可用性。分布式存储（如 HDFS）中一般一份数据至少会有 3 个副本，允许不同节点间副本同步的时延就是软状态的体现。

- 最终一致性

最终一致性是指系统中的所有数据副本经过一定时间后，最终能够达到一致的状态。它是 BASE 原则的核心，是弱一致性的一种特殊情况。

# 4.2 HBase 概述与架构

## 4.2.1 HBase 概述

HBase 是一个分布式的、面向列的开源数据库，是 Apache 的 Hadoop 项目的子项目。HBase 主要用来存储非结构化和半结构化的松散数据，是基于列而非行来存储数据的。

HBase 建立在 HDFS 之上，仅能通过行键（Row Key）和行键的作用范围来检索数据，仅支持单行事务（可通过 Hive 来实现多表连接等复杂操作）。与 Hadoop 一样，HBase 主要依靠横向扩展，通过不断增加廉价的商用服务器，来提高计算和存储能力。

HBase 与传统的关系数据库的区别主要体现在以下几个方面。

- 数据索引

关系数据库通常可以针对不同的列构建多个复杂的索引，以提高数据访问性能。而 HBase 只有一个索引——行键。通过巧妙的设计，HBase 中的所有访问方法，或者通过行键访问，或者通过行键扫描，从而使得整个系统不会慢下来。

- 数据维护

在关系数据库中，更新操作会用最新的当前值替换记录中原来的旧值，旧值被替换后就不存在了。而在 HBase 中执行更新操作时，并不会删除数据旧的版本，而是会生成一个新的版本，旧的版本依然保留。

- 可伸缩性

关系数据库很难实现横向扩展，纵向扩展的空间也比较有限。相反，HBase 和 BigTable 等分布式数据库就是为了实现灵活的横向扩展而开发的，能够轻易地通过在集群中增加或者减少硬件数量来实现性能的伸缩。

HBase 支持千万级的每秒查询率（Query Per Second，QPS）、PB 级别的存储，目前在各大公司均有广泛的应用，阿里巴巴、腾讯等互联网公司内部都有数千甚至上万台的 HBase 集群。HBase 适用于存储海量数据，其吞吐量高，可以在海量数据中实现高效的随机读取，也可以同时处理结构化数据和非结构化数据，展现了很好的性能伸缩能力。图 4-2 展示了目前 HBase 的主要应用场景。

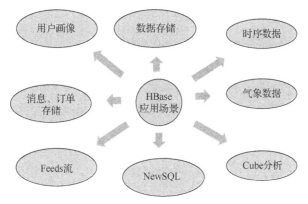

图 4-2　目前 HBase 的主要应用场景

在华为的 FusionInsight 中，HBase 与 HDFS、ZooKeeper 等组件均为基础组件，HBase 提供海量存储，Hive、Spark 等组件也均有基于 HBase 做上层分析的应用实践。

## 4.2.2　HBase 数据模型

简单来说，应用程序是以表的形式在 HBase 中存储数据的。相较于传统的数据表，HBase 中的数据表一般有如下特点：

（1）表大，一个表可以有上亿行、上百万列；

（2）面向列（族）的存储和权限控制，列（族）独立检索；

（3）表结构稀疏，对于空的列，并不占用存储空间；

（4）行和列的交叉点被称为 cell，cell 是有版本标记的，cell 的内容是不可分割的字节数组；

（5）表的行键也是一段字节数组，所以以任何数据（无论是字符串还是数字）均可以保存进去；

（6）HBase 的表是按 key 排序的，排序方式是针对字节的；

（7）所有表都必须有主键。

HBase 数据表的逻辑结构如图 4-3 所示。表由行和列组成，列被划分为若干个列族

（Column-family1, Column-family2, Column-family3,…）。

| Row Key | column-family1 | | column-family2 | | | column-family3 | … |
|---|---|---|---|---|---|---|---|
| | column1 | column2 | column1 | column2 | column3 | column1 | … |
| Key1 | t1:abc<br>t2:gdfx | | | t4:hello<br>t3:world | | | … |
| Key2 | | t2:xxzz<br>t1:yyxx | | | | | … |

图 4-3　HBase 数据表的逻辑结构

（1）行键

行键是用来检索记录的主键。HBase 数据表中的所有行都按照行键的字典序排列。访问 HBase 数据表中的行，要么通过单个行键来访问，要么通过行键的作用范围来访问，要么通过全表扫描来访问。

行键可以是任意字符串（最大长度是 64KB，实际应用中长度一般为 10～100B）。在 HBase 内部，行键保存为字节数组。存储时，数据按照行键的字典序排列存储。设计 key 时，可以充分考虑该存储特性，将经常一起读取的行存储到一起或者相关的位置上。

行的一次读/写是原子操作（不论一次读/写多少列）。这个设计决策能够使用户很容易地理解程序在对同一个行进行并发更新操作时的行为。

（2）列族

HBase 表中的每个列都归属于某个列族。列族是表的一部分，而列不是。列族必须在使用表之前定义，列名都以列族为前缀。例如，courses:history、courses:math 都属于 courses 这个列族。访问控制、磁盘和内存的使用统计都是在列族层面进行的。实际应用中，列族上的控制权限能帮助我们管理不同类型的应用，允许某些应用可以添加新的基本数据，某些应用可以读取基本数据并创建继承的列族，某些应用则只能浏览数据。

数据表在水平方向由一个或者多个列族组成，一个列族可以由任意多个列组成，即列族支持动态扩展，无须预先定义列的数量及类型。列是最基本的单位，列的数量没有限制，一个列族里可以有数百万个列，列中的数据都以二进制形式存在，这些数据总被视为字节数组，没有数据类型和长度限制。

（3）时间戳

HBase 中通过行键和列确定的一个存储单元称为 cell。每个 cell 中都保存着同一份数据的多个版本，版本通过时间戳来索引。时间戳的类型是 64 位整型。时间戳可以由 HBase 在数据写入时自动赋值，此时时间戳是精确到毫秒的当前系统时间。时间戳也可以由客户显式赋值。如果应用程序要避免数据版本冲突，就必须自己生成具有唯一性的时间戳。每个 cell 中，不同版本的数据按照时间倒序排列，即最新的数据排在最前面。此外，各个服务器节点间的时间同步对时间戳使用非常重要，否则，会出现意想不到的错误。

## 4.2.3　HBase 架构

在一个 HBase 集群中一般存在客户端、HMaster、HRegionServer、ZooKeeper 这 4 种角色，如图 4-4 所示。

### 1. 客户端

客户端包含访问 HBase 的接口，并维护 Cache 来加快对 HBase 的访问，如 Region 的位置信息。客户端使用 HBase 的 RPC 机制与 HMaster、HRegionServer 进行通信。客户端与 HMaster 进行管理类通信，与 HRegionServer 进行数据操作类通信。

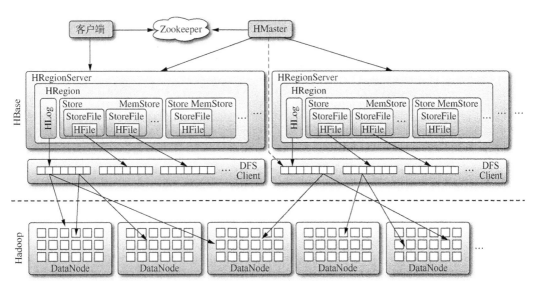

图 4-4　HBase 部署架构

2. HMaster

HMaster 在功能上主要负责表和 Region 的管理工作，包括：①管理用户对表的增、删、改、查操作；②管理 HRegionServer 的负载均衡，调整 Region 分布；③在 Region Split 后，负责新 Region 的分配；④在 HRegionServer 停机后，负责失效 HRegionServer 上的 Region 迁移。Region 是 HBase 数据管理的基本单位。数据的 move、balance、split 都是按照 Region 来进行操作的。

HMaster 没有单点故障问题，HBase 中可以启动多个 HMaster，通过 ZooKeeper（ZooKeeper 是 HBase 集群的协调器，负责 HBase 集群的负载均衡、分布式协调/通知、Master 选举、分布式锁和分布式队列等）的 Master Election 机制保证总有一个 Master 在运行。

3. HRegionServer

HRegionServer 主要负责响应用户的 I/O 请求，向 HDFS 中读/写数据，是 HBase 中最核心的模块。

HRegionServer 内部管理了一系列 HRegion 对象，每个 HRegion 对应了表中的一个 Region。HRegion 是按大小分割的，每个表一开始只有一个 Region，随着数据不断插入表中，Region 会不断增加，当增加到一个阈值的时候，HRegion 就会等分为两个新的 HRegion。当表中的行不断增多时，就会有越来越多的 HRegion。这些 HRegion 可分布在不同的 HRegionServer 上。

每个 Hregion 均由多个 Store 组成。每个 Store 对应了表中的一个列族的存储，每个列族就是一个集群中的存储单元，表中有几个列族，就有几个 Store。因此将具备共同 I/O 特性的列放在一个列族中，会提高存储效率。每个 Store 是由一个 MemStore 和多个 StoreFile 组成的 MemStore 的作用是缓存 Client 向 Region 插入的数据，当 RegionServer 中的 MemStore 大小达到配置的容量上限时，RegionServer 会将 MemStore 中的数据存储到一个新的 StoreFile 中，并将其以 HFile 文件格式存储到 HDFS 上来持久化存储。随着数据的插入，一个 Store 会产生多个 StoreFile，当 StoreFile 的个数达到配置的最大值时，RegionServer 会将多个 StoreFile 合并成一个大的 StoreFile。

HFile 文件格式（如图 4-5 所示）可分为如下 6 个部分。

（1）Data Block：保存 Table 中的数据，可以被压缩。

（2）Meta Block（可选）：保存用户自定义的 key-value 对，可以被压缩。

（3）File Info：HFile 的元信息，不可被压缩。用户可以在这一段添加自己的元信息。

（4）Data Block Index：Data Block 的索引，每条索引的 key 均是被索引的 Block 第一条记录的 key。

（5）Meta Block Index（可选）：Meta Block 的索引。

（6）Trailer：这一段是定长的，保存了每一段的偏移量。读取一个 HFile 时，会首先读取 Trailer，Trailer 保存了每个段的起始位置；然后，Data Block Index 会被读取到内存中。因此，当检索某个 key 时，不需要扫描整个 HFile，而只须从内存中找到 key 所在的 Block，通过一次磁盘 I/O 将整个 Block 读取到内存中，再找到需要的 key。HFile 的 Data Block、Meta Block 通常采用压缩方式存储，压缩之后可以大大减少网络 I/O 和磁盘 I/O。

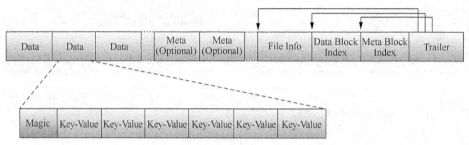

图 4-5　HFile 文件格式

为了应对灾难恢复，每个 RegionServer 会维护一个 HLog。HLog 会记录数据的所有变更，一旦数据修改，就可以从 HLog 中进行恢复。

4. ZooKeeper

ZooKeeper 的作用是为 HBase 提供分布式协调等服务。ZooKeeper Quorum 中除存储了 HBase 内置表-ROOT-的地址和 HMaster 的地址外，还存储了 HRegionServer 的相关信息，使得 HMaster 可以随时感知各个 HRegionServer 的健康状态。此外，ZooKeeper 也避免了 HMaster 的单点故障问题。

## 4.2.4　HBase 关键流程

### 1. Region 的定位

前面讲到 Region 的概念，它是 HBase 数据管理的基本单位，是 HBase 集群的负载均衡和数据分发的基本单位。在接下来讲述的 HBase 的读/写流程中，都将涉及对 Region 的操作。但客户端本身并不知道哪个 RegionServer 管理哪个 Region，那么它是如何找到某个行键所在的 Region 的呢？这就涉及 Region 的定位问题。

早期的设计（HBase 0.96.0 之前）中 Region 的定位主要依靠 HBase 的两个内置表.META.和-ROOT-。从存储结构和操作的方式来看，它们和其他 HBase 的表没有任何区别，所以你可以认为它们就是两个普通的表，对普通的表的操作对于它们都适用。但不同的地方是，.META.是一个元数据表，记录了用户表的 Region 信息以及 RegionServer 的服务器地址；-ROOT-是一个存储.META.表的表，记录了.META.表的 Region 信息。因为.META.表可能会因超过 Region 的大小而进行分割，所以-ROOT-表才会保存.META.表的 Region 信息。而-ROOT-表只有一个 Region，不会进行分割。

ZooKeeper 中记录了-ROOT-表的 Location。在客户端访问数据之前，通过 ZooKeeper 的/hbase/root-region-server 节点来查看-ROOT-表所分布的 RegionServer 信息；然后访问-ROOT-表，查看所需要的数据在哪个.META.表上，这个.META.表在哪个 RegionServer 上；接着访问.META.表，查看所需要查询的行键在哪个 Region 上；最后客户端便可以直接和管理着对应 Region 的 RegionServer 进行交互。这样的查询结构被称为三层查询架构，如图 4-6 所示。

为了加快访问速度，.META.表会被保存在内存中。假设.META.表的一行在内存中大约占用 1KB，并且每个 Region 限制为 128MB，则.META.表可以保存的 Region 数量约为 128MB/1KB=$2^{17}$个 Region。因此大多数情况下，实际的.META.表一直就只有一个，-ROOT-表中的记录一直也都只有一行，-ROOT-表的作用便显得不太明显。而且，三层查询架构增加了代码的复杂度，容易产生 bug。从 HBase 0.96.0

以后，三层查询架构被改为二层查询架构，去除了-ROOT-表，同时去除了 ZooKeeper 中的 /hbase/root-region-server，直接把.META.表所在的 RegionServer 信息存储到了 ZooKeeper 中的 /hbase/meta-region-server 中。后来引入了 namespace，使用 hbase:meta 表名替代了.META.表名，形成了二层查询架构，如图 4-7 所示。

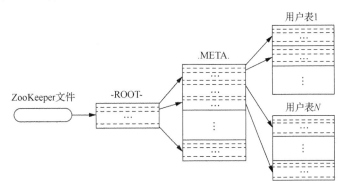

图 4-6　HBase 的 Region 定位三层查询架构

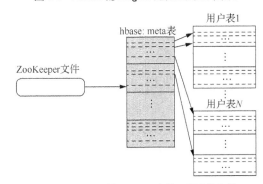

图 4-7　HBase 的 Region 定位二层查询架构

在二层查询架构下，客户端访问数据之前，首先通过 ZooKeeper 的/hbase/meta-region-server 节点查询 hbase:meta 表所在的 RegionServer。再通过连接含有 hbase:meta 表的 RegionServer 来访问元数据表。通过查询 hbase:meta 表便可以查询出需要操作的行键属于哪个 Region 范围，在哪个 RegionServer 上。然后，客户端就可以直接连接对应的 RegionServer，并直接对数据进行操作。

客户端不会针对每次数据操作都进行整个定位过程，很多数据都会被缓存起来，从而减少数据操作过程中的网络操作，提升集群性能。

**2. 读数据流程**

如果将 HBase 类比为一栋图书馆，其中的 RegionServer 就是这栋图书馆的某层，Region 就是某个类别的图书，相同类别的图书均放在同一个 Region 中。读数据就类似于通过图书馆的查询系统找到你需要的某本书或者多本书。读数据流程可大致分为 3 个步骤。

（1）客户端发送读数据请求

在读数据请求中，分为两种操作：Get 操作和 Scan 操作。Get 操作是在 key 值精确的情形下，读取单行用户数据。Scan 操作是为了批量扫描限定 key 值范围内的用户数据。即 Get 操作是精确查找，Scan 操作是范围查找。

（2）Region 定位

由上述 Region 定位可知，客户端访问 ZooKeeper，获取 hbase:meta 表所在的 RegionServer 的节点信息，再通过 hbase:meta 表查询 RowKey 所在的 Region 信息，并对相对应的 RegionServer 发送读数据请求。

（3）Region 内查找数据

在找到 RowKey 所对应的 RegionServer 和 Region 之后，由于 Region 中会包含内存数据 MemStore、文件数据 HFile，因此在查找数据的时候就要分别读取这两块数据。在读取的过程中，RegionServer 会划分一部分内存作为 BlockCache，主要用于缓存读取的数据。读请求先从 MemStore 中读取数据，如果没有，则再从 BlockCache 中读取数据。如果 BlockCache 中也没有找到，则再从 StoreFile 中读取数据。从 StoreFile 中读取到数据后，不是直接把数据结果返回给客户端，而是把数据写入 BlockCache 中，这样可以加快后续的查询。然后返回数据给客户端。

3. 写数据流程

写数据流程和读数据流程类似，均找到对应的 Region 进行数据写操作。写数据流程同样可大致分为 3 个步骤。

（1）客户端发送写数据请求

客户端发送写数据请求，相当于图书供应商把图书发往图书馆，但是这时候需要定位哪些图书该发往哪栋楼的哪一层，也就是定位 Region。

（2）Region 定位

写数据请求同样需要进行 Region 定位。和读数据请求类似，其也需要通过 ZooKeeper 找到 hbase:meta 表，再通过 hbase:meta 表、namespace、表名和 RowKey 信息找到对应的 Region 信息。然后开始向对应的 RegionServer 发送写数据请求，并由对应的 HRegion 实例来处理。

（3）Region 内写数据

写数据的第一步是决定数据是否要写到预写日志（Write Ahead Log，WAL）中。WAL 类似 MySQL 的 Binlog，在进行灾难恢复时使用。WAL 记录了数据的所有变更，在服务器崩溃时可以回滚还没有持久化的数据。一旦数据被写入 WAL 中，数据就会接着被写入 MemStore 中。当 MemStore 达到阈值后会把数据 Flush（刷新）到磁盘，生成 StoreFile 文件，同时也会保存最后写入的序号，这样系统就知道哪些数据已经被持久化了。

4. Flush 机制

Flush 机制指的是当 MemStore 中的数据量达到阈值时，就会将数据 Flush 到 HDFS 中，并以 StoreFile 形式存储。MemStore 一旦被 Flush，整个 Region 的 MemStore 就都会被 Flush。因此在实际应用过程中，列族不可过多。

以下的各种场景，均会触发 MemStore 的 Flush 操作。

（1）MemStore 到达 HBase.hregion.memstore.flush.size 的指定大小（默认 128MB），所有 MemStore 触发 Flush。

（2）当 MemStore 的内存用量比例到达 HBase.regionserver.global.memstore.upp -erLimit 的指定大小时，触发 Flush。Flush 的顺序基于 MemStore 内存用量大小的倒序，直到 MemStore 内存用量小于 HBase.regionserver.global.memstore.lowerLimit。

（3）当 WAL 的日志数量超过 HBase.regionserver.max.logs 时，MemStore 就会 Flush 到磁盘，以降低 WAL 中的日志数量。最"老"的 MemStore 会第一个被 Flush，直到日志数量小于 HBase.regionserver.max.logs。

（4）HBase 定期 Flush MemStore：默认周期为 1 小时，确保 MemStore 不会长时间没有持久化。为避免所有的 MemStore 在同一时间进行 Flush，定期的 Flush 操作会有短时间的随机时延。

（5）手动执行 Flush：用户可以通过 Shell 命令 Flush'tablename'或者 flush'region name'分别对一个表或者一个 Region 进行 Flush。

5. Compaction 合并机制

由上述 Flush 可知，每次 Flush 都会生成一个新的 HFile。随着时间的增长，业务数据不断往 HBase

集群灌入，这时 HFile 的数目会越来越多，针对同样的查询，需要同时打开的文件可能也就会越来越多，那么查询时延也就会越来越大。Compaction 合并机制的目的是减少同一个 Region 中同一个列族下的小文件（HFile）数目，从而提升读取的性能。

在 HBase 中主要存在两种类型的 Compaction 合并：Minor Compaction 和 Major Compaction。图 4-8 所示是一个简单的 Compaction 示意。

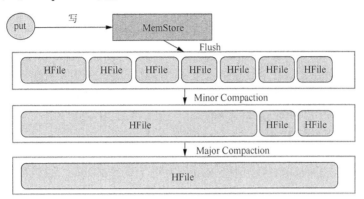

图 4-8　Compaction 示意

- Minor Compaction

Minor Compaction 是指选取一些小的、相邻的 StoreFile，将它们合并成一个更大的 StoreFile。通常会选择一些连续时间范围的小文件进行合并。这个过程中，达到生存时间（Time To Live，TTL）（即记录保留时间）的数据会被移除，删除和更新的数据仅仅只是做了标记，并没有物理移除。这种合并的触发频率很高。

- Major Compaction

Major Compaction 是指将所有的 StoreFile 合并成一个 StoreFile。这个过程会清理 3 类没有意义的数据：被删除的数据、TTL 过期数据、版本号超过设定版本号的数据。另外，一般情况下，Major Compaction 时间持续比较长，整个过程会消耗大量系统资源。建议在生产环境关闭该功能（设置为 0），在应用空闲时间手动触发。一般可以手动触发进行合并，防止合并操作出现在业务高峰期。

HBase 中可以触发 Compaction 的因素有很多，最常见的因素有 3 种：MemStore Flush、后台线程周期性检查、手动触发。MemStore Flush 是指当 MemStore 超过阈值时 Flush 数据到 HFile 文件中，当文件越来越多的时候就需要进行 Compaction。后期线程周期性检查是指在 RegionServer 中会有线程定期检查是否需要 Compaction，其执行周期可通过配置文件来决定。手动触发一般是为了执行 Major Compaction。

如何选取合适的 HFile 文件进行合并在一定程度上决定了 Compaction 的效果，从而决定了对系统其他业务的影响程度。在 HBase 中，Compaction 都会首先对该 MemStore 中所有的 HFile 文件进行一一排查，以排除不满足条件的部分文件。

- 排除当前正在执行 Compaction 的文件及这些文件更新的所有文件。
- 排除某些过大的单个文件，如果文件大小大于 hbase.hzstore.compaction.max.s-ize（默认值为 Long 数据类型变量的最大值），则被排除，否则会产生大量 I/O 消耗。

经过排除的文件称为候选文件，HBase 接下来会判断这些文件是否满足 Major Compaction 条件，如果满足，就会选择全部文件进行合并。判断条件有以下 3 条，只要满足其中一条就会执行 Major Compaction。

- 用户强制执行 Major Compaction。
- 长时间没有进行 Compaction 且候选文件数小于 hbase.hstore.compaction.max（默认 10）。

- MemStore 中含有 Reference 文件。Reference 文件是拆分 Region 产生的临时文件，只是简单的引用文件，一般必须在 Compaction 过程中删除。

如果不满足 Major Compaction 条件，就必然为 Minor Compaction。

#### 6. Region 拆分

Region 拆分也是 HBase 中一个非常重要的机制。Region 中存储了大量的 RowKey 数据，Region 中的数据条数过多会直接影响查询效率。当 Region 的大小超出了预设的阈值时，HBase 会拆分 Region，这也是 HBase 的一个优点。

拆分的过程中，被拆分的 Region 会暂停读/写服务。由于拆分过程中，父 Region 的数据文件并不会真正地被拆分，而是会通过在 Region 中创建引用文件的方式来实现快速分类。因此，Region 暂停服务的时间会比较短。与此同时，客户端所缓存的父 Region 路由信息需要被更新。

HBase 目前已有如下几种 Region 拆分策略。

- ConstantSizeRegionSplitPolicy

该策略是在 HBase 0.94 前的默认拆分策略。拆分的依据是当 Region 的大小超过某个阈值（hbase.hregion.max.filesize=10GB）后，一个 Region 等分为两个 Region。这种拆分策略对大表和小表没有明显的区别。如果阈值设置过大，小表就可能无法进行拆分。如果阈值设置过小，大表就可能会被拆分多次，造成 Region 数量过多、浪费集群资源的问题。

- IncreasingToUpperBoundRegionSplitPolicy

该策略是在 HBase 0.94 到 HBase 2.0 的默认拆分策略。和 ConstantSizeRegionSplitPolicy 类似的是，Region 的大小超过阈值便会触发拆分。但该策略中的阈值并不是一个固定的值，而是在一定条件下不断调整。调整规则和 Region 所属表在当前 RegionServer 上的 Region 个数有关。公式为 min（MaxRegionFileSize, initialSize * tableRegionsCount * tableRegionsCount * tableRegionsCount）。当 Region 达到这个大小的时候就会进行拆分。其中 MaxRegionFileSize 为单一 Region 文件的最大值，通常默认为 10GB，其配置控制参数为 hbase.hregion.max.filesize。initialSize 可由配置控制参数 hbase.increasing.policy.initia-l.size 指定；如果没有配置该参数，则取值为 MemStore 缓存刷新值大小的两倍。MemStore 缓存刷新值默认为 128MB，即此时取值 256MB。我们可以通过下面的例子来更加直观地分析拆分阈值变化的过程。

第 1 次拆分：$1^3 \times 256 = 256MB$；

第 2 次拆分：$2^3 \times 256 = 2\,048MB$；

第 3 次拆分：$3^3 \times 256 = 6\,912MB$；

第 4 次拆分：$4^3 \times 256 = 16\,384MB > 10GB$，因此取较小的值 10GB；

后面每次拆分的大小都是 10GB。

- SteppingSplitPolicy

SteppingSplitPolicy 是 IncreasingToUpperBoundRegionSplitPolicy 的子类。其对 Region 的拆分文件大小做了优化，如果只有一个 Region，那么第 1 次的拆分文件大小就是 256MB，后续则将配置的拆分文件大小（10GB）作为拆分标准。在 IncreasingToUpperBoundRegionSplitPolicy 策略中，针对大表的拆分表现很不错，但是针对小表会产生过多的 Region。这种拆分策略对大集群中的大表、小表会比 IncreasingToUpperBoundRegionSplitPolicy 更加友好，小表不会再产生大量的小 Region，而是适可而止。

- KeyPrefixRegionSplitPolicy

这种策略根据行键的前缀对数据进行分组，以便将这些数据分到相同的 Region 中。即通过确定行键的前多少位作为前缀来得到拆分参数，这个长度通过表的描述参数 KeyPrefixRegionSplitPolicy.prefix_length 来控制。如行键都是 16 位的，指定前 5 位是前缀，那么前 5 位相同的行键在进行 Region

拆分的时候就会被分到相同的 Region 中。

- DelimitedKeyPrefixRegionSplitPolicy

通过策略的名称可以看出，其与 KeyPrefixRegionSplitPolicy 要实现的效果类似，都是通过将 RowKey 的部分前缀作为拆分串，将其以这些前缀前头的行键为依据写到相同的 Region 中。但不同的地方在于，这种策略需要指定分隔符，根据行键指定的分隔符进行拆分，这样显得较为灵活。例如，行键的格式为 userid_eventtype_eventid，指定的 delimiter 为_，则拆分的时候会确保 userid 相同的数据在同一个 Region 中。

- DisabledRegionSplitPolicy

DisabledRegionSplitPolicy 就是不使用 Region 拆分策略，将所有的数据都写到同一个 Region 中。

### 7. Region 合并

Region 拆分更多出于提高性能的目的，但 Region 合并更多出于维护系统的目的。当 HBase 中删除了大量数据，Region 会变得很小，使用多个 Region 会存在资源浪费的情况，此时可以考虑进行 Region 合并。

HBase 使用 merge_region 命令执行 Region 合并：

```
merge_region 'ENCODED_REGIONNAME', 'ENCODED_REGIONNAME'
merge_region 'ENCODED_REGIONNAME', 'ENCODED_REGIONNAME' true
```

其中的 ENCODED_REGIONNAME 为 Region 的散列值，而 Region 的散列值就是 Region 名称的最后那段在两个 "." 之间的字符串部分。

### 8. HLog 工作原理

分布式环境必须要考虑系统出错。HBase 采用 HLog 保证系统恢复。HBase 系统为每个 Region 服务器配置了一个 HLog 文件，它是一种预写日志。用户更新的数据必须先写入日志后，才能写入 MemStore 缓存，并且，直到 MemStore 缓存内容对应的日志已经写入磁盘，该缓存内容才能被 Flush 到磁盘。

ZooKeeper 会实时监测每个 Region 服务器的状态，当某个 Region 服务器发生故障时，ZooKeeper 会通知 Master。Master 首先会处理该 Region 服务器上遗留的 HLog 文件，这个遗留的 HLog 文件中包含来自多个 Region 对象的日志记录。系统会根据每条日志记录所属的 Region 对象对 HLog 数据进行拆分，并将其分别放到相应 Region 对象的目录下。然后，将失效的 Region 对象重新分配到可用的 Region 服务器中，并把与该 Region 对象相关的 HLog 日志记录也发送给相应的 Region 服务器。Region 服务器获取分配给自己的 Region 对象以及与之相关的 HLog 日志记录以后，会重新执行一遍日志记录中的各种操作，把日志记录中的数据写入 MemStore 缓存中。最后，将数据 Flush 到磁盘的 StoreFile 文件中，以完成数据恢复。

# 4.3　HBase 基本操作

## 4.3.1　HBase 性能优化

### 1. 行键设计

HBase 中行键可以唯一标识一条记录。HBase 查询有两种方式，第一种方式是通过 get 方法指定行键条件后获取唯一一条记录，第二种方式是通过 scan 方法设置诸如 startRow 和 endRow 的参数以进行范围匹配查找。因此行键的设计至关重要，严重影响着查询的效率。行键的设计主要遵循以下几个原则。

（1）行键长度原则

在介绍行键时，我们曾提到，行键可以是任意字符串，最大长度 64KB，实际应用中一般为 10～100B，以 byte[ ]形式保存，一般设计成定长。建议行键越短越好，最好不要超过 16B。设计过长会降低 MemStore 内存的利用率和 HFile 存储数据的效率。

（2）行键散列原则

建议将行键的高位作为散列字段，这样将使数据均衡分布在每个 RegionServer 上，以提高负载均衡的概率。如果没有散列字段，首字段直接是时间信息，所有的数据都会集中在一个 RegionServer 上，这样在数据检索的时候负载会集中在个别 RegionServer 上，造成"热点"问题，降低查询效率。

（3）行键唯一原则

行键是按照字典序存储的，因此，设计行键的时候，要充分利用这个排序特点，将经常一起读取的数据存储到一块，将最近可能会被访问的数据存储到一块。

举个例子：如果最近写入 HBase 表中的数据是最可能被访问的，则可以考虑将时间戳作为行键的一部分。由于是字段排序，因此可以使用 Long.MAX_VALUE-timeStamp 作为行键，这样能保证新写入的数据在读取时可以快速命中。

2. 预分区

通过前文可知，HBase 在创建表的时候，会自动为表分配一个 Region，当一个 Region 的大小达到默认的阈值（默认为 10GB）时，HBase 中该 Region 将会进行拆分，拆分为两个 Region，依此类推。表在进行拆分的时候，会耗费大量的资源，频繁的分区对 HBase 的性能有巨大的影响。为此，HBase 提供了预分区功能，即用户可以在创建表的时候对表按照一定的规则进行分区。

用户可以通过如下两种方式指定预分区。

- 手动指定预分区

通过在创建表语句中指定行键的前缀界限来指定预分区。如：

```
create 'person','info1','info2',SPLITS => ['1000','2000','3000','4000']
```

则行键前缀的划分范围为小于 1 000、1 000～2 000、2 000～3 000、3 000～4 000、4 000 以上。

也可以将分区规则创建于文件中，并在创建表的时候进行指定。假设分区文件 split.txt 的格式如下：

```
1000
2000
3000
4000
```

则创建表的时候执行：

```
create 'person','info1','info2',SPLITS => '/path/to/split.txt'
```

- 使用 SPLITALGO 的 UniformSplit 方式

HBase 也内置了几种 pre-split 算法，分别是 HexStringSplit、DecimalStringSplit 和 UniformSplit。这 3 种算法适用的场景略有不同，HexStringSplit 适用于采用十六进制的字符串作为前缀的行键，DecimalStringSplit 适用于采用十进制的数字字符串作为前缀的行键，而 UniformSplit 则适用于前缀完全随机的行键。以 HexStringSplit 为例，创建表的方式为：

```
create 'mytable','base_info','extra_info',{NUMREGIONS => 15, SPLITALGO => 'HexString
Split'}
```

其中 NUMREGIONS 为 Region 的个数，SPLITALGO 为 RowKey 分割的算法。

3. HBase 表的热点现象

当一个表拥有很多 Region 时，大多数的 Region 会位于一个 RegionServer 上。如果使用前缀随机的行键来写入数据，则可能会出现大量的客户端访问 HBase 集群的一个或少数几个节点的情况。这样会造成少数的 RegionServer 负载过大，而其他 RegionServer 负载很小，即产生了"热点"现象。

解决"热点"现象有如下几种方法。

（1）预分区

预分区的目的是让表中的数据可以均衡地分散在集群中，而不是默认只有一个 Region 分布在集群的一个节点上。

（2）加盐

这里所说的加盐不是密码学中的加盐，而是在行键的前面增加随机数。具体就是给行键分配一个随机前缀，以使它和之前的行键的开头不同。例如对于未加盐数据，Spark 可以使用 inputformat、outputformat 来读/写 HBase 表的哈希；数据加盐以后，则需要在行键之前加一些前缀，否则无法查询到数据。

哈希可以使同一行永远用一个前缀加盐，也可以使负载分散到整个集群，但是读却是可以预测的。使用确定的哈希可以让客户端重构完整的行键，可以使用 get 操作准确获取某一个行数据。

（3）反转

反转固定长度或者数字格式的行键，可以使得行键中经常改变的部分（最没有意义的部分）被放在前面。这样可以有效实现行键的随机性，但是会牺牲行键的有序性。

## 4.3.2　HBase 常用操作

本小节将介绍一些有关 HBase 命令行的相关操作。进行 Shell 需要使用 hbase shell 命令进入 HBase 的命令行界面。

### 1. 基础命令

（1）查看集群的状态，可以指定查看的模式，可选的模式有 summary、simple 或 detailed，默认情况下是 summary，命令如下：

```
hbase> status
hbase> status 'simple'
hbase> status 'summary'
hbase> status 'detailed'
```

（2）查看帮助命令，命令如下：

```
hbase> help
```

（3）查看版本号：

```
hbase > status
```

### 2. DDL 操作

DDL 操作主要用来定义、修改和查询表的数据库模式。

（1）列出所有表：

```
hbase > list
```

（2）获取表的详细信息：

```
hbase > describe 'tablename'
```

（3）创建一张表，需要指定一个表名，并至少指定一个列族。用户也可以通过字典形式指定表的配置内容。语法如下：

```
create <table>, {NAME =><family> [VERSIONS => <version> …]}
```

示例：

```
hbase> create 't1', {NAME => 'f1'}, {NAME => 'f2'}, {NAME => 'f3'}
```

其中 NAME 字段是指定创建表时的列族。上述语句创建了一个名为 t1 的表，具有 f1、f2、f3 这3 个列族。为了简化内容，可以采用如下写法：

```
hbase> create 't1', 'f1', 'f2', 'f3'
```

HBase 创建表时也可以指定版本等信息。HBase 可以存储历史版本的数据，通过设定版本号

VERSIONS 的值，即可存储 VERSIONS 个版本：

```
hbase> create 't1', {NAME => 'f1', VERSIONS => 5}
```

用户也可以指定 TTL 以及是否采用 BLOCKCACHE：

```
hbase> create 't1', {NAME => 'f1', VERSIONS => 1, TTL => 2592000, BLOCKCACHE => true}
```

（4）修改一张表和创建一张表类似，需要指定一个表名，并通过字典形式传递新的、需要修改的值或者新增的值。

如须修改 t1 表的 f1 列族的版本号 VERSIONS 为 5，则须执行如下命令：

```
hbase> alter 't1', NAME => 'f1', VERSIONS => 5
```

当操作多个列时，需要使用字典传入的方法：

```
hbase> alter 't1', 'f1', {NAME => 'f2', IN_MEMORY => true}, {NAME => 'f3', VERSIONS => 5}
```

修改表也支持删除列，命令如下：

```
hbase> alter 't1', 'delete' => 'f1'
```

（5）查看表是否可用，命令如下：

```
hbase > is_enabled 'table'
```

（6）查看表是否存在，命令如下：

```
hbase > exists 'table'
```

（7）禁用一张表，命令如下：

```
hbase > disable'table'
```

（8）启动一张表，命令如下：

```
hbase > enable 'table'
```

（9）删除一张表，需要先禁用这张表，再进行删除操作，命令如下：

```
hbase > disable'table'
hbase > drop'table'
```

**3. DML 操作**

DML 又称为数据操作语言（Data Manipulation Language）。DML 操作主要用来对表的数据进行添加、修改、获取、删除和查询。

（1）插入数据，语法如下：

```
put <table>,<rowkey>,<family:column>,<value>,<timestamp>
```

在 t1 表中插入数据，行键为 rk0001，在列族 f1 中添加 name 列标识符，值为 zhangsan，时间戳为系统默认，命令如下：

```
hbase > put 't1', 'rk0001', 'f1:name', 'zhangsan'
```

（2）查询数据，语法如下：

```
get<table>,<rowkey>,[<family:column>,...]
```

查询 t1 表中行键为 rk0001 的所有数据，命令如下：

```
hbase > get 't1', 'rk0001'
```

查询 t1 表中行键为 rk0001、列族为 f1 的所有数据，命令如下：

```
hbase > get 't1', 'rk0001', 'f1'
```

也可以更加详细地查询某个列标识符的数据的所有数据，如：

```
hbase > get 't1', 'rk0001', 'f1:name'
```

（3）扫描表，即批量查询数据，语法如下：

```
scan <table>,{COLUMNS => [ <family:column>,...], LIMIT => num}
```

扫描整个 t1 表，命令如下：

```
hbase > scan 't1'
```

如果需要指定列族，则可以指定 COLUMNS 字段，命令如下：

```
hbase > scan 't1', {COLUMNS => ['f1', 'f2']}
```

同样可以指定具体的列标识符，命令如下：

```
hbase > scan 't1', {COLUMNS => 'f1:name'}
```

（4）查询数据表中的行数，语法如下：

```
count <table>,{INTERVAL => intervalNum, CACHE => cacheNum}
```

其中，INTERVAL 设置多少行显示一次及对应的行键，默认是 1 000；CACHE 表示每次查询的缓存区大小，默认是 10，调整该参数可提高查询速度。如查询 t1 表的行数，命令如下：

```
hbase > count 't1'
```

（5）更新数据和插入数据操作相同，当 HBase 中有数据就更新数据，没有数据就添加数据，其本质就是插入新版本号数据。如更新 t1 表中行键为 rk0001、列族 f1 中添加 name 列标识符的值为 lisi。

```
hbase > put 't1', 'rk0001', 'f1:name', 'lisi'
```

（6）删除某个值，语法如下

```
delete <table>,<rowkey>, <family:column> , <timestamp>
```

需要注意的是，此处需要指定具体的列标识符。如删除 t1 表中行键为 rk0001、列标识符为 f1:name 的数据，命令如下：

```
hbase > delete 't1', 'rk0001', 'f1:name'
```

也可以删除对应列标识符在某个时间戳下的数据。如下所示，1564745324798 为对应时间戳：

```
hbase > delete 't1', 'rk0001', 'f1:name', 1564745324798
```

（7）删除某一行的值，语法如下：

```
deleteall<table>, <rowkey>, <family:column> , <timestamp>
```

此处可以不指定列名，即删除整行数据。如删除 t1 表中行键为 rk0001 的数据。

```
hbase > deleteall 't1', 'rk0001'
```

（8）清空表，语法如下：

```
truncate<table>
```

例如，删除 t1 表中的所有数据，命令如下：

```
hbase > truncate 't1'
```

4. 权限管理

（1）分配权限的语法为 grant <user> <permissions> <table> <column family> <column qualifier>。

说明：参数后面用逗号分隔。

权限用 R、W、X、C、A 这 5 个字母表示，它们的对应关系为 READ('R')、WRITE('W')、EXEC('X')、CREATE('C')、ADMIN('A')。

例如，为用户'test'分配对 t1 表读/写的权限，命令如下：

```
hbase> grant 'test','RW','t1'
```

（2）查看权限的语法为 user_permission <table>。

例如，查看 t1 表的权限列表，命令如下：

```
hbase> user_permission 't1'
```

（3）收回权限与分配权限类似，语法为 revoke <user> <table> <column family> <column qualifier>。

例如，收回 test 用户在 t1 表上的权限，命令如下：

```
hbase(main)> revoke 'test','t1'
```

## 4.3.3　HBase Java API 操作

Java API 是最方便、最原生的操作方式。HBase Java API 操作主要包括创建表、插入数据、读取数据、删除表等。

1. 创建表

首先使用 Java 创建一个表，表命名为 test-hbase，列族命名为 info。代码如下：

```
1. package bigdata.ch04.hbase;
2. import java.io.IOException;
3. import org.apache.hadoop.conf.Configuration;
4. import org.apache.hadoop.hbase.HBaseConfiguration;
5. import org.apache.hadoop.hbase.HColumnDescriptor;
6. import org.apache.hadoop.hbase.HTableDescriptor;
7. import org.apache.hadoop.hbase.TableName;
8. import org.apache.hadoop.hbase.client.Admin;
9. import org.apache.hadoop.hbase.client.Connection;
10. import org.apache.hadoop.hbase.client.ConnectionFactory;
11. public class HBaseClient{
12.    public static void main(String[] args) throws IOException{
13.        Configuration conf=HBaseConfiguration.create();
14.        conf.set("hbase.zookeeper.quorum","zk1,zk2");
15.        Connection connection=ConnectionFactory.createConnection(conf);
16.        String tableName="test-hbase";
17.        String columnName="info";
18.        Admin admin=connection.getAdmin();
19.        HTableDescriptor tableDescriptor=new
                HtableDescriptor(TableName.valueOf(tableName));
20.        admin.createTable(tableDescriptor);
21.        HColumnDescriptor columnDescriptor=new
                HColumnDescriptor(columnName);
22.        admin.addColumn(TableName.valueOf(tableName),columnDescriptor);
23.        admin.close();
24.        connection.close();
25. }
26. }
```

上述代码第 2~10 行导入相应包, 第 14 行调用 set 方法设立 ZooKeeper 地址, 第 16 行设置表名为 test-hbase, 第 17 行设置列族名为 info。第 18 行使用 HBase 中的表管理类 Admin 类来创建表, 第 19~20 行定义表名, 第 21~22 行定义表结构。

2. 插入数据

表创建完成后, 就可以通过 HBase 的 Put 类提供的方法向表中插入数据了。代码如下:

```
1. package bigdata.ch04.hbase;
2. import java.io.IOException;
3. import org.apache.hadoop.conf.Configuration;
4. import org.apache.hadoop.hbase.HBaseConfiguration;
5. import org.apache.hadoop.hbase.TableName;
6. import org.apache.hadoop.hbase.client.Connection;
7. import org.apache.hadoop.hbase.client.ConnectionFactory;
8. import org.apache.hadoop.hbase.client.Put;
9. import org.apache.hadoop.hbase.client.Table;
10. public class HBaseClient{
11.    public static void main(String[] args) throws IOException{
12.        Configuration conf=HBaseConfiguration.create();
13.        conf.set("hbase.zookeeper.quorum","zk1,zk2");
14.        Connection connection=ConnectionFactory.createConnection(conf);
15.        String tableName="test-hbase";
16.        String columnName="info";
17.        String rowkey="rk1";
18.        String qulifier="c1";
19.        String value="value1";
20.        Table table=connection.getTable(TableName.valueOf(tableName));
```

```
21.              Put put=new Put(rowkey.getBytes());
22.              put.addColumn(columnName.getBytes(),qulifier.getBytes(),value.getBytes());
23.              table.put(put);
24.              table.close();
25.              connection.close();
26.        }
27. }
```

注意，上述代码第 2～9 行导入的包与创建表时导入的包略有不同。第 17～19 行表示插入的数据行键为 rk1，列名为 c1，值为 value1；第 21 行用行键实例化 put；第 22 行指定列族名、列名和值；第 23 行执行 put。

### 3. 读取数据

向表中插入数据后，立即就可以通过 HBase 的 Get 类来读取数据。代码如下：

```
1. package bigdata.ch04.hbase;
2. import java.io.IOException;
3. import org.apache.hadoop.conf.Configuration;
4. import org.apache.hadoop.hbase.HBaseConfiguration;
5. import org.apache.hadoop.hbase.TableName;
6. import org.apache.hadoop.hbase.client.Connection;
7. import org.apache.hadoop.hbase.client.ConnectionFactory;
8. import org.apache.hadoop.hbase.client.Get;
9. import org.apache.hadoop.hbase.client.Result;
10. import org.apache.hadoop.hbase.client.Table;
11. import org.apache.hadoop.hbase.util.Bytes;
12. public class HBaseClient{
13.     public static void main(String[] args) throws IOException{
14.            Configuration conf=HBaseConfiguration.create();
15.            conf.set("hbase.zookeeper.quorum","zk1,zk2");
16.            Connection connection=ConnectionFactory.createConnection(conf);
17.            String tableName="test-hbase";
18.            String columnName="info";
19.            String rowkey="rk1";
20.            String qulifier="c1";
21.            Table table=connection.getTable(TableName.valueOf(tableName));
22.            Get get=new Get(rowkey.getBytes());
23.            get.addColumn(columnName.getBytes(),qulifier.getBytes());
24.            Result result=table.get(get);
25.            String valueStr=Bytes.toString(result.getValue(columnName.getBytes(),
                                        qulifier.getBytes()));
26.            System.out.println(valueStr);
27.            table.close();
28.            connection.close();
29.        }
30. }
```

上述代码第 21 行建立表连接，第 22 行用行键实例化 Get，第 23 行增加列族名和列名条件，第 24 行执行 get 并返回结果，第 25～26 行取出结果。

### 4. 删除表

经过前面的步骤，我们了解了创建表、插入数据、读取数据等操作，现在来介绍删除表。删除表分两步，先禁用表，再删除表。代码如下：

```
1. package bigdata.ch04.hbase;
2. import java.io.IOException;
3. import org.apache.hadoop.conf.Configuration;
```

```
4. import org.apache.hadoop.hbase.HBaseConfiguration;
5. import org.apache.hadoop.hbase.TableName;
6. import org.apache.hadoop.hbase.client.Connection;
7. import org.apache.hadoop.hbase.client.ConnectionFactory;
8. import org.apache.hadoop.hbase.client.Admin;
9. public class HBaseClient{
10.     public static void main(String[] args) throws IOException{
11.         Configuration conf=HBaseConfiguration.create();
12.         conf.set("hbase.zookeeper.quorum","zk1,zk2");
13.         Connection connection=ConnectionFactory.createConnection(conf);
14.         String tableName="test-hbase";
15.         Admin admin=connection.getAdmin();
16.         admin.disableTable(TableName.valueOf(tableName));
17.         admin.deleteTable(TableName.valueOf(tableName));
18.         admin.close();
19.         connection.close();
20.     }
21. }
```

上述代码第 16 行首先禁用表，第 17 行删除表，第 18 行关闭表管理，第 19 行关闭连接。

# 4.4　HBase 增强特性

## 4.4.1　支持二级索引

HBase 是一个 key-value 对类型的分布式存储数据库。每个表的数据，是按照行键的字典序排列的。因此，如果按照某个指定的行键去查询数据，或者指定某一个行键范围去扫描数据，则 HBase 可以快速定位到需要读取的数据的位置，从而可以高效地获取所需要的数据。

如图 4-9 所示，在实际应用中，很多场景是查询某一个列值为 XXX 的数据。HBase 提供了 Filter

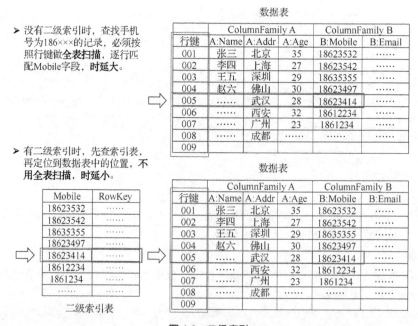

图 4-9　二级索引

特性以支持这样的查询，它的原理是：按照行键的顺序，遍历所有可能的数据，再依次匹配那一列的值，直到获取所需要的数据。可以看出，为了获取一行数据，它可能扫描了很多不必要的数据。因此，如果这样的查询请求非常频繁并且对查询性能要求较高，则使用 Filter 无法满足这个需求。

这就是 HBase 二级索引产生的背景。二级索引为 HBase 提供了按照某些列的值进行索引的能力。

### 4.4.2　二级索引行键去除 padding

二级索引行键由 starkey of index region + index name + indexed column(s) value(s) + user table rowkey 构成。

在此版本之前的版本中，每一个字段是定长的，indexed column(s) value(s)字段的长度由最长的列值决定。在一些已用场景中，如果 90%的列值都很短，但是 10%的列值很长，则会造成很大的存储空间的浪费。为了节省存储空间，采用分隔符而不是采用 padding 的方式分割每个字段。

### 4.4.3　支持多点分割

当用户在 HBase 创建 Region 预先分割的表时，用户可能不知道数据的分布趋势，进而可能会造成 Region 的分割不合适的问题。当系统运行一段时间后，Region 需要重新分割以获得更好的查询性能。HBase 只会分割空的 Region。

HBase 自带的 Region 分割只有当 Region 到达设定的阈值后才会进行分割，这种分割被称为单点分割。

为了实现根据用户的需要动态分割 Region 以获得更好的查询性能这一目标，HBase 开发了多点分割（又称为动态分割），即把空的 Region 预先分割成多个 Region，如图 4-10 所示。通过预先分割，避免了因为 Region 空间不足出现 Region 分割而导致性能下降的现象。

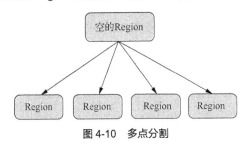

图 4-10　多点分割

### 4.4.4　容灾增强

主/备集群之间的容灾能力可以增强 HBase 数据的高可用性，主集群提供数据服务，备集群提供数据备份，当主集群出现故障时，备集群可以提供数据服务。相比开源副本功能，HBase 做了如下增强。

（1）备集群白名单功能，只接收指定集群 IP 的数据推送。

（2）开源版本中副本是基于 WAL 同步并在备集群回放 WAL 实现数据备份的。对于 BulkLoad，由于没有 WAL 产生，BulkLoad 的数据不会复制到备集群。通过将 BulkLoad 操作记录在 WAL 上并同步至备集群，备集群通过 WAL 读取 BulkLoad 操作记录，将对应的主集群中的 HFile 文件加载到备集群，即可完成数据备份。

（3）开源版本中 HBase 对系统表 ACL 做了过滤，ACL 信息不会同步至备集群。用户可以通过新加一个过滤器 org.apache.hadoop.hbase.replication.SystemTableWALEntryFilterAllowACL 来允许 ACL 信息同步至备集群。此外，用户也可以通过配置 hbase.replication.filter.sytemWALEntry-Filter（即使用该过滤器）来实现 ACL 同步。

（4）备集群只读限制。备集群只接受备集群节点内的超级用户对备集群的 HBase 进行修改，即备集群节点之外的 HBase 客户端只能对备集群的 HBase 进行读操作。

### 4.4.5 HBase MOB

在实际应用中，用户需要存储大大小小的数据，如图像数据、文档等。小于 10MB 的数据一般都可存储在 HBase 上。对于小于 100KB 的数据，HBase 的读/写性能是最优的。如果存储在 HBase 上的数据大于 100KB，甚至达到 10MB，则插入同样个数的数据文件，其数据量会很大，且会导致频繁的 Compaction 和拆分，占用很多 CPU，磁盘 I/O 频率很高，性能严重下降。

将中等对象存储（Medium Object Storage，MOB）数据（即 100KB～10MB 的数据）直接以 HFile 的格式存储在文件系统（如 HDFS）上，然后把这个文件的地址信息及大小信息作为 value 存储在普通 HBase 的 Store 上，并通过 ExpiredMobFileCleaner 和 Sweeper 工具集管理这些文件。这样就可以大大降低 HBase 的 Compaction 和拆分频率，提升性能。

如图 4-11 所示，MOB 模块表示存储在 HRegion 上的 mobstore。mobstore 存储的是 key-value 对，key 即 HBase 中对应的 key，value 对应的就是存储在文件系统上的引用地址以及数据偏移量。读取数据时，mobstore 会用自己的 scanner 先读取 mobstore 中的 key-value 对数据对象，然后通过 value 中的地址及数据大小信息，从文件系统中读取真正的数据。

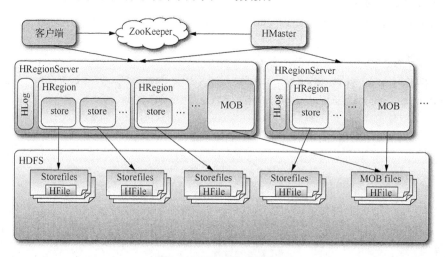

图 4-11　MOB 数据存储原理

### 4.4.6 HFS

HBase 文件存储模块（HBase FileStream，HFS）是 HBase 的独立模块，它对 HBase 与 HDFS 接口进行了封装，应用在 FusionInsight 的上层应用，为上层应用提供文件的存储、读取、删除等功能。

在 Hadoop 生态系统中，无论是 HDFS，还是 HBase，在某些场景下面对海量文件的存储时，都会存在一些很难解决的问题。

- 如果把海量小文件直接保存在 HDFS 中，则会给 NameNode 带来极大的压力。
- 由于 HBase 接口以及内部机制，一些较大的文件也不适合直接保存到 HBase 中。

HFS 的出现，就是为了解决需要在 Hadoop 中存储海量小文件，同时也需要存储一些大文件的混合应用问题。简单来说，就是在 HBase 表中需要存储大量的小文件（10MB 以下），同时又需要存储一些比较大的文件（10MB 以上）。

HFS 为上述场景提供了统一的操作接口，这些操作接口与 HBase 的函数接口类似。

# 4.5　本章小结

　　本章详细介绍了 HBase 数据库的知识。HBase 数据库是 BigTable 的开源实现，和 BigTable 一样，支持大规模海量数据，分布式并发数据处理效率极高，易于扩展且支持动态伸缩，适用于廉价设备。HBase 实际上就是一个稀疏、多维、持久化存储的映射表，它采用行键、列族和时间戳进行索引，每个值都是未经解释的字符串。

# 4.6　习题

　　（1）HBase 中的数据以什么形式存储?

　　（2）HBase 的最小存储单元是什么?

　　（3）请简述 CAP 理论和 BASE 原则，以及它们之间的关系。

　　（4）请简述 HBase 的读/写流程。

　　（5）请查阅资料，总结 HBase 中建立二级索引的方式除了本书所介绍的外，还有哪些?

# 05

# 第5章 MapReduce和 YARN技术原理

MapReduce 的思想源于 Google 公司在 2004 年发布的 *MapReduce: Simplified Data Processing on Large Clusters* 论文，初衷是为了解决其搜索引擎中大规模网页数据的并行化处理问题。YARN 的出现是为了解决 Hadoop v1.0 中数据处理和资源调度过度依赖 MapReduce 的问题。

本章将重点介绍 Hadoop 的 MapReduce 的技术原理、YARN 的组件架构以及 MapReduce On YARN。

## 5.1 MapReduce 和 YARN 基本介绍

### 5.1.1 MapReduce 基本介绍

MapReduce 是一个分布式计算的编程框架，用于大规模数据集的并行处理。MapReduce 将一个数据处理过程拆分为 Map 和 Reduce 两部分：Map 是映射，负责数据的过滤和分发；Reduce 是规约，负责数据的计算和归并。开发者只须编写 map 和 reduce 函数，不需要考虑分布式计算框架内部的运行机制，即可在 Hadoop 集群上实现分布式运算。引入 MapReduce 框架后，开发者可将精力集中在业务逻辑的开发上，而分布式计算的复杂性就交由框架来处理好即可。

MapReduce 把对数据集的大规模操作分发到计算节点，计算节点会周期性地返回其工作的最新状态和结果。如果节点保持沉默超过一个预设时间，主节点则标记该节点为死亡状态，并把已分配给该节点的数据发送到别的节点重新计算，从而实现数据处理任务的自动调度。

Hadoop 支持多种语言进行 MapReduce 编程，包括 Java、Ruby、Python 和 C++等。本书采用 Java 介绍 MapReduce 编程。在 Hadoop 平台上运行 MapReduce 程序，主要任务是将 HDFS 存储的大文件数据分发给多个计算节点上的 Map 程序进行处理，然后由计算节点上的 Reduce 程序合并或进一步处理多个计算节点上的计算结果。从程序员的角度来看，采用 Java 进行 MapReduce 分布式编程的流程如图 5-1 所示。

（1）编写 Hadoop 中 org.apache.hadoop.mapreduce.Mapper 类的子类，并实现 map 函数；

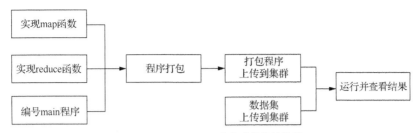

图 5-1　MapReduce 分布式编程的流程

（2）编写 Hadoop 中 org.apache.hadoop.mapreduce.Reducer 类的子类，并实现 reduce 函数；

（3）编写 main 程序，设置 MapReduce 程序的配置，并指定任务的 Map 程序类（第（1）步的 Java 类）、Reduce 程序类（第（2）步的 Java 类）等，指定输入/输出文件及格式，提交任务；

（4）将（1）～（3）的类文件与 Hadoop 自带的包打包为 JAR 文件，并将其分发到 Hadoop 集群的任意节点；

（5）运行 main 程序，任务自动在 Hadoop 集群上运行；

（6）到指定文件夹查看计算结果。

需要注意的是，Map 程序和 Reduce 程序的输入/输出都是以 key-value 对的形式出现的，定义 map 函数的输出和 reduce 函数的输入时，它们的 key-value 对的格式必须一致，这样 MapReduce 的调度程序才能完成 Map 和 Reduce 间的数据传递。

### 5.1.2　YARN 基本介绍

Apache Hadoop YARN 是一种新的 Hadoop 资源管理器，是一个通用的资源管理系统，可为上层应用提供统一的资源管理和调度。它的引入为资源利用率、资源统一管理和数据共享等带来了巨大好处。

在 YARN 出现之前，Hadoop MapReduce 的资源管理只是为自身设计的，无法为其他程序提供服务。同时，MapReduce v1（MR v1）在可扩展性、内存消耗、线程模型、可靠性和性能上均存在局限性。概括来说，Hadoop 原有的资源管理模块的不足体现在如下两个方面。

- 资源管理模块与 MapReduce 这个具体的编程框架之间存在紧密的耦合，导致开发们为了能够利用大量的物理资源，不得不滥用这个编程框架。

- 作业控制流和生命周期的中央式处理带来了各种各样的可扩展性问题。

引入 YARN 之后，MapReduce 实际上成了运行在 YARN 之上的一个应用。通过将资源管理功能与具体编程框架分离，YARN 得以将和作业调度相关的功能委派给每个作业组件。这使得在选择编程框架时，开发者不需要局限于 MapReduce，也可以选择 Storm、Spark 等。这些编程框架通过请求和使用集群资源的 API 来进行资源管理。而这些 API，并不会直接被用户调用，用户代码中使用的是分布式计算框架提供的更高层的 API。

# 5.2　MapReduce 和 YARN 的功能与架构

## 5.2.1　MapReduce 过程详解

如图 5-2 所示，MapReduce 运行阶段的数据传递经过输入文件、Map 阶段、临时文件、Reduce 阶段、输出文件 5 个阶段，用户程序（User Program）只与 Map 阶段和 Reduce 阶段的 Worker 直接相关，其他事情由 Hadoop 平台根据设置自行完成。

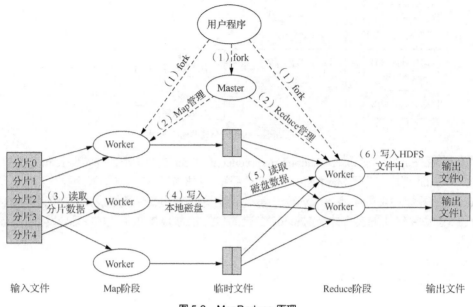

图 5-2　MapReduce 原理

从用户程序开始，用户程序连接了 MapReduce 库，实现了最基本的 map 函数和 reduce 函数。

（1）MapReduce 库先把用户程序的输入文件划分为 M 份，默认 M 的数量由 block 来确定，分片大小也由 block 大小来确实，分片大小范围可以由用户在 mapred-site.xml 中设置。如图 5-2 左侧所示，数据分成了分片 0～4。然后使用 fork 将用户进程复制到集群内的其他机器上。

（2）用户程序的副本中有一个组件称为 Master，其余称为 Worker。Master 是负责调度的，为空闲 Worker 分配作业（Job），Map 作业或者 Reduce 作业。Worker 的数量既可以计算出来，也可以由用户指定。

（3）被分配了 Map 作业的 Worker，开始读取对应分片的输入数据。Map 作业数量是由输入文件划分数 M 决定的，和分片一一对应；Map 作业将输入数据转化为 key-value 对的表示形式，传递给 map 函数，map 函数产生的中间 key-value 对被缓存在内存中。

（4）缓存的中间 key-value 对会被定期写入本地磁盘，而且被分为 R 个区，R 的大小是由用户定义的，将来每一个区会对应一个 Reduce 作业；这些中间 key-value 对的位置会被通报给 Master，Master 负责将信息转发给 Reduce Worker。

（5）Master 通知分配了 Reduce 作业的 Worker 负责数据分区，Reduce Worker 读取 key-value 对数据并依据 key 排序，使相同 key 的 key-value 对聚集在一起。注意，同一个分区可能存在多个 key 的 key-value 对，而 reduce 函数每次调用的 key-value 对是唯一的，所以必须对其进行排序处理。

（6）Reduce Worker 遍历排序后的中间 key-value 对。对于每个唯一的 key，将 key 与关联的 value 传递给 reduce 函数，reduce 函数产生的输出会写回到数据分区的输出文件中。

（7）当所有的 Map 和 Reduce 作业都完成后，Master 唤醒用户程序，MapReduce 函数调用返回用户程序。

执行完毕后，MapReduce 的输出放在 R 个分区的输出文件中（分别对应一个 Reduce 作业）。用户通常并不需要合并这 R 个文件，而是需要将它们作为输入交给另一个 MapReduce 程序处理。在整个过程中，输入数据来自分布式文件系统，中间数据存储在本地文件系统中，最终输出数据会写入分布式文件系统。

必须指出 Map 或 Reduce 作业和 map 或 reduce 函数的区别：Map 作业处理一个输入数据的分片，可能需要多次调用 map 函数来处理每个输入的 key-value 对；Reduce 作业处理一个分区的中间

key-value 对，期间要对每个不同的 key 调用一次 reduce 函数，Reduce 作业最终也对应一个输出文件。

## 5.2.2　经典 MapReduce 任务调度模型

经典 MapReduce 任务调度模型采用 Master/Slave 架构，包含 4 个组成部分：客户端、JobTracker、TaskTracker、任务（Task）。支撑 MapReduce 计算框架的是 JobTracker 和 TaskTracker 两类后台进程。经典 MapReduce 任务调度模型示意如图 5-3 所示。

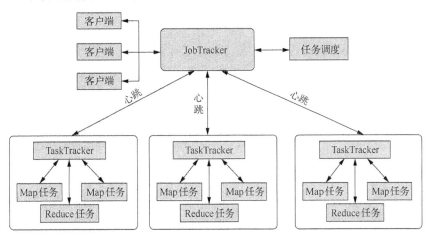

图 5-3　经典 MapReduce 任务调度模型示意

#### 1. 客户端

每一个作业在客户端将运行 MapReduce 程序所需要的所有 JAR 文件和类的集合打包成一个 JAR 文件存储在 HDFS 中，并把文件路径提交到 JobTracker。

#### 2. JobTracker

JobTracker 主要负责资源的监控和作业调度。一个 Hadoop 集群只有一个 JobTracker，其并不参与具体的计算任务。根据提交的作业，JobTracker 会创建一系列任务（即 Map 任务和 Reduce 任务），并把它们分发到每个 TaskTracker 服务中执行。常用的作业调度器（Scheduler）主要包括 FIFO 调度器（FIFD Scheduler）（默认）、公平调度器（Fair Scheduler）、容量调度器（Capacity Scheduler）等。

#### 3. TaskTracker

TaskTracker 主要负责汇报心跳和执行 JobTracker 分发的任务。TaskTracker 会周期性地通过心跳将本节点上资源的使用情况和任务的运行进度汇报给 JobTracker，JobTracker 会根据心跳信息和当前作业运行情况为 TaskTracker 下达任务，主要包括启动任务、提交任务、杀死任务和重新初始化命令等。

#### 4. 任务

任务分为 Map 任务和 Reduce 任务两种，均由 TaskTracker 启动，执行 JobTracker 分发的任务。Map 任务解析每条数据记录，传递给用户编写的 map() 函数并执行，最后将输出结果写入 HDFS；Reduce 任务从 Map 任务的执行结果中对数据进行排序，将数据分组传递给用户编写的 reduce 函数并执行。

TaskTracker 分布在 MapReduce 集群的每个节点上，主要负责监视所在机器的资源情况和当前机器的任务运行状况。TaskTracker 通过心跳将相关信息发送给 JobTracker，JobTracker 会根据这些信息给新提交的作业分配计算节点。

经典 MapReduce 任务调度模型简单、直观，但是不能满足大规模集群任务调度的需要。其缺陷主要表现为以下 4 点：

（1）JobTracker 是 MapReduce 的集中处理点，存在单点故障问题；

（2）当 MapReduce 作业非常多的时候，会造成很大的内存开销，这就增加了 JobTracker 失败的风险，业界普遍认为该调度模型支持的上限为 4 000 个节点；

（3）在 TaskTracker 端，以 Map/Reduce 任务的数目作为资源的表示过于简单，没有考虑 CPU/内存的占用情况，如果两个大内存消耗的任务被调度到一起，就很容易出现内存消耗殆尽的问题；

（4）TaskTracker 把资源强制划分为 Map 任务插槽（Slot）和 Reduce 任务插槽，当系统中只有 Map 任务或者只有 Reduce 任务时，会造成资源的浪费，导致集群资源利用不足。

### 5.2.3　YARN 的组件架构

为了解决上述经典 MapReduce 任务调度模型的性能瓶颈。Hadoop 2.x 将资源管理和任务调度功能进行抽离，重构出 YARN。YARN 的组件架构如图 5-4 所示，主要包括资源管理器（ResourceManager）、ApplicationMaster、节点管理器（NodeManager）及容器（Container）等组件。

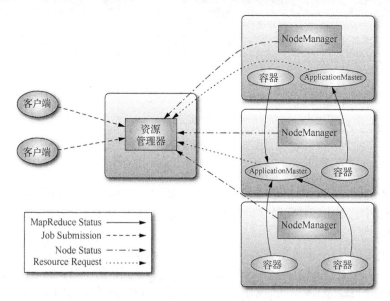

图 5-4　YARN 的组件架构

资源管理器负责集群中所有资源的统一管理和分配。它接收来自各个节点的资源汇报信息，并把这些信息按照一定的策略分配给各个应用程序。资源管理器是基于应用程序对资源的需求进行调度的。每一个应用程序需要不同类型的资源，因此就需要不同的容器。这些资源包括内存、CPU、磁盘、网络等。

ApplicationMaster 负责向调度器申请、释放资源，请求 NodeManager 运行任务、跟踪应用程序的状态并监控它们的进程。

NodeManager 是 YARN 中单个节点的代理，负责与应用程序的 ApplicationMaster 和资源管理器交互；从 ApplicationMaster 上接收有关容器的命令并执行（如启动、停止容器）；向资源管理器汇报各个容器的执行状态和节点的健康状况，并读取有关容器的命令；执行应用程序的容器、监控应用程序的资源使用情况并且向资源管理器和资源调度器汇报。

容器是 YARN 中资源的抽象，它封装了节点上一定量的资源（如 CPU 和内存等）。一个应用程序所需的容器分为两类：一类是运行 ApplicationMaster 的容器，是由资源管理器（向内部的资源调度器）申请和启动的，用户提交应用程序时，可指定唯一的 ApplicationMaster 所需的资源；另一类是运行各类任务的容器，是由 ApplicationMaster 向资源管理器申请的，并由 ApplicationMaster 与 NodeManager 通信后启动。

## 5.2.4  MapReduce On YARN

用户向 YARN 提交一个应用程序后，YARN 将分为两个阶段来运行该应用程序：第 1 个阶段是启动 ApplicationMaster；第 2 个阶段是由 ApplicationMaster 创建应用程序，为应用程序申请资源，并监控它的整个运行过程，直到运行成功。具体的 MapReduce On YARN 的任务调度流程如图 5-5 所示。

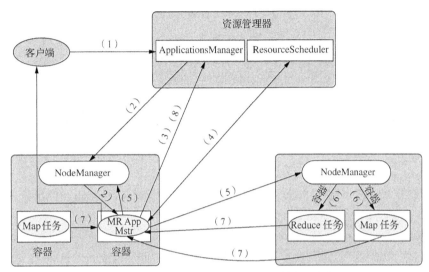

图 5-5　具体的 MapReduce On YARN 的任务调度流程

（1）用户向 YARN 提交应用程序。

（2）资源管理器为该应用程序在某个 NodeManager 分配一个容器，并要求 NodeManger 启动应用程序的 ApplicationMaster。

（3）ApplicationMaster 启动后立即向资源管理器注册，此时用户可以直接通过资源管理器查看应用程序的运行状态。然后它将为各个任务申请分布在某些 NodeManager 上的容器资源，并监控它的运行状态（步骤（4）～（7）），直到运行结束。

（4）ApplicationMaster 采用轮询的方式向资源管理器申请和领取资源。

（5）ApplicationMaster 申请到资源后，即与资源容器所在的 NodeManager 通信，要求其在容器内启动任务。

（6）NodeManager 为任务初始化运行环境（包括环境变量、jar 包、二进制程序等），启动任务。

（7）运行各个任务的容器通过向 ApplicationMaster 汇报自己的状态和进度，使 ApplicationMaster 随时掌握各个任务的运行状态，从而可以在任务失败时重新启动任务。用户可以向 ApplicationMaster 查询应用程序的当前运行状态。

（8）应用程序运行完成后，ApplicationMaster 向资源管理器注销并关闭。

YARN 框架和经典的 MRv1 调度框架相比，主要有以下优化：

（1）ApplicationMaster 使得检测每一个作业子任务状态的程序分布式化，减少了 JobTracker 的资源消耗；

（2）在 YARN 中，用户可以对不同的编程模型写自己的 ApplicationMaster，可以让更多类型的编程模型运行在 Hadoop 集群上，如 Spark 基于内存的计算模型；

（3）容器提供 VM 内存的隔离，优化了经典的 MRv1 调度框架中 Map 插槽和 Reduce 插槽分开造成集群资源闲置的问题。

### 5.2.5 YARN 容错机制

YARN 设计的架构提供了良好的容错机制，对资源管理器失败、NodeManager 失败等问题都提供了不同的解决方案。

资源管理器失败是个很严重的问题。如果资源管理器失败了，任何任务和作业都无法启动。默认情况下，资源管理器存在单点故障问题。通常情况下，可配置资源管理器的高可用。其是通过设置一组 Active/Standby 状态的资源管理器节点来实现的。与 HDFS 的高可用方案类似，任何时间点上只能有一个资源管理器处于 Active 状态。当 Active 状态的资源管理器发生故障时，可通过自动或者手动的方式触发故障转移，进行 Active/Standby 状态切换。当未开启自动故障转移时，YARN 集群启动后，管理员需要在命令行中使用 yarn rmadmin 命令手动将其中一个资源管理器切换为 Active 状态。当需要执行计划性维护或故障发生时，则需要先手动将 Active 状态的资源管理器切换为 Standby 状态，再将另一个资源管理器切换为 Active 状态。开启自动故障转移后，资源管理器会通过内置的基于 ZooKeeper 实现的 ActiveStandbyElector 来决定哪一个资源管理器应该切换为 Active 状态。当 Active 状态的资源管理器发生故障时，另一个资源管理器将被自动选举为 Active 状态以接替故障节点。

如果 NodeManager 由于崩溃或运行缓慢而失败，就会停止向资源管理器发送心跳信息（或发送频率很低）。如果 10min 内没有收到一条心跳信息，资源管理器将会通知停止发送心跳信息的 NodeManager，并且将其从自己的节点池中移除。

ApplicationMaster 与其他容器类似，也运行在 NodeManager 上（忽略未管理的 ApplicationMaster）。ApplicationMaster 可能会由于多种因素崩溃、退出或关闭。如果 ApplicationMaster 停止运行，则资源管理器会关闭 ApplicationAttempt（YARN 应用重试机制）中管理的所有容器，包括当前正在 NodeManager 上运行的所有容器。资源管理器会在另一个计算节点上启动新的 ApplicationAttempt。不同类型的应用希望以多种方式处理 ApplicationMaster 重新启动的事件。MapReduce 类应用目标不会丢失任务状态，但也能允许一部分的状态损失。然而对长周期的服务而言，用户并不希望仅仅由于 ApplicationMaster 的故障而导致整个服务停止运行。YARN 的设计考虑到这一点，在新的 ApplicationAttempt 启动时，保留之前容器的状态，因此运行的作业可以无故障地运行。

# 5.3 YARN 的资源隔离和调度

## 5.3.1 YARN 资源隔离

YARN 作为一个资源管理系统，最重要和最基础的两个功能就是资源隔离和资源调度。其中，资源隔离是指为不同任务提供独立的计算资源以避免它们相互干扰。对运行在 YARN 上的任务来说，计算资源主要是内存和 CPU。YARN 对内存资源和 CPU 资源采用了不同的资源隔离方案。

### 1. 内存资源隔离

对于内存资源，它是一种限制性资源，它的量的大小直接决定了应用程序的"死活"。在 YARN 中，提供了两种内存资源隔离方案：线程监控方案和控制集群（Control Groups，CGroups）方案。默认情况下，YARN 采用线程监控方案。

CGroups 方案会严格限制内存的使用上限，对于超过预定上限值的进程，会将其"杀死"。在 Linux 中所有的进程都是通过 fork() 复制来实现的，而为了减少创建进程带来的堆栈消耗和性能影响，Linux 使用了写时复制机制来快速创建进程。也就是说，一个进程在刚刚创建的时候，它的堆栈空间和父进程是完全一致的。这段时间，我们获取不到子进程真实的内存使用情况。而对于 Java，其创建子进程采用了"fork()+exec()"方案。该方案在子进程启动的瞬间，它的使用内存量和父进程是一致的。

只有将当前进程的使用权转交给另一个程序后，子进程的内存才会恢复正常。而容器是由 NodeManager 进程创建的子进程，在容器创建的过程中可能会产生内存波动，即出现其内存量瞬间翻倍，然后又降下来。如果使用 CGroups 进行内存资源隔离，这个容器就会被"杀死"。

采用线程监控方案会避免出现上述问题。该方案主要是通过分析 Linux 中实时反应进程数使用内存总量的/proc/<pid>/stat 文件来判断单个任务是否超过最大值内存，其中<pid>为进程的 ID。为了避免 JVM 的"fork()+exec()"方案引发的"误杀"操作，YARN 赋予每个进程"年龄"的属性，并规定刚刚启动的进程年龄为 1。监控线程会每隔一段时间对所有正在运行的容器进程树进行扫描。每更新一次，各个线程的年龄就加 1。如果一个进程组中的所有进程（年龄大于 0）的总内存超过用户设置的最大值的两倍，或者所有非新创建的线程（年龄大于 1）的进程内存总量超过用户设置的最大值，则认为该组进程过量使用内存，进而就会将其"杀死"。

### 2. CPU 资源隔离

在 NodeManager 中，支持 3 种运行容器的方式，分别是：DefaultContainerExecutor、LinuxContainerExecutor、DockerContainerExecutor。默认情况下，YARN 使用的是 DefaultContainerExecutor。在这种运行方式下，YARN 对 CPU 资源未运行任何隔离机制，且全部用户均由运行 NodeManager 的用户启动。通常情况下，此运行方式能够满足大部分的需求。如果需要进行 CPU 资源隔离，则需要使用 LinuxContainerExecutor，其对 CPU 的资源隔离基于轻量级资源隔离技术 CGroups。CGroups 是 Linux 内核的一个资源隔离功能，可以根据需求把一个系统任务及其子任务整合（或者分隔离）到按资源划分等级的不同组内，从而为系统资源管理提供一个统一的框架。简单地说，CGroups 可以限制、控制与分离一个进程组的资源。CGroups 提供了 4 大功能。

- 资源限制

CGroups 可以对进程组使用的资源总额进行限制。例如，可以为进程组设定一个内存使用的上限，一旦超过这个配置，进程组就会发生内存溢出（Out Of Memory，OOM）。

- 优先级控制

CGroups 通过分配的 CPU 时间片数量及硬盘 I/O 带宽大小来实现程序优先级的控制。

- 资源统计

CGroups 可以统计系统的资源使用量。例如，统计某个进程组使用的 CPU 时间，以便对不同进程组拥有者进行计费。

- 进程控制

CGroups 可以对进程组执行挂起、恢复等操作。

CGroups 为每种可控的资源定义了一个子系统，每一个子系统就是一个资源调度控制器。目前典型的子系统介绍如下。

- CPU 子系统：限制进程的 CPU 使用率，控制任务对 CPU 的访问。
- cpuacct 子系统：统计 CGroups 中进程的 CPU 报告。
- cpuset 子系统：为任务分配独立的 CPU 和内存节点。
- memory 子系统：设置任务使用的内存量，并生成指定任务的内存报告。
- blkio 子系统：可以限制进程的块设备 I/O。
- devices 子系统：允许或者拒绝任务访问设备。
- net_cls 子系统：可以标记 CGroups 中进行的网络数据包，从而对数据包进行控制。
- freezer 子系统：可以挂起或者恢复 CGroups 中的任务进程。
- ns 子系统：可以让不同的进程使用不同的命名空间。

LinuxContainerExecutor 对 CPU 资源的控制是通过 CPU 子系统实现的，主要是由 NodeManager 允许用户在启动 Container 后修改 CGroups 内部的 cpu.shares、cpu.cfs_period_us、cpu.cfs_quota_us 这

3 个参数来具体进行资源限制的。其中，cpu.shares 参数负责分配 CPU 执行的权重，默认为 1 024。这个参数可以保证每个节点的 CPU 资源得到充分的共享和使用，从而产生较高的 CPU 利用率。cpu.cfs_period_us 参数为时间周期，默认为 1s，在 YARN 中按照该时间来划分一次 CPU 的时间片调度周期。cpu.cfs_quota_us 参数为单位内可用的 CPU 时间，默认无限制（-1）。通过 cpu.cfs_period_us 和 cpu.cfs_quota_us 两个参数的配合设置，YARN 可以实现对总体 CPU 上限和每个容器的 CPU 资源使用上限的控制。

使用 LinuxContainerExecutor 支持以应用程序提交者的身份创建文件、运行和销毁容器。这种运行方式相对默认运行方式更加安全，但是存在一些限制，如必须确保启动容器的 Linux 用户在每个 NodeManager 中均存在，否则会抛出异常；需要 Linux native 程序支持，准确地说需要编译生成一个 container-executor（采用 C 语言编写，其实是一个 setuid 执行程序）；必须确保 container-executor 及其对应的配置文件 container-executor.cfg 的所属组是 root 等。

DockerContainerExecutor 是自 Hadoop 2.7.1 开始支持的容器运行方式。该运行方式使用 Docker 容器进行资源隔离。利用 Docker 提供的资源隔离技术可以减少并行运行任务之间的干扰。关于 Docker 的技术，不在本书的讨论范围之内，请读者自行查阅相关文档。

## 5.3.2　YARN 资源调度

在理想情况下，应用请求 YARN 资源应该立刻得到满足。但是现实情况下的资源往往是有限的，特别是在一个很繁忙的集群中，一个应用资源的请求经常需要等待一段时间才能得到相应的资源。YARN 使用一个可插拔的组件——调度器来调度资源。为了适用所有的应用场景，YARN 提供了多种调度器供用户选择。常见的可供选择的调度器有 FIFO 调度器、容量调度器、公平调度器。用户可通过选择配置文件来选择具体的调度器。

在资源管理器端，根据不同的调度器，所有的资源均会被分成一个或多个队列（Queue），每个队列包含一定量的资源。用户的每个应用，会被唯一地分配到一个队列中执行。队列决定了用户能使用的资源上限。所谓资源调度的过程，就是决定将资源分配给哪个队列、哪个应用的过程。由上可知，调度器的两个主要功能是：①决定如何划分队列；②决定如何分配资源。下面对常用的 3 种调度器进行介绍。

### 1. FIFO 调度器

FIFO 调度器把应用程序按照提交的顺序排成一个队列，并且是一个先进先出的队列，在进行资源分配的时候，先给队列中排在最前面的应用分配资源，待其满足资源需求后再给下一个应用分配资源，以此类推。

FIFO 调度器是最简单、也是最容易的资源调度器，但它并不适用于共享集群。因为大的应用可能会占用较多的集群资源，这将会导致其他小应用被阻塞（如图 5-6 所示），而且它也没有考虑应用的优先级，因而应用场景十分受限。

随着 Hadoop 的普及，单个 Hadoop 集群的用户量越来越大。不同用户提交的程序往往具有不同的服务质量（Quality of Service，QoS）要求。此外，应用程序对资源的需求量也是不同的，如统计类作业一般为 CPU 密集型作业，而数据挖掘、机器学习作业一般为 I/O 密集型作业。考虑到以上程序特点，简单的 FIFO 调度策略不仅不能满足多样化需求，还不能充分利用

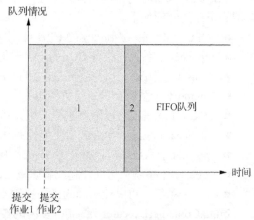

图 5-6　FIFO 调度器队列情况

硬件资源。为了克服单队列 FIFO 调度器的不足，多用户多队列调度器诞生了。容量调度器和公平调度器是多用户多队列调度器的典型代表。

### 2. 容量调度器

容量调度器使得 Hadoop 应用能够多用户共享地、操作简便地运行在集群上，同时最大化集群的吞吐量和利用率。它以队列为单位划分资源，每个队列可设定一定比例的资源最低保证和资源使用上限，同时每个用户也可设定一定的资源使用上限以防止资源滥用。管理员可以约束单个队列、用户或作业的资源使用。它支持作业优先级，但不支持资源抢占。容量调度器主要有以下几个特点。

- 分层队列

支持队列分层结构，以确保在允许其他队列使用空闲资源之前，组织的子队列已经完成资源共享，从而提供更多的控制和可预测性。

- 容量保证

管理员可为每个队列设置资源最低保证和资源使用上限，所有提交到该队列的应用程序共享这些资源。

- 灵活性

如果一个队列中的资源有剩余，则可以暂时共享给那些需要资源的队列。若该队列有新的应用程序提交，则其他队列释放的资源会归还给该队列。

- 安全保证

管理员可限制每个队列的访问控制列表，普通用户可为自己的应用程序指定哪些用户可管理它。

- 多重租赁

支持多用户共享集群和多应用同时运行。为了防止单个应用程序、用户或者队列独占集群中的资源，管理员可为之增加多种约束（如单个用户使用最多的资源量）。

- 动态更新配置文件

管理员可根据需要动态更新各种资源调度器相关配置参数而无须重启集群。

- 基于资源的调度

支持资源密集型应用程序，其中应用程序可以选择指定比默认值更高的资源需求，从而适应具有不同资源需求的应用程序。

- 基于默认或用户定义的、放置规则的队列映射界面

此功能允许用户基于某些默认规则，将作业映射到特定队列，如基于用户、组或者应用程序名称。用户还可以定义自己的放置规则。

- 优先级计划

此功能允许使用不同的优先级提交和计划应用。整数值越高，表示应用程序的优先级越高。

- 绝对资源配置

管理员可以为队列指定绝对资源，而不必提供基于百分比的值。这为管理员提供了更好的控制，以配置给定队列所需的资源量。

图 5-7 显示了容量调度器的资源分配模型。该模型分为队列、应用、容器 3 级。NodeManager 与资源管理器周期性（默认为 1s）地发送心跳请求，心跳信息中携带了正在运行的容器、可用的资源等信息。当出现空闲资源时，调度器会依次通过队列、应用、容器的顺序来分配资源。

用户可以对根队列进行逐级划分，为每个组织分配专门的队列，这样一来，可以对资源的调度进行更为细致的划分。在这种资源分配模型下，YARN 的资源队列采用层次结构的组织方法，整体呈基于优先级的多叉树型结构，优先级根据子队列资源使用率分配，资源使用率低的优先级高。调度器在选择队列的过程中采用基于优先级的深度优先遍历方法，从根队列开始，按照子队列资源使用率由低到高依次遍历各个子队列。若队列为非子队列，则以该子队列为根队列继续进行上述遍历。

若队列为子队列，则容量调度器会默认根据 FIFO 规则，按照提交顺序来排列该队列中的应用程序，并遍历排列后的应用程序，以找到一个或多个最合适的容器。当选择一个应用程序后，容量调度器会尝试满足优先级高的容器。对于同一优先级，调度器会优先匹配本地资源的申请请求，其次是同机架的申请请求，最后是其他机架的申请请求。

每个子队列均可以配置一个容量属性，该属性可以使用百分比进行设置，表示可以使用父队列的容量的百分比。同一个父队列下各个子队列的容量百分比之和必须是 100%。当系统繁忙时，该属性保证了每个队列应该得到的资源量，但该数据并不是"总会保证的最低容量"。如果其他队列的资源不够用，则该队列的空闲资源可以分配给资源紧张的队列使用，这种特性称为弹性。每个子队列也可以设置一个最大容量属性，默认情况下为 100%。如果某个队列中的应用程序需要大量资源，同时其他队列资源空闲，则该应用程序最多可以占用 100% 的资源。通过设置最大容量属性，可以防止一个队列超量使用资源。

图 5-7 中的 Root 队列被划分为 A 和 B 两个队列，A 队列占系统资源的 60%，它的内部又划分为 C 和 D 两个子队列，分别占用 50% 的父级队列资源；B 队列占系统资源的 40%。由上可以看出，A 队列下的所有子队列的最小容量的百分比之和等于 100%，A 和 B 的最小容量的百分比之和也等于 100%。因为 A 队列设置了最大容量 75%，所以在集群资源空闲的情况下，A 队列不会占用集群 100% 的资源，最多占用集群资源的 75%。这种情况下，B 队列有 25% 的资源可用于应急。

对于容量调度器，会有一个专门的队列来运行小任务，从而解决了小任务被大任务阻塞的问题（如图 5-8 所示）。但是为小任务专门设置一个队列会占用一定的集群资源，这就会对大任务的执行时间造成一定的影响。

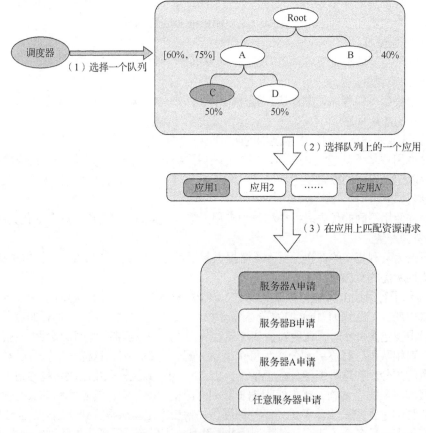

图 5-7　容量调度器的资源分配模型

### 3. 公平调度器

公平调度器的设计目标是为所有的应用分配公平的资源（对公平的定义可以通过参数来设置）。如图 5-9 所示，一个队列中两个应用可以进行公平调度，平等地共享资源。当然，公平调度器也可以在多个队列间工作。公平调度器与容量调度器类似，也是以队列为单位划分资源的，并可设置每个队列的最小容量和最大容量。当一个队列有资源空闲时，可以暂时将剩余资源分配给其他队列。但是，公平调度器与容量调度器也存在很多不同之处，主要包括以下几个方面。

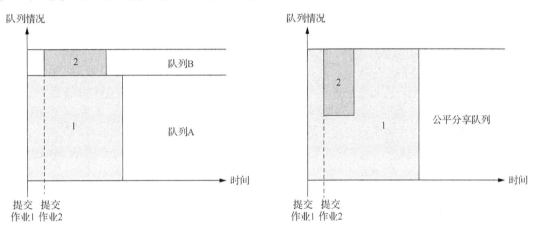

图 5-8 容量调度器队列情况 　　　　　　　　图 5-9 公平调度器队列情况

* 提高小作业的响应时间

公平调度器可以使小作业快速获取资源并运行完成，主要是通过最大最小公平（Max-min fairness）算法来实现的。这种算法会尽量满足用户中的最小需求，然后将剩余的资源公平地分配给剩下的用户。算法实现的主要过程如下。假设用户集合 $1,\cdots,n$ 对应的资源请求为 $x_1,x_2,\cdots,x_n$。不失一般性，$x_1 \leq x_2 \leq \cdots \leq x_n$。令服务器具有资源 $C$，那么，我们初始时把 $C/n$ 资源给需求最小的用户。如果分配的资源超过用户 1 的需求 $x_1$，则剩下的没人分配的资源数为 $C/n+(C/n-x1)/(n-1)$。然后依次处理剩下的用户，直到资源数小于或等于需求数或者所有用户分配完。这使得每个用户得到的资源不会比自己的需求更多。而且如果需求得不到满足，得到的资源也不会比其他用户得到的资源少，即最大化每一个用户收到的最小资源。因此，最大最小公平算法对小作业更加友好，对整个集群的作业也更加公平。

* 调度资源配置灵活

公平调度器允许管理员为每个队列单独设置调度策略。调度策略包括 FIFO、Fair（公平）或主资源公平（Dominant Resource Fairness，DRF）3 种。其中，Fair 调度策略是一种基于最大最小公平算法实现的资源多路复用策略。如果用户有特定需求，也可以使用 DRF 调度策略。该调度策略的核心概念在于让所有队列中的应用程序的"主资源占比"尽量均等。简单来说，DRF 就是最大最小公平算法的泛化版本，支持多种类型资源的公平调度，解决了最大最小公平算法将资源同等看待的问题。关于 FAIR 和 DRF 调度策略的实现细节，本书将不进行深入探讨。

* 负载均衡

公平调度器提供了一个基于任务数目的负载机制，该机制会尽可能将系统中的任务均匀地分配到各个节点上。用户也可以根据自己的需求设计负载均衡机制。

## 5.3.3 抢占与延时调度

### 1. 抢占

抢占在资源调度的过程中使作业从提交到执行所需的时间可预测。所谓资源抢占，就是指允许调度器终止那些资源超过了其所分配公平份额的容器。这些超过队列公平份额的资源，是由调度器从其他资源空闲的队列中共享出来的。

容量调度器通过将 yarn.resourcemanager.scheduler.monitor.enable 属性设置为 true 来启用抢占。在该调度模式下，资源管理器会跟踪所有队列的相关信息，并通过 PreemptionMonitor 监视器组件来执行抢占。PreemptionMonitor 每隔一定的时间间隔（通过配置文件配置）检查一次队列的状态，计算需要从每个队列/应用回收多少资源，才能满足未满足要求的队列的要求，并将需要回收的容器进行标记后添加到被抢占列表中。被标记的容器不会被立即释放，而是会由 PreemptionMonitor 通知 ApplicationMaster，以便 ApplicationMaster 可以在资源管理器本身做出艰难决定之前采取高级措施，如释放某个应用程序中不重要的容器。如果被抢占列表中的某些容器在管理员配置的时间间隔内，队列的容量未缩小到指定的目标容量，资源管理器将会强制终止此类容器。

公平调度器配置资源抢占须在配置文件中将 yarn.scheduler.fair.preemption 配置项设置为 true，为了尽量降低不必要的资源浪费，公平调度器使用了先等待再强制回收的策略。如果等待一段时间还有资源未被归还，则会发生资源抢占。资源抢占主要的做法是从那些超额使用的资源队列中"杀死"一部分进程，进而释放资源。抢占机制的等待时间主要由 minSharePreemptionTimeout、fairSharePreemptionTimeout 和 defaultMinSharePreemptionTimeout、defaultFairSharePreemptionTimeout 这 4 个（两组）相关的超时参数决定，这两组参数分别作用于单个队列和全局队列。如果 minSharePreemption Timeout 和 defaultMinSharePreemptionTimeout 规定队列在这个配置项指定的时间内（单位为 s）还未获取最小的共享资源（可以通过 minResources 参数为队列配置最小的共享资源），调度器就会进行资源抢占。如果 fairSharePreemptionTimeout 和 defaultFairSharePreemptionTimeout 规定队列在指定时间内（单位为 s）获得的资源小于其公平份额阈值（通过配置 fairSharePreemption Threshold 设置，默认为 0.5）的一半，调度器就会进行资源抢占。这 4 个参数在默认的自定义配置文件 fair-scheduler.xml 中进行配置。

### 2. 延时调度

在大规模集群中，对数据本地化（Data Locality）的优化，可以减少很多网络 I/O。磁盘的 I/O 比网络的 I/O 快很多，因此对降低集群的 I/O 负载以及增加集群的吞吐量很有益处。5.3.2 小节中曾提到，YARN 的每个 NodeManager 周期性地（默认每秒一次）向资源管理器发送心跳请求。每个心跳就是一个潜在的调度机会（Scheduling Opportunity）。若开启延时调度，则调度器不会简单使用它收到的每一次调度机会，而是会利用等待机制尽量使用更好的请求机会，更好的标准就是数据本地化，即本地资源的请求。如果等待超过一定的阈值，就会放松节点限制，接受下一个较远的调度机会。容量调度器和公平调度器均支持延时调度。具体的参数配置将在 5.3.4 小节介绍。

## 5.3.4　YARN 参数配置

本小节将向读者介绍 YARN 中重要的配置参数。默认情况下，参数均在 yarn-site.xml 中配置。

### 1. 资源隔离参数

目前 YARN 支持内存和 CPU 两种资源类型的管理和分配。同 MRv1 一样，YARN 采用了动态资源分配机制，NodeManager 会向资源管理器注册，注册信息里包含该节点可分配的 CPU 和内存总量。默认情况下，每个 NodeManager 可分配的内存和 CPU 的数量可以通过配置参数进行设置。主要包含以下几个参数。

- yarn.nodemanager.resouce.memory-mb

表示当前 NodeManager 上可以分配容器的物理内存的大小，单位为 MB。必须小于 NodeManager 服务器上的实际内存大小。

- yarn.nodemanager.vmem-pmem-ratio

表示为容器设置内存限制时虚拟内存与物理内存的比值。容器分配值使用物理内存表示，虚拟内存使用率超过分配值的比例不允许大于当前这个比例。

- yarn.nodemanager.pmem-check-enabled

表示是否启动一个线程检查每个任务正使用的物理内存量，如果任务超出分配值，则直接将其"杀死"。默认值为 true。

- yarn.nodemanager.vmem-check-enabled

表示是否启动一个线程检查每个任务正使用的虚拟内存量，如果任务超出分配值，则直接将其"杀死"。默认值为 true。

- yarn.scheduler.minimum-allocation-mb

表示单个任务可申请的最少物理内存量，默认值为 1 024（MB）。如果一个任务申请的物理内存量少于该值，则对应的物理内存量改为这个值。

- yarn.scheduler.maximum-allocation-mb

单个任务可申请的最多物理内存量，默认值为 8 192（MB）。

- yarn.nodemanager.resource.cpu-vcores

表示可分配给容器的 CPU 核数。建议配置为 CPU 核数的 1.5～2 倍，默认为 8。注意，目前推荐将该值设置为与物理 CPU 核数数目相同。如果你的节点 CPU 核数不够 8 个，则需要调小这个值，而 YARN 不会智能地探测节点的物理 CPU 总核数。

- yarn.scheduler.minimum-allocation-vcores

单个任务可申请的最少虚拟 CPU 个数，默认值为 1。如果一个任务申请的 CPU 个数少于该值，则对应的值改为这个值。

- yarn.scheduler.maximum-allocation-vcores

单个任务可申请的最多虚拟 CPU 个数，默认值为 32。

YARN 也提供了关于 CGroups 配置的相关参数来支持 CPU 隔离功能。

- yarn.nodemanager.container-executor.class

因为 CGroups 是 Linux 内核功能，所以控制 CGroups 需要将该项设置为 org.apache.hadoop.yarn.server.nodemanager.LinuxContainerExecutor。

- yarn.nodemanager.linux-container-executor.resources-handler.class

使用 LinuxContainerExecutor 不会强制你使用 CGroups。如果希望使用 CGroups，则必须将 resource-handler-class 设置为 CGroupsLCEResourceHandler。

- yarn.nodemanager.linux-container-executor.cgroups.hierarchy

放置 YARN 处理的 CGroups 层次结构（不能包含逗号）。如果 yarn.nodemanager.linux-container-executor.cgroups.mount 为 false（也就是说，如果 CGroups 已经预先配置），并且 YARN 用户具有对父目录的写访问权限，那么将创建该目录。如果目录已经存在，则管理员必须递归地授予 YARN 写入权限。

- yarn.nodemanager.linux-container-executor.cgroups.mount

如果没有发现 CGroups，则 LinuxContainerExecutor 是否尝试挂载，取决于其值是 true 还是 false。

- yarn.nodemanager.linux-container-executor.cgroups.mount-path

可选参数，指明 CGroups 的目录。如果 yarn.nodemanager.linux-container-executor.cgroups.mount 为 true，LinuxContainerExecutor 将尝试挂载资源到这里；否则，LinuxContainerExecutor 会使用该目录的 CGroups。如果该参数被配置，那么在 NodeManager 启动前，给定的目录及其子目录（CGroups 垂直结构）必须存在，并且 YARN 是有权读/写的。

- yarn.nodemanager.linux-container-executor.group

NodeManager 的 UNIX 组。它应与 container-executor.cfg 中的配置匹配。需要此配置来验证容器执行器二进制文件的安全访问。在开启了 CGroups 功能的前提下，可以通过调节 YARN 中的参数来控制 CPU 的资源使用行为。

- yarn.nodemanager.resource.percentage-physical-cpu-limit

NodeManager 管理的所有容器使用 CPU 的硬性比例，默认值为 100%。

- yarn.nodemanager.linux-container-executor.cgroups.strict-resource-usage

对容器的 CPU 使用资源严格按照被分配的比例进行控制，即使 CPU 还有空闲。默认值为 false，即容器可以使用空闲 CPU。

### 2. YARN 资源调度参数

（1）容量调度器调度参数

如果需要配置资源管理器使用容量调度器，则需要在 yarn-site.xml 中将 yarn.resourcemanager.scheduler.class 设置为 org.apache.hadoop.yarn.server.resourcemanager.scheduler. capacity.Capacity Scheduler。如果需要配置容量调度器的具体参数，则可以在$HADOOP_HOME/etc/Hadoop/capacity-scheduler.xml 中进行配置，其中$HADOOP_HOME 是 Hadoop 的配置路径。

在 5.3.2 小节中曾提到过，YARN 内存采用层级队列方式管理队列。对需要设置队列的用户，可以通过配置 yarn.scheduler.capacity.<queue-path>.queues 并使用逗号分隔的子队列列表来设置其他队列。其中<queue-path>为 root 或者子队列名称。下面给出示例，示例中包含 3 个顶级子队列 a、b、c 以及 a、b 的一些子队列。

```
1.<property>
2.<name>yarn.scheduler.capacity.root.queues</name>
3.    <value>a,b,c</value>
4.    <description>The queues at the this level (root is the root queue).
5.    </description>
6.</property>

7.<property>
8.    <name>yarn.scheduler.capacity.root.a.queues</name>
9.    <value>a1,a2</value>
10.    <description>The queues at the this level (root is the root queue).
11.    </description>
12.</property>

13.<property>
14.    <name>yarn.scheduler.capacity.root.b.queues</name>
15.    <value>b1,b2,b3</value>
16.    <description>The queues at the this level (root is the root queue).
17.    </description>
18.</property>
```

我们可以为队列设置一些参数。

- yarn.scheduler.capacity.<queue-path>.capacity

队列的资源容量（百分比）。当系统非常繁忙时，应保证每个队列的容量得到满足，而如果每个队列应用程序较少，那么可将剩余资源共享给其他队列。注意，所有队列的容量百分比之和应小于 100%。但是，如果配置了绝对资源，则子队列的绝对资源总和可能小于其父代的绝对资源容量。

- yarn.scheduler.capacity.<queue-path>.maximum-capacity

队列的资源使用上限（百分比）。由于存在资源共享，因此一个队列使用的资源量可能超过其容量，而最多使用的资源量可通过该参数限制。另外，将此参数值设置为-1 会将最大容量设置为100%。

- yarn.scheduler.capacity.<queue-path>.minimum-user-limit-percent

每个用户的最低资源保障（百分比）。如果有资源需求，则每个队列都会在任何给定时间对分配给用户的资源百分比实施限制。用户限制可以在最小值和最大值之间变化。前者（最小值）设置为该参数值，后者（最大值）取决于已提交应用程序的用户数。例如，假设此参数的值为 25，如果两个用户已将应用程序提交到队列，则没有一个用户可以使用超过 50%的队列资源；如果第 3 个用户提交了一个应用程序，则任何一个用户都不能使用超过 33%的队列资源。

- yarn.scheduler.capacity.<queue-path>.user-limit-factor

每个用户最多可以使用的资源量（百分比），可以配置为允许单个用户获取更多资源的队列容量的倍数。默认情况下，此参数值设置为 1，以确保无论集群有多空闲，单个用户都不会占用超过队列配置的容量。

- yarn.scheduler.capacity.<queue-path>.maximum-allocation-mb

每个队列在资源管理器中分配给每个容器请求的最大内存限制。此设置将覆盖集群配置yarn.scheduler.maximum-allocation-mb。此参数值必须小于或等于集群最大值。

- yarn.scheduler.capacity.<queue-path>.maximum-allocation-vcores

在资源管理器中分配给每个容器请求的虚拟 CPU 的每个队列的最大限制。此设置将覆盖集群配置 yarn.scheduler.maximum-allocation-vcores。此参数值必须小于或等于集群最大值。

- yarn.scheduler.capacity.<queue-path>.user-settings.<user-name>.weight

在为队列中的用户计算用户限制资源值时，将使用此参数值。此参数值将使每个用户比队列中的其他用户匹配更多或更少的权重。例如，如果用户 A 在队列中接收的资源比用户 B 和 C 多 50%，则用户 A 的此参数值将设置为 1.5，用户 B 和 C 的默认值为 1.0。

- yarn.scheduler.capacity.root.<leaf-queue-path>.default-application-priority

与<queue-path>类似，< leaf-queue-path >为叶子节点的路径。该参数可以定义队列中默认的应用程序优先级。

（2）公平调度器调度参数

同样地，如果需要配置资源管理器使用公平调度器，则需要在 yarn-site.xml 中将yarn.resourcemanager.scheduler.class 设置为 org.apache.hadoop.yarn.server.resource-manager.scheduler.fair.FairScheduler。Fair Scheduler（公平调度器）的配置选项包括两部分，其中 yarn-site.xml 中的配置项主要用于配置调度器级别的参数，自定义配置项（默认是 fair-scheduler.xml）主要用于配置各个队列的资源量、权重等信息。

yarn-site.xml 具有如下重要的配置参数。

- yarn.scheduler.fair.allocation.file

自定义 XML 配置文件所在位置。该文件主要用于描述某些策略默认值以及各个队列的属性，如资源量、权重等。如果该参数值为相对路径，则系统会在类路径中搜索文件。默认值为fair-scheduler.xml。

- yarn.scheduler.fair.user-as-default-queue

当应用程序未指定队列名时，是否指定用户名作为应用程序所在的队列名。如果设置为 false 或者未设置，则所有未知队列的应用程序都将被提交到 default 队列中。默认值为 true。

- yarn.scheduler.fair.sizebasedweight

是否根据应用程序的资源需求量分配资源，而不是给所有应用程序分配均等的份额。默认值为false。

- yarn.scheduler.fair.assignmultiple

是否在一个心跳中允许多个容器分配资源,即是否开启批量分配功能。默认值为 false。

- yarn.scheduler.fair.dynamic.max.assign

如果该参数值为 true,则一次可以将可分配资源的一半分配给容器。默认情况下,该参数值为 true。该参数在 Hadoop 2.8.0 及以上版本中才有。

- yarn.scheduler.fair.max.assign

如果开启批量分配功能,则可指定一次分配的容器数目。默认情况下,该参数值为-1,表示不限制。

- yarn.scheduler.fair.allow-undeclared-pools

该参数设置为 true 时,将使用默认设置创建在应用程序中指定但未明确配置的池;设置为 false 时,将在名为 default 的池中运行应用程序指定的未明确配置的池。此设置适用于应用程序明确指定某个池以及应用程序运行所在的池的名称为与该应用程序关联的用户名的情况。默认值为 true。

- yarn.scheduler.fair.update-interval-ms

锁住调度器重新计算作业所需资源的间隔。默认值为 500ms。

- yarn.resource-types.memory-mb.increment-allocation

Fairscheduler 以此参数值的增量授予内存。如果提交的任务资源请求不是 memory-mb.increment-allocation 的倍数,则该请求将被向上舍入到最接近的增量。默认值为 1 024 MB。

- yarn.resource-types.vcores.increment-allocation

Fairscheduler 以此参数值的增量授予 vcores。如果提交的任务资源请求不是 vcores.increment-allocation 的倍数,则该请求将被四舍五入到最接近的增量。默认值为 1。

- yarn.resource-types.<resource>.increment-allocation

Fairscheduler 以此参数值的增量授予<resource>。如果提交的任务资源请求不是<resource>.increment-allocation 的倍数,则该请求将被四舍五入到最接近的增量。

自定义 XML 配置文件 fair-scheduler.xml 有如下重要配置项。

- minResources

队列有权使用的最少资源,格式为 "X mb, Y vcores"。对于 Fair 策略,仅使用内存,而忽略其他资源。如果不满足队列的最小份额,则会在同一父项下的任何其他队列之前为它提供可用资源。根据 Fair 策略,如果队列的内存使用率低于其最小内存份额,则认为该队列未得到满足。对于 DRF 策略,如果队列在集群资源中相对集群容量的使用率低于该资源的最小份额,则认为该队列未得到满足。如果在这种情况下无法满足多个队列,则资源将以相关资源使用与最小资源使用之间的最小比例分配给队列。

- maxResources

可以分配队列的最大资源,格式和 minResources 相同。公平调度器保证每个队列使用的资源量不会超过该队列最多可使用的资源量。

- maxContainerAllocation

队列可以为单个容器分配的最大资源。如果未设置该值,则其值将从父队列继承。默认值为 yarn.scheduler.maximum-allocation-mb 和 yarn.scheduler.maximum-allocation-vcores,不能高于 maxResources。该配置项对根队列无效。

- maxChildResources

可以分配临时子队列的最大资源。

- maxRunningApps

限制队列中一次运行的应用程序的数量。限制该数目可以避免多个应用程序同时运行占用过多的临时资源。

- maxAMShare

限制队列用于运行 ApplicationMaster 的资源比例。此配置项只能用于子队列。例如，如果将其设置为 1.0f，则子队列中的 ApplicationMaster 最多可以占用 100%的内存和 CPU 公平份额。

- weight

设置队列的权重。

- schedulePolicy

设置队列的调度策略。可选的策略有 FIFO、Fair、DRF 或者任何扩展 org.apache.hadoop.yarn.server.resourcemanager.scheduler.fair.SchedulingPolicy 的类。默认值为 Fair 策略。

下面对 fair-scheduler.xml 给出示例，其中设置了两个队列 A 和 B，A 队列下有一个子队列，且规定普通用户最多可以同时运行 30 个应用程序，但用户 userC 最多可以同时运行 200 个应用程序。

```
1.<?xml version="1.0"?>
2.<allocations>
3.<queue name="A">
4.    <minResources>10000 mb,0vcores</minResources>
5.    <maxResources>90000 mb,0vcores</maxResources>
6.    <maxRunningApps>50</maxRunningApps>
7.    <weight>2.0</weight>
8.    <schedulingPolicy>fair</schedulingPolicy>
9.    <queue name="B">
10.       <minResources>5000 mb,0vcores</minResources>
11.</queue>
12.</queue>
13.<queue name="C">
14.    <minResources>10000 mb,0vcores</minResources>
15.    <maxResources>50000 mb,0vcores</maxResources>
16.</queue>
17.<user name="userC">
18.    <maxRunningApps>200</ maxRunningApps >
19.</user>
20.<userMaxAppsDefault>30</userMaxAppsDefault>
21.</allocations>
```

# 5.4　MapReduce 和 YARN 增强特性

## 5.4.1　任务优先级调度

在原生的 YARN 资源调度机制中，如果先提交的 MapReduce 作业长时间地占据整个 Hadoop 集群的资源，则会使得后提交的作业一直处于等待状态，直到运行中的作业执行完并释放资源。

华为提供了任务优先级调度机制，如图 5-10 所示。此机制允许用户定义不同优先级的作业，后启动的高优先级作业能够获取运行中的低优先级作业释放的资源；低优先级作业未启动的计算容器被挂起，直到高优先级作业完成并释放资源后，才被重新启动。

该机制使得业务能够更加灵活地控制自己的计算任务，从而达到更佳的集群资源利用率。

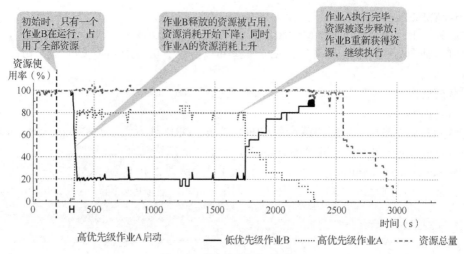

图 5-10　任务优先级调度机制

## 5.4.2　提交 Application 可设置超时参数

在开源的 YARN 中，MapReduce 任务在运行时，如果执行很长时间，则其他任务会一直被挂起。用户只能等待，且不能判断其原因。现在可以在用户提交 MapReduce 任务时增加一个超时参数 application.timeout.interval。该参数的单位是 s，当任务运行时间超过指定的时间后，会停止此任务。

```
yarn jar <App_Jar_Name> [Main_Class] -Dapplication.timeout.interval=<timeout>
```

该参数值须被指定为整数。如果该参数未设置，则超时功能不会执行。如果该参数设置了一个无效值（即非整数），则使用默认值（5min）。

## 5.4.3　YARN 的权限控制

Hadoop YARN 的权限控制机制是通过 ACL 实现的，即授予不同的用户不同的控制权限。本小节主要介绍下面两个部分。

- 集群管理员控制列表

集群管理员控制列表主要用于指定 YARN 集群的管理员。其中,管理员列表由参数 yarn.admin.acl 指定。集群管理员 admin 具有所有可以操作的权限。

- 队列访问控制列表

为了方便管理集群中的用户，YARN 将用户/用户组分成若干队列，并指定每个用户/用户组所属的队列。每个队列包含两种权限：提交应用程序权限和管理应用程序权限（如终止任意应用程序）。

虽然目前 YARN 服务在用户层面上支持集群管理员、队列管理员和普通用户 3 种角色，但是当前开源 YARN 提供的 Web UI/Rest API/Java API 等接口不会根据用户角色进行权限控制，任何用户都有权访问应用和集群的信息，而无法满足多租户场景下的隔离要求。

华为解决了这一安全问题。在安全模式下，对开源 YARN 提供的 Web UI/Rest API/Java API 等接口进行了权限管理上的增强，支持根据不同的用户角色进行相应的权限控制。

各用户角色对应的权限如下。

- 集群管理员：拥有在 YARN 集群上执行任意操作的权限。
- 队列管理员：拥有在 YARN 集群上对所管理队列的修改和查看权限。
- 普通用户：拥有在 YARN 集群上对自己提交的应用的修改和查看权限。

## 5.4.4　支持 CPU 硬隔离

YARN 无法准确控制每个容器使用的 CPU 资源。我们使用 cpuset 子系统而不是 CPU 子系统来控制 CPU 资源。这是因为使用 CPU 子系统时，如果资源允许，那么容器可以占据比它的需求更多的资源。

为了克服这个问题，物理 CPU 将会被严格地分配至各个容器，也就是说，需要保证虚拟核和物理核的比例关系。如果容器需要的 CPU 资源恰好是一个物理核，那么它就能占据整个物理核。但是也存在这样的情况，容器需要的 CPU 资源不是整数个物理核。在这种情况下，可能几个容器共享同一个物理核。图 5-11 所示为 CPU 配额示例，假定虚拟核和物理核的比例为 2:1。

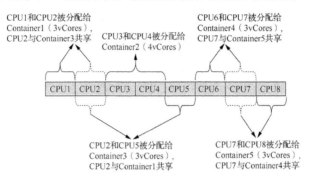

**图 5-11　CPU 配额示例**

## 5.4.5　重启性能优化

当资源管理器的 StateStore 中存在大量已经结束的应用时，资源管理器恢复可能需要很长的时间，这样就会造成资源管理器启动过慢，或者 HA 切换、重启等耗时过长的问题。为了加快资源管理器的启动速度，可以优先获取未完成的应用列表，然后启动资源管理器，那些已完成的应用将会在一个后台异步线程中继续恢复。图 5-12 展示了资源管理器的启动和恢复流程。

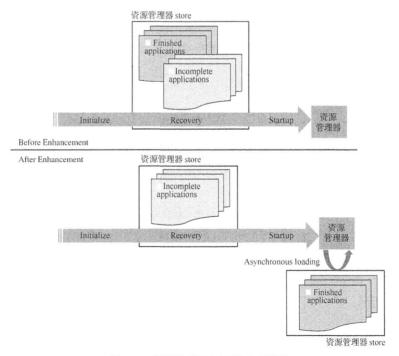

**图 5-12　资源管理器的启动和恢复流程**

# 5.5 MapReduce 实例

本例的数据来自 YouTube 社交网站的数据集，完整的数据集下载地址参见本书提供的网络资源。该数据集各字段的具体含义如表 5-1 所示。

**表 5-1　YouTube 数据集各字段的具体含义**

| 字段名 | 解释及数据值 |
|---|---|
| video ID | 视频 ID：每个视频存在唯一的 11 位字符串 |
| uploader | 上传者用户名：字符串 |
| age | 视频上传日期与 2005 年 2 月 15 日（YouTube 创立日）的间隔天数：整数值 |
| category | 视频类别：字符串 |
| length | 视频长度：整数值 |
| views | 浏览量：整数值 |
| rate | 视频评分：浮点值 |
| ratings | 评分次数：整数值 |
| comments | 评论数：整数值 |
| related IDs | 相关视频 ID，每个相关视频的 ID 均为单独的一列：字符串 |

通过 head 命令查看数据集的第一条记录，结果如图 5-13 所示。

```
QuRYeRnAuXM     EvilSquirrelPictures     1135     Pets & Animals  252      1075   4
.96      46       86       gFa1YMEJFag      nRcovJn9xHg      3TYqkBJ9YRk      rSJ8QZWB
egU      0TZqX5MbXMA      UEvVksP91kg      ZTopArY7Nbg      0RViGi2Rne8      HT_Ql0Jb
Dpg      YZev1imoxX8      8qQrrfUTmh0      zQ83d_D2MGs      u6_DQQjLsAw      73Wz9CQF
DtE
```

图 5-13　数据集的第一条记录

## 5.5.1 Top10 视频分析

使用 MapReduce 设计分布式程序分析 YouTube 数据集，从已经上传的视频中找出评分 Top10 的视频。

1. MapReduce 设计

MapReduce 以 key-value 对的形式读取数据，map 函数输入数据中的 key 表示输入文本文件中行的偏移量，而 value 表示该行文本内容；map 函数需要通过逐行解析来提取视频 ID 和视频评分，并将其组成新的 key-value 对传递给系统上下文。reduce 函数从系统上下文获取 key-value，计算每个视频的平均评分，并用视频 ID 和平均评分组成新的 key-value 对输出。map 函数输入的值用制表符分开，行和列的对应关系如表 5-2 所示。

**表 5-2　map()函数输入行和列的对应关系**

| video ID | upload | age | category | length | views | rate | rating | comments | Related IDs |
|---|---|---|---|---|---|---|---|---|---|
| PkGUU_ggO3k | tom | 704 | Entertainment | 262 | 11 235 | 3.86 | 247 | 280 | tpAL3iOurl4…ifnlnjiY4s |
| RX24KLBhwMI | jsack | 687 | Blogs | 512 | 24 149 | 4.22 | 315 | 474 | PkGUU_ggO3k…tpAl3iOurl4 |

2. Mapper 类代码实现

Mapper 类的具体代码实现如下：

```
public static class Map extends Mapper<LongWritable, Text, Text, FloatWritable> {
```

```
2.          private Text video_name = new Text();
3.          private FloatWritable rating = new FloatWritable();
4.          public void map(LongWritable key, Text value, Context context)
5.              throws IOException, InterruptedException {
6.              String line = value.toString();
7.              String[] str = line.split("\t");
8.              if (str.length > 7) {
9.                  video_name.set(str[0]);
10.                 if (str[6].matches("\\d+.+")) {
11.                     float f = Float.parseFloat(str[6]);
12.                     rating.set(f);
13.                 }
14.             }
15.             context.write(video_name, rating);
16. }
```

收到数据集中的一条记录，将其切分成各个字段，提取我们需要的字段 rate，封装成 key-value 的形式发送出去。其中，第 6～7 行分割一条记录，将各字段以 "\t" 分隔符隔开；第 8～14 行使用正则表达式匹配字符串，字符串应只包含浮点数，过滤小于 7 的无效行，强制转换 rate 为浮点类型；将其转化为可持久化的 FloatWritable 对象后，在第 15 行组合为新的 key-value 对输出到 context 对象。

3. Reducer 类代码实现

Reducer 类的具体代码实现如下：

```
1. public static class Reduce extends Reducer<Text, FloatWritable, Text, FloatWritable> {
2.      public void reduce(Text key, Iterable<FloatWritable> values,
3.          Context context) throws IOException, InterruptedException {
4.          private FloatWritable result = new FloatWritable();
5.          float sum = 0;
6.          int l = 0;
7.          for (FloatWritable val : values) {
8.              l += 1;
9.              sum += val.get();
10.         }
11.         sum = sum / l;
12.         result.set(sum);
13.         context.write(key, result);
14.     }
15. }
```

reduce 函数的业务逻辑是遍历 values，然后进行累加求和后输出。第 7～10 行通过迭代器，遍历每一组 key-value 中的 value，进行累加计算；第 11 行进行取平均值计算，计算结果通过 context 输出。

4. 运行结果

本例的源码可借助 ant/maven 打包 Java 文件，假设打包后的 JAR 文件名为 YouTubeRating.jar。

登录 Hadoop 集群，进入 YouTubeRating.jar 文件目录，运行 MapReduce 作业，执行：

```
[hadoop@master~]${HADOOP_HOME}/bin/hadoop jar YouTubeRating.jar \ /tmp/test-MR/  Youtube
DataSets.txt /tmp/test-MR/output1
```

执行如下命令，查看评分排名 Top10 的视频：

```
[hadoop@master~]$ {HADOOP_HOME}/bin/hadoop fs -cat /tmp/test-MR/output1/part-r-00000 |
sort -n -k 2 -r | head -n 10
```

Top10 视频统计结果如图 5-14 所示。

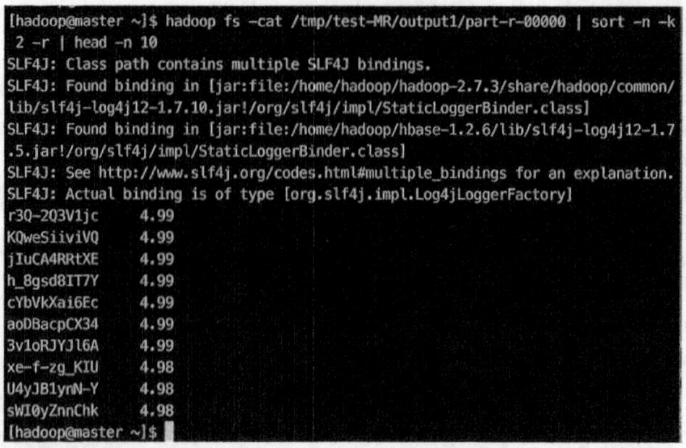

图 5-14　Top10 视频统计结果

## 5.5.2　视频类别统计

场景：从已经上传的视频中，统计每一个视频类别下的视频数量。由表 5-1 可知，category 列代表了视频类别，因而 map 函数只须逐行读取，返回视频类别为 key 和数字 1 为 value 的 key-value 对，再将其传给 reduce 函数处理即可。map 函数输入的 key 依然为文本文件中行的偏移量，value 为行内容。reduce 函数输出的 key-value 对为视频类别和该视频类别中的视频数量。

1．Mapper 类代码实现

Mapper 类的具体代码实现如下：

```
1. public static class Map extends Mapper<LongWritable, Text, Text, IntWritable> {
2.          private final static IntWritable one = new IntWritable(1);
3.          private Text tx = new Text();
4.          public void map(LongWritable key, Text value, Context context)
5.              throws IOException, InterruptedException {
6.              String line = value.toString();
7.              String[] str = line.split("\t");
8.              if (str.length > 4) {
9.                  tx.set(str[3]);    // 读取视频类别
10.             }
11.             context.write(tx, one);
12.         }
13. }
```

第 2 行构造 IntWritable 持久化对象并赋值为 1；第 6～7 行使用 "\t" 分隔符分割行，并将值存储在 String[]中，以使一行中的所有列都存储在字符串数组中；第 8～10 行过滤字段，将一条记录中的分类 category 作为 map 函数的 value 输出。

2．Reducer 类代码实现

Reducer 类的具体代码实现如下：

```
1. public static class Reduce extends Reducer<Text, IntWritable, Text, IntWritable> {
2.          public void reduce(Text key, Iterable<IntWritable> values,
                       Context context) throws IOException, InterruptedException {
3.              int sum = 0;
4.              for (IntWritable v : values) {
5.                  sum += v.get()
6.              }
7.              context.write(key, new IntWritable(sum));
8.          }
9. }
```

reduce 函数接收 Map 阶段传来的 key-value 对，输出的类型和输入的类型一致。第 3～6 行遍历每一组记录，累加同一视频类别下的视频数量；第 7 行通过 context 输出计算结果。

### 3. 运行结果

本例的源码可借助 ant/maven 打包 Java 文件，假设打包后的 JAR 文件名为 YouTubeCategory.jar。
登录 Hadoop 集群，进入 YouTubeCategory.jar 文件目录，运行 MapReduce 作业，执行：

```
[hadoop@master~]${HADOOP_HOME}/bin/hadoop jar CategoryCount.jar \ /tmp/test-MR/ Youtube
DataSets.txt /tmp/test-MR/output2
```

执行如下命令，查看各类别的视频数量：

```
[hadoop@master~]${HADOOP_HOME}/bin/hadoop fs -cat /tmp/test-MR/output2 /part-r-00000
```

不同类别视频数量统计结果如图 5-15 所示。

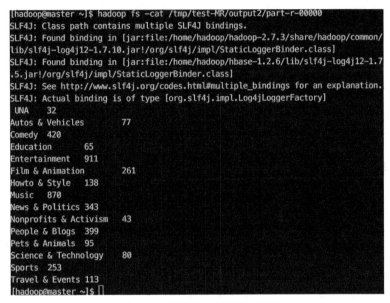

图 5-15　不同类别视频数量统计结果

## 5.6　本章小结

本章首先介绍了 MapReduce 和 YARN 的基本应用场景和基本架构，然后讲解了 YARN 资源隔离与调度的原理和华为 FusionInsight 中 YARN 的增强特性，最后给出了 MapReduce 实例。

## 5.7　习题

（1）以词频统计为例，用 Java 基本类型代替 writable 类型变量，编译、运行并分析统计结果。

（2）比较并分析经典 MapReduce 任务调度模型与 YARN 的异同点。

（3）如何直接将从多行数据中抽取的 key-value 对发送到 map 函数以进行处理？

（4）尝试实现 Writable 类，并在 map 和 reduce 函数间传递一组数据。

（5）为什么 YARN 默认不使用 CGroups 来隔离内存资源？

（6）尝试比较容量调度器和公平调度器，并简述二者与 Superior Scheduler 的异同点。

（7）为什么 YARN 会引入延时调度？

# 06 第6章 Spark基于内存的分布式计算

Hadoop MapReduce 在应对大规模的数据处理时，需要频繁地读/写磁盘，导致在一些场景下效率受到严重影响。Spark 通常比 Hadoop MapReduce 计算框架更加高效，也更加适合进行迭代计算、交互式查询和流数据处理。

本章重点介绍 Spark 的编程模型和 RDD 统一抽象模型、Spark 调度机制，以及以 Spark 为核心衍生的生态系统——Spark SQL、Spark Streaming，并介绍 Spark 应用案例，以帮助读者在实际操作中了解 Spark。

## 6.1 Spark 简介

### 6.1.1 Spark 概念

Spark 是一个通用的并行计算框架，由 UC Berkeley 的 AMP 实验室于 2009 年开发，并于 2010 年开源，2013 年成长为 Apache 软件基金会旗下大数据领域最活跃的开源项目之一，现在已经成为 Apache 软件基金会旗下的顶级开源项目。

Spark 是适用于大数据的高可靠、高性能分布式计算框架，是对广泛使用的 MapReduce 计算框架的优化。基于 MapReduce 的计算引擎通常会将中间结果输出到磁盘上进行存储和容错，而 Spark 则是将中间结果尽量保存在内存中以减少底层存储系统的 I/O，提高计算速度。

MapReduce 与 Spark 的计算数据载体如图 6-1 所示。

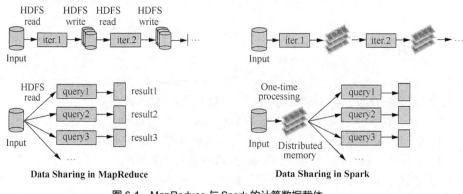

图 6-1 MapReduce 与 Spark 的计算数据载体

Spark 有着自己的生态圈，同时兼容 HDFS、Hive 等分布式存储系统，可以完美融入 Hadoop 的生态圈中,代替 MapReduce 去执行更为高效的分布式计算。这些促使 Spark 迅速成长为大数据分析的核心技术。Spark 的特性主要体现在以下几个方面。

(1)轻量级快速处理。在大数据处理中速度往往被置于首位,Spark 尽量将中间处理数据放在内存中以减少磁盘 I/O,从而提升了性能。

(2)易于使用、支持多语言。Spark 支持 Java、Scala、Python 和 R 等多种语言,这允许更多的开发者在自己熟悉的语言环境下进行工作,普及了 Spark 的应用范围,允许在 Spark Shell 中进行交互式查询。它具有多种使用模式的特性让应用更灵活。

(3)具有良好的兼容性。Spark 可以(使用 Standalone 模式)独立地运行,也可以运行在 YARN 管理的集群上,还可以从 Hadoop 数据源(如 HBase、HDFS 等)读取数据,这个特性可以让用户比较容易地迁移已有的 Hadoop 应用。

(4)活跃和不断壮大的社区。Spark 源于 2009 年,现在作为 Apache 软件基金会旗下的顶级开源项目,越来越多的企业和工程师参与到了 Spark 社区中,每年举办的 Spark 技术峰会(Spark Summit),都有来自 AMPLab、Databricks、Intel、淘宝、网易等众多公司的 Spark 贡献者及一线开发者,分享在生产环境中使用 Spark 及相关项目的经验和最佳实践方案。

(5)完善的生态圈。Spark 为不同的应用提供了一套完整的高级组件,包括 SQL 查询、流计算、机器学习和图计算等,用户可以在同一工作流中无缝搭配这些组件。整个 Spark 生态系统也被称为伯克利数据分析栈(Berkeley Data Analytics Stack,BDAS),它是一个包含着众多子项目的大数据计算平台。以 Spark 为核心,其包含流计算框架 Spark Streaming、结构化数据查询分析引擎 Spark SQL、图计算框架 GraphX、机器学习库 MLlib、随机梯度算法框架 Splash、资源管理框架 Mesos 等。图 6-2 展示了 Spark 生态系统中常见的组件。

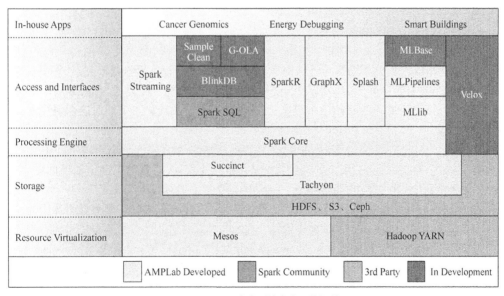

图 6-2  Spark 生态系统中常见的组件

(6)与 Hadoop 的无缝连接。Spark 可以使用 YARN 作为其集群管理器(Cluster Manager),并且可以完美地兼容 Hadoop 的其他组件,读取 HDFS、HBase 等 Hadoop 的数据。

## 6.1.2  Spark 架构

从集群部署的角度来看,Spark 架构采用了分布式计算中的 Master/Slave 模型。Spark 架构如图 6-3 所示,其由以下几个部分组成。

（1）驱动程序（Driver）：是用户编写的数据处理逻辑，这个逻辑中包含用户创建的 SparkSession。SparkSession 是驱动程序与 Spark 集群交互的接口，如向集群管理器申请计算资源等。

（2）集群管理器：负责资源的管理和分配，现在支持 Standalone、Apache Mesos 和 Hadoop 的 YARN 等。

（3）工作（Worker）节点：负责执行集群的计算任务。首先由集群管理器分配得到资源的 Worker 节点创建执行器（Executor），然后 Worker 节点将资源和任务分配给执行器，最后同步资源信息给集群管理器。

（4）执行器：在一个 Worker 节点上为某应用程序启动的一个进程，负责运行计算任务，并且将数据存储在内存或者磁盘上。

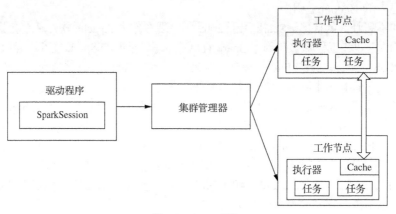

图 6-3　Spark 架构

## 6.1.3　Spark 核心组件

Spark 支持丰富的应用计算场景，可以用于交互式查询、实时流处理、机器学习和图计算等。这是通过在 Spark Core 上构建多个组件来完成的——Spark SQL 实现了交互式查询，Spark Streaming 实现了实时流处理，MLlib 实现了机器学习算法，GraphX 实现了图计算。下面对这些组件进行介绍。

1. Spark SQL

Hive 是 Shark 的前身，Shark 是 Spark SQL 的前身，Spark SQL 产生的根本原因是其完全脱离了 Hive 的限制。Spark SQL 是 Spark 用来处理结构化数据的一个模块，它提供了两个编程抽象 DataFrame 和 DataSet，用于作为分布式 SQL 查询引擎。

DataFrame 是一种以 RDD 为基础的分布式数据集，它在概念上等同于关系数据库中的表，但在底层具有更丰富的优化。DataFrame 是懒执行的，它的数据以二进制的形式存储在非堆内存中，这样大大减少了内存的开销。Spark 还为 DataFrame 提供了执行优化器（Catalyst）。利用 Spark SQL 操作数据时，Spark 会为我们的查询语法进行自动优化，以提高执行效率。然而，DataFrame 也有缺点，如编译器不会进行类型安全检查，只有在运行时才进行类型安全检查。

DataFrame 与 RDD 的区别在于：RDD 是不可变的分布式对象集合，可以包含 Python、Java、Scala 中任意类型的对象，也可以包含用户自定义的对象；DataFrame 是分布式的 Row 对象的集合，DataFrame 在 RDD 之上加入了 Schema 信息，为 RDD 中的每个元素的每一列加上了名称与数据类型，这样 Spark 就可以为 DataFrame 提供类似于 SQL 的语法操作。DataFrame 可以从各种各样的数据源构建，如结构化数据文件、Hive 中的表、外部数据库或现有的 RDD 等，并且 DataFrame API 支持的语言有 Scala、Java、Python 和 R 等。

DataSet 是 Spark 最新的数据抽象，它扩展了 DataFrame，弥补了 DataFrame 的类型安全检查的缺点，继承了 DataFrame 的执行优化。DataFrame 在编译期间是不知道字段的类型的，只有在运行的时候才知道字段的类型；而 DataSet 是在编译期间就知道了字段的类型。DataSet 可以从 JVM 对象中构造，也可以使用函数（如 map、flatMap、filter 等）转换操作，并且 DataSet API 可用 Scala 和 Java 编写，不支持 Python。

### 2. Spark Streaming

Spark Streaming 是 Spark Core API 的扩展，支持实时数据流的处理，并且具有可扩展、高吞吐量和容错的特点。数据有许多来源，如 Kafka、Flume、Kinesis、HDFS、S3 和 TCP socket 等，并且可以使用复杂的算法进行处理。这些算法使用 map、reduce、join 和 window 等高级函数表示。处理后的数据可以推送到 HDFS、Database 或者 Dashboard 等。

Spark Streaming 内部的实现原理并不复杂，就是将流计算分解成一系列短小的批处理作业，这些批处理的引擎是 Spark Core。离散化流 DStream 是 Spark Streaming 的基础抽象，代表持续性的数据流和经过各种 Spark 原语操作后的结果数据流。在内部实现上，DStream 用连续的序列化 RDD 来表示。Spark Streaming 的实现原理如图 6-4 所示。首先把 Spark Streaming 的实时输入数据流以批处理大小（如 1s）为单位切分成一段一段的数据，每段数据都会转换成 Spark 中的 RDD；然后将对 DStream 的转换（Transformation）操作变成针对 Spark 中 RDD 的转换操作，将 RDD 经过操作变成中间结果保存在内存中。整个流计算根据业务的需求可以对中间结果进行更新或者存储到外部设备。

图 6-4　Spark Streaming 的实现原理

### 3. MLlib

MLlib 是 Spark 中提供机器学习函数的库，目的是简化机器学习的工程实践工作，并方便将工作扩展到更大规模。MLlib 由一些通用的学习算法和工具组成，包括分类、回归、聚类、协同过滤、降维等，同时还包括底层的优化原语和高层的管道 API。MLlib 提供如下算法工具。

（1）机器学习算法：常用的机器学习算法，包括分类、回归、聚类和协同过滤等。

（2）特征工程：特征提取、特征转换、特征选择以及降维。

（3）管道：构建、评估和调整机器学习管道的工具。

（4）存储：保存和加载算法、模型以及管道。

（5）实用工具：线性代数、统计、数据处理等。

MLlib 在 Spark 1.2.0 中被分为 spark.mllib 和 spark.ml 两个包。spark.mllib 包含基于 RDD 的原始算法 API，即提供的算法实现都基于原始的 RDD；spark.ml 则包含基于 DataFrame 的 API，提供了管道套件以构建机器学习工作流。使用机器学习工作流式 API 套件可以很方便地把数据处理、特征转换、正则化以及多个机器学习算法联合起来，构建一个单一的、完整的机器学习流水线。流水线的工作方式符合机器学习过程的特点，也更容易从其他语言迁移。如果新的算法能够适用于机器学习管道的概念，就应该将其放到 spark.ml 包中。开发者需要注意的是，Spark 官方推荐使用 spark.ml 包，因为从 Spark 2.0 开始，基于 RDD 的 API 进入维护模式，Spark 3.0 之后，基于 RDD 的 API 被移除出 MLlib。

### 4. GraphX

GraphX 是 Spark 提供的图（如网络图和社交网络等）和图并行计算（如网页排名和协同过滤等）的 API。GraphX 通过引入一种顶点和边均有属性的有向多重图——弹性分布式属性图，来扩展 Spark RDD，并提供了实用的图操作方法。GraphX 在图顶点信息和边信息的存储上做了优化，使得图计算框架性能相对原生 RDD 实现有较大的提升，接近或达到 GraphLab 等专业图计算平台的性能。与其他分布式图计算框架相比，GraphX 最大的贡献是，在 Spark 之上提供了栈式数据解决方案，可以方便且高效地完成图计算的一整套流水作业。

# 6.2  Spark 编程模型

## 6.2.1  核心数据结构 RDD

Spark 将数据抽象成 RDD，RDD 实际上是分布在集群多个节点上的数据的集合，可以通过操作 RDD 对象来并行化操作集群上的分布式数据。

RDD 有两种创建方式：

（1）接收一个已经存在的集合，然后进行并行计算；

（2）引用 HDFS、HBase 等外部存储系统上的数据集。

RDD 可以被缓存在内存中，每次对 RDD 操作的结果都可以被存储到内存中，下次操作时可直接从内存中读取。相对 MapReduce，它省去了大量的磁盘 I/O 操作。另外，持久化的 RDD 能够在错误中自动恢复，如果某部分 RDD 丢失，Spark 会自动重新计算丢失的部分。

## 6.2.2  RDD 上的操作

RDD 支持两种操作，即转换操作和行动（Action）操作。转换操作是将一个 RDD 转换为一个新的 RDD。转换操作对 RDD 调用某种转换操作时，不会立即执行，而是由 Spark 在内部记录下所要求执行操作的相关信息，当在行动操作中需要用到这些转换出来的 RDD 时才会被计算。表 6-1 所示为基本的 RDD 转换操作。通过转换操作，可以从已有的 RDD 生成新的 RDD，Spark 使用谱系记录新旧 RDD 之间的依赖关系，即使持久化的 RDD 丢失部分数据，Spark 也能通过谱系图重新计算丢失的数据。

表 6-1　　　　　　　　　　　　基本的 RDD 转换操作

| 函数名 | 目的 | 示例 | 结果 |
|---|---|---|---|
| map() | 将函数应用于 RDD 中的每个元素，将返回值构成新的 RDD | rdd.map(x=>x+1) | {2, 3, 4, 4} |
| flatMap() | 将函数应用于 RDD 中的每个元素，将返回的迭代器的所有内容构成新的 RDD。通常用来切分单词 | rdd.flatMap(x=>x.to(3)) | {1, 2, 3, 2, 3, 3, 3} |
| filter() | 返回一个由传给 filter()函数的元素组成的 RDD | rdd.filter(x=>x!=1) | {2, 3, 3} |
| distinct() | 去重 | rdd.distinct() | {1, 2, 3} |
| sample(withReplacement, fraction, [seed]) | 对 RDD 采样，以及是否替换 | rdd.sample(false, 0.5) | 非确定的 |

行动操作则会触发 Spark 提交作业，对 RDD 进行实际的计算，并将最终求得的结果返回到驱动器程序，或者写入外部存储系统中。由于行动操作会得到一个结果，因此 Spark 会强制对 RDD 的转换操作进行求值。表 6-2 所示为基本的 RDD 行动操作。

表 6-2　　　　　　　　　　　　基本的 RDD 行动操作

| 函数名 | 目的 | 示例 | 结果 |
|---|---|---|---|
| collect() | 返回 RDD 中的所有元素 | rdd.collect() | {1,2,3,3} |
| count() | 返回 RDD 中元素的个数 | rdd.count() | 4 |
| countByValue() | 返回各元素在 RDD 中出现的次数 | rdd.countByValue() | {(1,1),(2,1),(3,2)} |

续表

| 函数名 | 目的 | 示例 | 结果 |
|---|---|---|---|
| take(num) | 从 RDD 中返回 num 个元素 | rdd.take(2) | {1,2} |
| top(num) | 从 RDD 中返回最前面的 num 个元素 | rdd.top(2) | {3,3} |
| takeOrdered(num)(ordering) | 从 RDD 中按照提供的顺序返回最前面的 num 个元素 | rdd.takeOrdered(2)(myOrdering) | {3,3} |
| takeSample(withReplacement,num,[seed]) | 从 RDD 中返回任意一些元素 | rdd.takeSample(false,1) | 非确定的 |
| reduce(func) | 并行整合 RDD 中的所有数据 | rdd.reduce((x,y)=>x+y) | 9 |
| fold(zero)(func) | 和 reduce()一样，但是需要初始值 | rdd.fold(0)((x,y)=>x+y) | 9 |
| aggregate(zeroValue)(seqOp,combOp) | 和 reduce()相似，但是通常返回不同类型的函数 | rdd.aggregate((0,0))((x,y)=>(x,y)=>(x._1+y,x._2+1),(x,y)=>(x._1+y._1,x._2+y._2)) | (9,4) |
| foreach(func) | 对 RDD 中的每个元素使用给定的函数 | rdd.foreach(func) | 无 |

## 6.2.3　RDD 的持久化

当需要多次使用同一个转换完的 RDD 时，Spark 会在每一次调用行动操作时重新进行 RDD 的转换操作，这样频繁的重新计算在迭代算法中的开销很大。

为了避免多次计算同一个 RDD，可以用 persist 或 cache 方法来标记一个需要被持久化的 RDD，一旦首次被一个行动操作触发计算，它将会被保留在计算节点的内存中并重用。并且 Spark 对持久化的数据有容错机制，如果 RDD 的某一分区丢失了，则通过使用原先创建它的转换操作，自动重新计算（不需要全部重新计算，只计算丢失的部分）。可以用 unpersistRDD 操作删除被持久化的 RDD 以完成该工作。

此外，每一个 RDD 都支持以不同的持久化级别进行缓存（如表 6-3 所示），可以选择将持久化数据集保存在磁盘中，或者在内存中作为序列化的 Java 对象缓存，甚至可以进行跨节点复制。这些等级选择，是通过将一个 org.apache.Spark.storage.StorageLevel 对象传递给 persist 方法进行确认的，在默认情况下会将数据以序列化的形式缓存在 JVM 的堆空间中。

表 6-3　　　　　　　　　　　　　RDD 数据持久化级别

| 级别 | 使用的空间 | CPU 时间 | 是否在内存中 | 是否在磁盘上 | 备注 |
|---|---|---|---|---|---|
| MEMORY_ONLY | 高 | 低 | 是 | 否 | |
| MEMORY_ONLY_SER | 低 | 高 | 是 | 否 | |
| MEMORY_AND_DISK | 高 | 中等 | 部分 | 部分 | 如果数据在内存中放不下,则溢写到磁盘上 |
| MEMORY_AND_DISK_SER | 低 | 高 | 部分 | 部分 | 如果数据在内存中放不下,则溢写到磁盘上。在内存中存储序列化后的数据 |
| DISK_ONLY | 低 | 高 | 否 | 是 | |

## 6.2.4　RDD 计算工作流

图 6-5 描述了 Spark 工作原理以及 RDD 计算工作流,包括对 Spark 系统的输入和输出以及对 RDD 中的数据进行转换和行动操作。

RDD 计算的具体流程如下。

（1）输入：定义初始 RDD。数据在 Spark 程序运行时从外部数据空间读入系统，转换为 Spark 数据块，形成初始 RDD。

（2）计算：形成初始 RDD 后，系统根据定义好的 Spark 应用程序对初始 RDD 进行相应的转换操作以形成新的 RDD；然后通过行动操作触发 Spark 驱动器，提交作业。如果数据需要复用，则可以通过 Cache 操作对数据进行持久化操作，将其缓存到内存中。

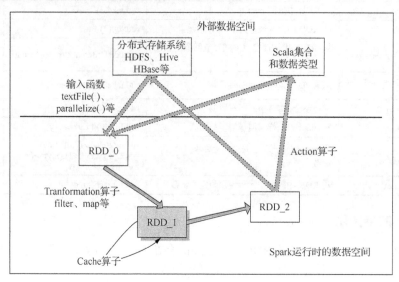

图 6-5　Spark 工作原理以及 RDD 计算工作流

（3）输出：当 Spark 程序运行结束后，系统会将最终的数据存储到分布式存储系统中或 Scala 数据集合中。

# 6.3　Spark 调度机制

## 6.3.1　Spark 应用执行流程

Spark 应用是用户提交的应用程序，执行模式有 Local、Standalone、YARN、Mesos 等。根据 Spark 应用的 Driver Program 是否在集群中运行，Spark 应用的执行模式又可分为集群（Cluster）模式和客户端（Client）模式。图 6-6 所示为 Spark 应用组件，主要包含以下基本组件。

（1）应用：用户自定义的 Spark 程序，包含 Driver 功能代码和在集群中多个节点上运行的 Executor 代码。用户提交后，Spark 为应用分配资源，将程序转换并执行。

（2）驱动程序：运行应用的 main 函数并创建 SparkContext，准备 Spark 应用的运行环境。SparkContext 负责与集群管理器通信，进行资源的申请、任务的分配和监控等。Executor 运行完毕后，驱动程序负责将 SparkContext 关闭。

（3）RDD Graph：RDD 是 Spark 的核心结构，同时也是 Spark 的基本计算单元，可以通过一系列算子进行操作，主要是转换和行动操作。当 RDD 遇到行动操作时，将之前的所有操作形成一个 DAG，然后转换为作业，提交到集群执行。

（4）作业：由一个或多个调度阶段所组成的计算作业，包含多个任务组成的并行计算。一个作业包含多个 RDD 及作用于相应 RDD 上的各种操作，往往由 Spark 行动操作触发，在 SparkContext 中通过 runJob 方法向 Spark 提交作业。

（5）Stage：一个 TaskSet 对应的调度阶段，一个作业会被拆分成很多组任务，每组任务被称为一个 Stage。Stage 分为 ShuffleMapStage 和 ResultStage。

（6）任务：一个 Stage 创建一个 TaskSet，为 Stage 的每个 RDD 分区创建一个任务。任务是单个分区数据集上的最小处理流程单元，执行 Stage 中包含的操作，封装好后放入 Executor 的线程池中执行。

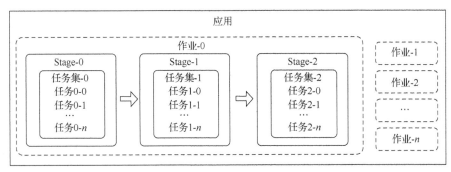

图 6-6　Spark 应用组件

Spark 应用提交后经历了一系列的转换，最后成为任务在每个节点上执行。Spark 应用执行流程如图 6-7 所示。首先构建 Spark 应用的运行环境，启动 SparkContext，SparkContext 向资源管理器注册并申请运行 Executor 资源。然后资源管理器分配 Executor 资源并启动 StandaloneExecutorBackend，Executor 的运行情况将随着心跳发送到资源管理器上。接着将 SparkContext 构建成 DAG，将 DAG 分解成 Stage，并把 TaskSet 提交给任务调度器（Task Scheduler）处理；Executor 向 SparkContext 申请任务，Task Scheduler 将任务发送给 Executor 运行，同时 SparkContext 将应用程序代码发送给 Executor。最后任务在 Executor 上运行，运行完毕后释放所有资源。

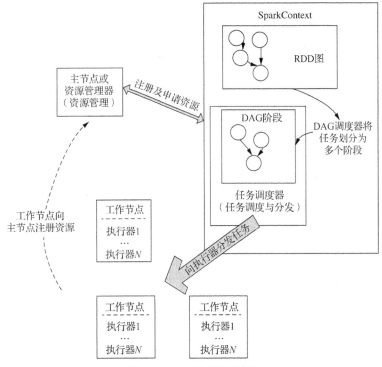

图 6-7　Spark 应用执行流程

## 6.3.2　Spark 调度与任务分配

系统设计中很重要的一环是资源调度。设计者将资源进行不同粒度的抽象并建模，然后将资源统一放入调度器，通过一定的算法进行调度，最终达到高吞吐量和低访问时延的目的。

在 Spark 应用提交之后，Spark 启动调度器对其进行调度。Spark 的调度器是完全线程安全的，并且支持一个应用处理多请求的用例。调度从整体上可以分为应用调度、作业调度、Stage 调度和任务调度 4 个级别。Spark 的每个应用均拥有对应的 SparkContext，用于维持整个应用的上下文信息，并且提供一些核心方法，如 runJob 可以提交作业。然后通过主节点的分配获得独立的一组 ExecutorJVM 进程执行任务。Executor 空间内的不同应用之间资源是不共享的，一个 Executor 在一个时间段内只能分配给一个应用使用。如果多个用户需要共享集群资源，依据集群管理者的配置，用户可以通过不同的配置选项来分配管理资源。

当 Spark 运行在 YARN 平台上时，用户可以在 YARN 的客户端通过配置 --num-executors 选项控制为这个应用分配多少个 Executor，然后通过配置 --executor-memory 及 --executorcores 来控制被分到的每个 Executor 的内存大小和所占用的 CPU 核数。这样便可以限制用户提交的应用不会过多地占用资源，让不同用户能够共享整个集群资源，从而提升 YARN 吞吐量。

Spark 应用接收、提交和调度的代码处于 Master.scala 文件中，在 schedule 方法中实现调度。Master 先统计可用资源，然后在 waitingDrivers 的队列中通过 FIFO 模式为应用分配资源和指定 Worker 启动 Driver 执行应用。在 Spark 应用内部，用户通过不同线程提交的作业可以并行运行，实际上是调用 SparkContext 中的 runJob 提交了作业，这些作业就是 Spark 行动（如 count、collect 等）操作触发而生成的整个 RDD DAG。

1. FIFO 模式

在默认情况下，Spark 的调度器以 FIFO 模式调度作业执行，每个作业被切分为多个 Stage，如图 6-8 所示。第 1 个作业优先获取所有可用的资源，接下来第 2 个作业再获取剩余资源，以此类推。如果第 1 个作业并没有占用所有的资源，则第 2 个作业还可以继续获取剩余资源，这可以使得多个作业并行运行。如果第 1 个作业很大，占用了所有资源，则第 2 个作业就需要等待第 1 个作业执行完，释放空余资源，再申请和分配作业。

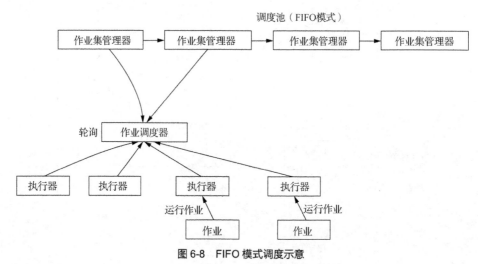

图 6-8 FIFO 模式调度示意

2. FAIR 模式

Spark 还支持通过配置 FAIR 共享调度模式调度作业。如图 6-9 所示，在 FAIR 模式调度下，Spark 在多作业之间以轮询（Round Robin）方式为任务分配资源，通过使所有的任务拥有大致相当的优先级来共享集群的资源。这就意味着当一个长任务正在执行时，短任务仍可以分配到资源，能够提交并执行，并且可以获得不错的响应时间。用户可以通过配置 Spark.scheduler.mode 来让应用以 FAIR 模式调度。公平调度器同样支持将作业分组加入调度池中调度，用户可以同时针对不同优先级对每个调度池配置不同的调度权重。这种方式允许更重要的作业配置在高优先级池中优先调度。这里借鉴了 Hadoop 的 FAIR 调度模式。

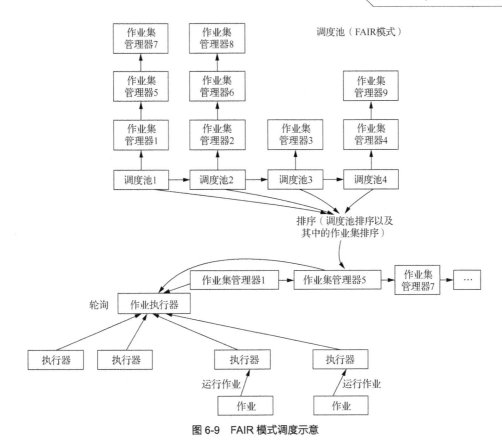

图 6-9　FAIR 模式调度示意

在默认情况下，每个调度池拥有相同的优先级来共享整个集群的资源。同样地，默认池中的每个作业也拥有相同的优先级进行资源共享，但是在用户创建的每个资源池中，作业是通过 FIFO 模式进行调度的。如果每个用户都创建了一个调度池，则意味着每个用户的调度池将会获得相同的优先级来共享整个集群，但是每个用户的调度池内部的请求是按照 FIFO 模式调度的，后到的请求不能比先到的请求更早获得资源。在没有外部干预的情况下，新提交的任务被放入默认池中进行调度。用户也可以自定义调度池，通过在 SparkContext 中配置参数 Spark.scheduler.pool 创建调度池。

3.　配置调度池

用户可以通过配置文件自定义调度池的属性，每个调度池均支持 3 个配置参数。第 1 个参数是调度模式，用户可以选择 FIFO 或者 FAIR 模式进行调度；第 2 个参数是权重，这个参数控制着在整个集群资源的分配上该调度池相对其他调度池优先级的高低（如果用户为一个指定的调度池配置权重为 3，那么这个调度池将会获得相对权重为 1 的调度池 3 倍的资源）；第 3 个参数是 minShare，这个参数代表 CPU 核数，决定整体调度的调度池能给待调度的调度池分配多少资源就可以满足调度池的资源需求，剩余的资源还可以继续分配给其他调度池。

Stage 的调度是由 DAG Scheduler 完成的，由 RDD 的 DAG 切分出 Stage 的 DAG。Stage 的 DAG 以最后执行的 Stage 为根进行广度优先遍历，遍历到最开始的 Stage 才执行。如果提交的 Stage 仍有未执行的父 Stage，则 Stage 需要等待其父 Stage 执行完才能执行。同时，DAG Scheduler 中还维持了几个重要的 key-value 对集合结构，用来记录 Stage 的状态，这样能够避免过早执行和重复执行 Stage。

（1）waitingStages 中记录仍有未执行的父 Stage，避免过早执行。

（2）runningStages 中保存正在执行的 Stage，避免重复执行。

（3）failedStages 中保存执行失败的 Stage，以重新执行。这是为了容错而设计的。

接下来，在 Task Scheduler 中将每个 Stage 中的任务进行提交和调度。一个应用对应一个 Task

Scheduler，在这个应用中，所有由行动操作触发的作业中的 TaskSetManager 都是由这个 Task Scheduler 调度的。

其中，每个 Stage 对应一个 TaskSetManager，它通过 Stage 回溯源头的 Stage 并将其提交到调度池中。在调度池中，这些 TaskSetMananger 又会根据作业 ID 排序，先提交的作业的 TaskSetManager 优先调度。同一个作业内的 TaskSetManagerID 小的先调度，并且如果有未执行完的父 Stage 的 TaskSetManager，则其不会被提交到调度池中。

当在 DAG Scheduler 中提交任务时，Spark 会分配任务执行节点。对任务执行节点的选择有以下 3 种情况。

（1）如果是调用过 cache() 的 RDD，数据已经缓存在内存中，则读取内存中分区的数据。

（2）如果能直接获取执行地点，则返回执行地点。通常 DAG 中源头的 RDD 或者每个 Stage 中最开始的 RDD 会有执行地点的信息，如 HadoopRDD 从 HDFS 读出的分区就是最好的执行地点。

（3）如果不是上面两种情况，则将遍历 RDD 以获取第 1 个窄依赖（窄依赖是指父 RDD 的每个分区只被子 RDD 的一个分区所使用，子 RDD 分区通常对应数个父 RDD 分区）的父 RDD 对应分区的执行地点。获取子 RDD 分区的父分区的集合，再继续深度优先遍历，不断获取这个分区的父分区的第 1 个分区，直到没有窄依赖关系。

如果是宽依赖（宽依赖是指父 RDD 的每个分区都可能被多个子 RDD 分区所使用，子 RDD 分区通常对应所有的父 RDD 分区），由于在 Stage 之间需要进行 Shuffle，而分区无法确定，因此无法获取分区的存储位置。这表示如果一个 Stage 的父 Stage 还未执行完，则子 Stage 中的任务不能够获得执行地点。RDD 的依赖关系如图 6-10 所示。

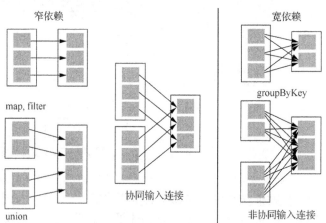

图 6-10　RDD 的依赖关系

# 6.4　Spark 生态圈其他技术

## 6.4.1　Spark SQL

### 1. Spark SQL 简介

学习过 Hive 的读者知道，Hive 是将 HiveQL 转换成 MapReduce 任务后，将其提交到集群上执行，大大降低了编写 MapReduce 程序的复杂性。但是 MapReduce 这种计算框架的执行效率比较低，所以 Spark SQL 应运而生。

Spark SQL 是 Spark 用来操作结构化数据和半结构化数据的模块，提供在大数据上的 SQL 查询功能。结构化数据，是指存储数据的记录或文件带有固定的字段描述，如 Excel 表格和关系数据库中的数据都属于结构化数据。而半结构化数据，则是指不符合严格数据模型结构的数据，但也带有一些数据标记，如 XML 文件和 JSON 文件都是常见的半结构化数据。当数据符合这样的条件时，Spark SQL 就会使得针对这些数据的读取和查询变得更加简单、高效。

与基本的 Spark RDD API 不同，Spark SQL 是将 SQL 转换成 RDD 操作，然后提交到集群执行，执行效率非常快！此外，Spark SQL 提供了数据的结构和计算过程等信息。利用这些信息，Spark 能与传统数据库一样，在具体执行查询和操作前进行额外的优化，从而提升系统的整体性能。

Spark SQL 支持从各种结构化数据源（如 Hive、JSON、Parquet 等）中读取数据，并提供了统一的访问形式，使用起来非常方便。

Spark SQL 不仅支持在 Spark 程序内使用 SQL 语句进行数据查询，也支持从外部工具中通过标准数据库连接器（JDBC/ODBC）连接 Spark SQL 进行查询。

当在 Spark 程序内使用 Spark SQL 时，Spark SQL 支持 SQL 与常规的 Python/Java/Scala 代码进行高度整合，包括连接 RDD 与 SQL 表、公开的自定义 SQL 函数接口等。这样一来，许多工作都更容易开展了。

在计算结果的时候，无论是 SQL 还是 DataSet API，使用的都是相同的执行引擎，不依赖正在使用哪种 API 或者语言。这种统一也就意味着开发者可以很容易在不同的 API 之间进行切换，这些 API 提供了最自然的方式来表达给定的转换。为了支持这些特性，Spark SQL 引入了新的数据抽象 DataSet 和 DataFrame，该数据抽象类似 Spark Core 中的 RDD。

为了保持内容的简洁，本小节主要通过 Spark Shell 举例。

2. DataSet 和 DataFrame

在 Spark Shell 中已经默认创建了名为 Spark 变量的 Spark session，一般通过 Spark 变量读取和操作 DataSet/DataFrame 数据。当然，也能通过一些转换函数把其他形式的数据转换过来。

DataSet 与 RDD 相似，是一个分布式数据集，同样支持 map、filter、group 等函数式操作，但 DataSet 带有固定的字段。在实现上，DataSet 与 RDD 的一个主要区别在于，RDD 使用 Java 的序列化，而 DataSet 则使用特定的编码器（Encoder）。这允许 Spark 在执行一些操作（如 filtering/sorting/hashing）时不必把字节数据反序列化成对象。因此，DataSet 的性能优于 RDD。此外，DataSet 可以通过 JVM 对象构造数据集，然后使用函数（如 map、flatMap、filter 等）进行转换操作。DataSet API 在 Scala 和 Java 中可用，而在 R/Python API 中，因为没有编译器类型安全，所以没有 DataSet 类型。

在 Spark Shell 中可以使用 show 方法格式化输出数据：

```
scala> val ds = Seq(1, 2, 3).toDS()
ds: org.apache.Spark.sql.Dataset[Int] = [value: int]
scala> ds.show()
+-----+
|value|
+-----+
|    1|
|    2|
|    3|
+-----+
```

也可以基于 Scala 的 case class 使用自定义的数据类：

```
scala> case class Person(name: String, age: Long)
scala> val caseDS = Seq(Person("Bob", 22)).toDS()
scala> caseDS.show()
+----+---+
|name|age|
+----+---+
| Bob| 22|
+----+---+
```

同时，还可以基于 JSON 文件创建 DataSet：

```
scala> val path = "examples/src/main/resources/people.json"
scala> val peopleDS = Spark.read.json(path).as[Person]
scala> peopleDS.show()
+----+-------+
```

```
| age| name |
+----+-------+
|null|Michael|
| 30 | Andy  |
| 19 | Justin|
+----+-------+
```

与 RDD 类似，DataFrame 也是一个分布式数据集。但是，DataFrame 更像传统数据库的二维表格，除了数据以外，还记录数据的结构信息，即 Schema。同时，与 Hive 类似，DataFrame 也支持嵌套数据类型（struct、array 和 map）。从 API 易用性的角度来看，DataFrame API 提供的是一套高层的关系操作，比函数式的 RDD API 要更加友好，门槛要更低。

DataFrame 可以看作组织成行的 DataSet，在 Scala API 中 DataFrame 是 DataSet[Row]的类型别名。简单来说，DataSet 是强类型的 API，而 DataFrame 是无类型的 API。由于语言特性，在 Java API 中没有 DataFrame 类型，需要用 DataSet[Row]替代。

DataFrame 可以基于 Hive 中的表、外部数据库、已有的 RDD 等数据源进行创建。

基于 JSON 文件创建 DataFrame（注意与 DataSet 的区别）：

```
scala> val path = "examples/src/main/resources/people.json"
scala> val df = Spark.read.json(path)
scala> df.show()
+----+-------+
| age| name |
+----+-------+
|null|Michael|
| 30 | Andy  |
| 19 | Justin|
+----+-------+
```

DataFrame 能执行 SQL 中常用的操作，如 select、filter 和 groupBy 等。

select 操作：

```
scala> df.select("name").show()
+-------+
| name |
+-------+
|Michael|
| Andy  |
| Justin|
+-------+
```

filter 操作：

```
scala> df.filter($"age" > 21).show()
+---+----+
|age|name|
+---+----+
| 30|Andy|
+---+----+
```

groupBy 操作：

```
scala> df.groupBy("age").count().show()
+----+-----+
| age|count|
+----+-----+
| 19 | 1  |
|null| 1  |
| 30 | 1  |
+----+-----+
```

创建视图之后，也可以使用 SQL 语句进行查询：

```
scala> df.createOrReplaceTempView("people")
scala> Spark.sql("select * from people").show()
+----+-------+
| age| name  |
+----+-------+
|null|Michael|
| 30 | Andy  |
| 19 | Justin|
+----+-------+
```

Spark SQL 的出现使 Spark 摆脱了 Hive 的限制。Spark SQL 编译时可以包含对 Hive 的支持，也可以不包含。Spark SQL 最大的特点就是，Spark SQL 的表数据在内存中采用内存列存储，而不是采用原生态的 JVM 对象存储，即任何列都能作为索引，且查询时只有涉及的列才会被读取，大大提高了查询效率。

## 6.4.2　Spark Streaming

### 1. Spark Streaming 简介

在一些大数据场景中，会有大量的实时数据产生，如电商用户的购买记录、搜索引擎中的搜索记录等。这些数据的分析和反馈往往需要很高的实时性，因此采用传统 MapReduce 或者 Spark 的处理方式分析这些数据时实时性不够，这就需要采用一种流计算的方式，及时处理小批量的数据。Spark Streaming 是 Spark 为这些应用而设计的模型。它允许用户使用一套和批处理非常接近的 API 来编写流计算应用，这样就可以大量重用批处理应用的技术甚至代码。

Spark Streaming 是 Spark Core API 的扩展，用于对实时数据进行流计算和高吞吐量、高容错的处理。它能从多种数据源（如 Kafka、Flume、Kinesis 等）中获取数据，并使用 map、reduce、join、window 等高阶函数进行处理，最终，处理后的数据可以输出到文件系统（如 HDFS）、数据库以及仪表盘中（如图 6-11 所示）。事实上，用户还可以在数据流上使用机器学习以及图计算算法。Spark Streaming 带有容错机制，对于每批次（batch）数据，支持恰好一次（Exactly-Once）操作。当出现错误时，它能像 RDD 一样重新计算并恢复数据。目前，Spark Streaming 仅支持 Scala、Java 和 Python 的 API，不支持 R 语言的 API。

图 6-11　Spark Streaming 框架

### 2. Spark Streaming 程序实例

在详细介绍 Spark Streaming 之前，我们先来看一个简单的 Spark Streaming 程序的 WordCount（单词统计）实例。假设我们想要计算从一个监听 TCP socket 的数据服务器接收到的文本数据中的字数。

首先，导入 Spark Streaming 类和部分从 StreamingContext 隐式转换到我们的环境的名称，目的是添加有用的方法到我们需要的其他类（如 DStream）。StreamingContext 是所有流功能的主要入口点。我们创建了一个带有两个工作线程并且批次间隔为 1s 的本地 StreamingContext：

```
import org.apache.spark._
import org.apache.spark.streaming._
import org.apache.spark.streaming.StreamingContext._  // 从 Spark 1.3 开始，不再是必要的了

// 创建一个带有两个工作线程并且批次间隔为 1s 的本地 StreamingContext
val conf = new SparkConf().setMaster("local[2]").setAppName("NetworkWordCount")
val ssc = new StreamingContext(conf, Seconds(1))
```

使用该 StreamingContext，我们可以创建一个离散流（Discretized Stream，DStream），指定主机名（hostname）（如 localhost）和端口（如 9999）：

```
// 创建一个将要连接到 hostname:port 的 DStream，如 localhost:9999
val lines = ssc.socketTextStream("localhost", 9999)
```

这个 lines DStream（行 DStream）表示要从数据服务器接收数据流。在这个 DStream 中的每一条记录都是一行文本。接下来，我们想要通过空格字符将这些数据行拆分成单词：

```
// 将每一行拆分成 words（单词）
val words = lines.flatMap(_.split(" "))
```

flatMap 是一种一对多（One-to-Many）的 DStream 操作，它会通过在源 DStream 中根据每个记录生成多个新记录的形式创建一个新的 DStream。在这种情况下，每一行都将被拆分成多个单词，形成 Words DStream（单词 DStream）。接下来，我们想要计算这些单词：

```
// 计算每一个批次中的每一个单词
val pairs = words.map(word => (word, 1))
val wordCounts = pairs.reduceByKey(_ + _)

// 在控制台输出在这个 DStream 中生成的每个 RDD 的前 10 个元素
// 注意：必须触发行动操作（很多初学者会忘记触发行动操作，导致报错：No output operations registered,
so nothing to execute）
wordCounts.print()
```

上一步的单词 DStream 进一步映射（一对一的转换）为一个（word, 1）对的 DStream，然后这个 DStream 会被 reduce 函数处理以获得数据中每个批次的单词频率。最后，wordCounts.print()将会输出生成的计数。

注意，当这些行被执行的时候，Spark Streaming 仅仅设置了计算，只有在启动时才会执行，并没有开始真正的处理。为了在所有的转换都已经设置好之后开始处理，我们在最后调用：

```
ssc.start()              // 开始计算
ssc.awaitTermination()   // 等待计算被中断
```

3. DStream

在 Spark Streaming 中，处理数据的单位是批次，而数据采集却是逐条进行的，因此 Spark Streaming 系统需要设置间隔，使得数据汇总到一定的量后再一并操作。这个间隔就是批处理间隔。批处理间隔是 Spark Streaming 的核心概念和关键参数，它决定了 Spark Streaming 提交作业的频率和数据处理的时延，同时也影响着数据处理的吞吐量和性能。

如图 6-12 所示，Spark Streaming 按照时间片将实时数据流划分成一系列连续的小规模数据，然后使用 Spark 引擎处理这些小规模数据，从而在整体上达到"流处理"的效果。

图 6-12　Spark Streaming 处理数据流程

实际上，每批次数据都是一个 RDD；相应地，数据流被划分成了一系列的 RDD。在 Spark Streaming 中，这一系列的 RDD 被抽象成 DStream。DStream 表示一个连续的数据流，它是 Spark 中一个不可改变的抽象。DStream 可以由来自数据源的输入数据流创建，也可以通过在其他的 DStream 上应用一些高阶操作来得到。一个 DStream 中的每个 RDD 均包含来自一定时间间隔的数据，如图 6-13 所示。

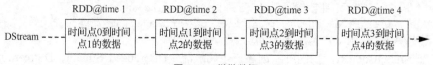

图 6-13　微批数据

所有对 DStream 的操作（如 map、reduce、join 和 window 等）最终都会转换成针对 DStream 中每一个 RDD 的操作。每一个 RDD 的操作都会触发 Spark 引擎的驱动器进行计算。DStream 操作隐藏了大多数细节，为了方便，提供给了开发者一个更高级别的 API。在 WordCount 实例中，在将一个行 DStream 转换为单词 DStream 的过程中，flatMap 操作被应用在行 DStream 中的每个 RDD，从而生成单词 DStream 的 RDD，如图 6-14 所示。

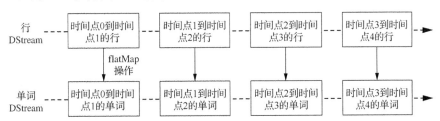

图 6-14 行 DStream 转换为单词 DStream

#### 4. 数据源

Spark Streaming 内置了支持 Socket 套接字、文件流和 Akka actor 等基础数据源的组件。

在 WordCount 实例中，ssc.socketTextStream(…)就是通过从一个 TCP socket 连接接收到的文本数据创建了一个 DStream。

因为 Spark 支持从任意 Hadoop 兼容的文件系统中读取数据，所以 Spark Streaming 也就支持从任意 Hadoop 兼容的文件系统目录中的文件创建数据流。针对日志数据，这种读取方法尤为实用。

对于文件数据流，一个 DStream 可以通过如下代码创建：

```
streamingContext.fileStream[KeyClass, ValueClass, InputFormatClass](dataDirectory)
```

Spark Streaming 将监控 dataDirectory 目录及该目录中任何新建的文件（写在嵌套目录中的文件是不支持的）。注意：

* 文件必须具有相同的数据格式；
* 文件必须被创建在 dataDirectory 目录中，然后通过原子地（Atomically）移动（Moving）或重命名（Renaming）将它们移到数据目录中；
* 一旦移动，这些文件不能再更改，因此如果文件被连续地追加，新的数据将不会被读取。

对于简单的文本文件，还有一个更加简单的方法——streamingContext.textFileStream(dataDirectory)，并且文件流不需要运行一个接收器（Receiver），因此，不需要分配内核。

除基础数据源外，还可以通过附加的数据源接收器从一些大数据处理框架中获取数据，如 Kafka、Flume 和 Kinesis 等。为了使用这些数据源，需要在构建文件中添加各自的依赖。这些高级数据源不能在 Spark Shell 中使用，因此，基于这些高级数据源的应用程序不能在 Spark Shell 中被测试。如果你真的想要在 Spark Shell 中使用它们，你必须下载带有它的依赖的相应的 Maven 组件的 JAR，并且将其添加到 classpath。

#### 5. 转换

与 RDD 类似，转换（Transformation）允许对输入的 DStream 数据进行修改。DStream 支持很多在 RDD 中可用的转换算子。一些常用的转换算子如表 6-4 所示。

表 6-4 常用的转换算子

| 转换算子 | 含义 |
| --- | --- |
| map(func) | 利用函数 func 处理源 DStream 的每个元素，返回一个新的 DStream |
| flatMap(func) | 与 map 相似，但是每个输入项均可被映射为 0 个或者多个输出项 |
| filter(func) | 返回一个新的 DStream，它仅仅包含源 DStream 中函数 func 返回值为 true 的项 |
| repartition(numPartitions) | 通过创建更多或者更少的分区来改变这个 DStream 的并行级别（Level of Parallelism） |

续表

| 转换算子 | 含义 |
|---|---|
| union(otherDStream) | 返回一个新的 DStream，它包含源 DStream 和 otherDStream 的所有元素 |
| count() | 通过计算源 DStream 中每个 RDD 的元素数量，返回一个包含单元素（Single-Element）RDD 的新 DStream |
| reduce(func) | 利用函数 func 聚集源 DStream 中每个 RDD 的元素，返回一个包含单元素 RDD 的新 DStream。函数应该是相关联的，以使计算可以并行化 |
| countByValue() | 在元素类型为 K 的 DStream 上，返回一个（K,long）对的新的 DStream，每个 K 的值是在源 DStream 的每个 RDD 中的次数 |
| reduceByKey(func, [_numTasks_]) | 当在一个由(K,V)对组成的 DStream 上调用这个算子时，返回一个新的、由(K,V)对组成的 DStream，每一个 key 的 value 均由给定的 reduce 函数聚合起来。注意：在默认情况下，这个算子利用了 Spark 默认的并发任务数去分组。你可以用 numTasks 参数设置不同的任务数 |
| join(otherStream, [_numTasks_]) | 当应用于两个 DStream（一个包含（K,V）对，一个包含（K,W）对）上时，返回一个包含(K, (V, W))对的新的 DStream |
| cogroup(otherStream, [_numTasks_]) | 当应用于两个 DStream（一个包含（K,V）对，一个包含（K,W）对）上时，返回一个包含(K, Seq[V], Seq[W])的元组（Tuple） |
| transform(func) | 通过对源 DStream 的每个 RDD 应用 RDD-to-RDD 函数，创建一个新的 DStream，其可以在 DStream 的任何 RDD 操作中使用 |
| updateStateByKey(func) | 返回一个新的"状态"的 DStream，其中每个 key 的状态通过在 key 的先前状态应用给定的函数和 key 的新 value 来更新。其可以用于维护每个 key 的任意状态数据 |

其中，updateStateByKey 操作允许维护任意状态，同时不断更新信息。你需要通过两个步骤来使用它。

- 定义 state：state 可以是任意数据类型。
- 定义 state update function（状态更新函数）：使用该函数指定如何使用先前状态来更新状态，并从输入流中指定新值。

在每个批次中，不管是否含有新的数据，Spark 都会使用状态更新函数为所有已有的 key 更新状态。如果状态更新函数返回 none，则这个 key-value 对也会被消除。

举个例子来说明。假设你想保持在文本数据流中看到的每个单词的运行次数，运行次数用 state 表示，它的类型是整数，我们可以通过如下方式定义状态更新函数：

```
def updateFunction(newValues: Seq[Int], runningCount: Option[Int]): Option[Int] = {
    val newCount = …  //将新值与先前的运行计数相加以获得新计数
    Some(newCount)
}
```

将其应用于包含单词的 DStream 上：

```
val runningCounts = pairs.updateStateByKey[Int](updateFunction _)
```

状态更新函数将会被每个单词调用，newValues 拥有一系列的 1（来自(word, 1)对），而 runningCounts 则拥有之前的次数。

6. Spark Streaming 的转换模式

DStream 的转换操作与 RDD 的转换操作略有不同，分为无状态（Stateless）和有状态（Stateful）两种。

在无状态转换操作中，每一次操作仅计算当前时间片的数据，与原始的 RDD 转换操作基本无区别；而在有状态转换操作中，需要使用之前时间片的数据或者之前计算的中间结果。

有状态转换操作又有两种主要类型：基于滑动窗口的操作和 updateStateByKey 操作。滑动窗口可以看作每隔一段时间（滑动步长）整合最近固定时长（窗口大小）内的所有数据的集合。如每隔 30s 就对最近 10min 内的数据进行计算，这里的 30s 就是滑动步长，10min 就是窗口大小。

updateStateByKey 则会维持一个 key-value 对形式的 DStream，将其作为一直存在的状态。如为了统计商品的实时购买量，会维持一个<商品 ID,当前购买量>的 key-value 对形式的 Dstream，然后通过提供 update(event, oldState)形式的函数，根据当前事件（数据）不断更新这些状态。

### 7. DStream 上的输出操作

输出操作允许将 DStream 的数据推送到外部系统，如数据库或文件系统。由于输出操作实际上允许外部系统使用变换后的数据，因此它们可以触发所有 DStream 变换的实际执行（类似于 RDD 的动作）。目前，定义了一些输出操作，如表 6-5 所示。

表 6-5　　　　　　　　　　　　　　　　　　　输出操作

| 输出操作 | 含义 |
| --- | --- |
| print() | 在运行流应用程序的 driver 节点上的 DStream 中输出每批数据的前 10 个元素，这对开发和调试很有用 |
| saveAsTextFiles(prefix, [_suffix_]) | 将此 DStream 的内容另存为文本文件。每个批处理间隔的文件名是根据前缀和后缀_: "prefix-TIME_IN_MS[.suffix]"_生成的 |
| saveAsObjectFiles(prefix, [_suffix_]) | 将此 DStream 的内容另存为序列化 Java 对象的 SequenceFiles。每个批处理间隔的文件名是根据前缀和后缀_: "prefix-TIME_IN_MS[.suffix]"_生成的 |
| saveAsHadoopFiles(prefix, [_suffix_]) | 将此 DStream 的内容另存为 Hadoop 文件。每个批处理间隔的文件名均是根据前缀_: "prefix-TIME_IN_MS[.suffix]"_生成的 |
| foreachRDD(func) | 对从流中生成的每个 RDD，应用函数 func 最通用的输出运算符。此功能应将每个 RDD 中的数据推送到外部系统，如将 RDD 保存到文件，或将其通过网络写入数据库。请注意，函数 func 在运行流应用程序的 driver 进程中执行，通常会有 RDD 动作，这将会强制流式传输 RDD 的计算 |

# 6.5　Spark 应用案例

通过前面几节的学习，读者应该对 Spark 的原理有了基本的了解，接下来将讨论 Spark 应用案例。首先，介绍如何使用内置的 Spark Shell 工具进行交互式分析；然后，使用 Spark 实现经典的大数据案例——WordCount 程序。

## 6.5.1　Spark Shell

在正式学习如何编写 Spark 应用之前，先介绍一个非常实用的工具：Spark Shell。Spark Shell 是 Spark 提供的一种类似于 Shell 的交互式编程环境，能够实时运行用户输入的代码，并返回/输出运行结果。Spark Shell 支持两种语言，即 Scala 和 Python，由于 Scala 版本更贴近 Spark 的内部实现，这里仅介绍前者。对于 Python 版本（pySpark Shell），读者可以查阅官方文档学习如何使用。在用户输入一行代码后，Spark Shell 会及时编译代码并执行，并将执行结果输出到屏幕上；如果代码中含有标准输出的语句（如 println），也会把标准输出的内容输出到屏幕上。不仅如此，Spark Shell 还会自动覆盖前面已经定义的重名变量，所以用户可以在 Spark Shell 中快速试错，而不必等待漫长的编译—提交—执行过程。

首先，在 Apache 的 Spark 官网，选择需要下载的版本，如图 6-15 所示。这里以 Spark 2.4.5 为例，下载后解压缩并安装。

在 Spark 的安装目录下执行./bin/Spark-shell 命令即可启动本地版本的 Spark Shell。启动之后，会输出一些日志。这里需要注意的是 Spark context 和 Spark session。一般来说，使用 Spark context 读取数据并将其转换为 RDD，使用 Spark session 读取数据并将其转换为 DataSet 和 DataFrame。Scala Shell 的启动内容如下所示：

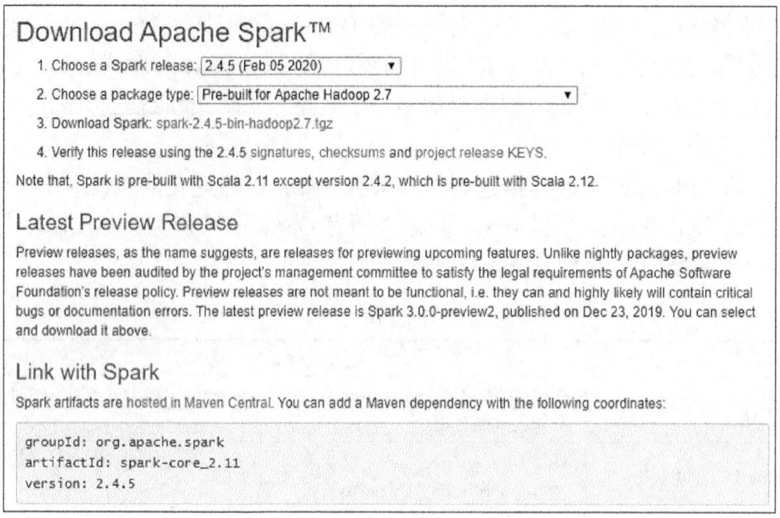

图 6-15　Spark 下载界面

```
>$ spark-shell
2020-5-10 11:25:37,292 WARN util.NativeCodeLoader: Unable to load native-hadoop library
for your platform... using builtin-java classes where applicable
Setting default log level to "WARN".
To adjust logging level use sc.setLogLevel(newLevel). For SparkR, use setLogLevel
(newLevel).
Spark context Web UI available at http:// 27.29.238.92:4040
Spark context available as 'sc' (master = local[*], app id = local-1570021558420).
Spark session available as 'spark'.
Welcome to
      ____              __
     / __/__  ___ _____/ /__
    _\ \/ _ \/ _ `/ __/  '_/
   /___/ .__/\_,_/_/ /_/\_\   version 2.4.5
      /_/

Using Scala version 2.11.12 (Java HotSpot(TM) 64-Bit Server VM, Java 1.8.0_131)
Type in expressions to have them evaluated.
Type :help for more information.

scala>
```

scala>意味着等待用户输入，其他为标准输出。

首先，从当前目录中读取 Spark 的 README.md 文件，并得到初始 RDD（注意此时的 RDD 数据是按行读入的）：

```
scala> val textFile = spark.read.textFile("README.md")
readme: org.apache.Spark.rdd.RDD[String] = README.md MapPartitionsRDD[3] at textFile at
<console>:24
```

然后，可以尝试在 readme 上进行一些简单的操作，如 count、take：

```
scala> readme.count() // 有 103 行数据
res0: Long = 126
scala> readme.take(3) // 获取前 3 行
res4: Array[String] = Array(# Apache Spark, "", Spark is a fast and general cluster computing
system for Big Data. It provides)
```

可以统计有多少行字符串长度超过了 10 个字符：

```
scala> readme.filter( line => line.length > 10 ).count()
```

```
res5: Long = 64  //有 64 行长度超过 10 个字符的字符串
```

甚至可以用一行代码完成单词计数（第二行为输出结果）：

```
scala> readme.flatMap( _.split(" ") ) .map((_, 1)).reduceByKey(_ + _).take(2)
res22: Array[(String, Int)] = Array((package,1), (this,1))
```

以上就是关于 Spark Shell 的介绍，后文在讲解 Spark SQL 的时候还会使用它。读者在学习后面的例子时，也可以把 Scala 版本的代码按行复制到 Spark Shell 中，观察运行结果是否与提交 Spark 应用的结果一致。总之，Spark Shell 是一个非常方便的、可测试代码的"试验田"，用户可以在任何时候打开它来测试临时的想法。

## 6.5.2　WordCount

WordCount 程序是大数据领域的经典例子，与 Hadoop 实现的 WordCount 程序相比，Spark 实现的版本要显得更加简洁。

### 1. 从 MapReduce 到 Spark

在经典的计算框架 MapReduce 中，问题被拆成两个主要阶段：Map 阶段和 Reduce 阶段。对 WordCount 来说，MapReduce 程序从 HDFS 中读取一行字符串。在 Map 阶段，程序将字符串分割成单词，并生成（word，1）这样的 key-value 对；在 Reduce 阶段，程序将单词对应的计数值（初始为 1）全部累加起来，最后得到单词的总出现次数。

在 Spark 中，并没有 Map/Reduce 这样的划分，而是以 RDD 的转换来呈现程序的逻辑的。首先，Spark 程序将从 HDFS 中按行读取的文本作为初始 RDD（即集合的每一个元素都是一行字符串）；然后，通过 flatMap 操作将每一行字符串分割成单词，并收集起来作为新的单词 RDD；接着，使用 map 操作将每一个单词映射成（word，1）这样的 key-value 对，并转化为新的 RDD；最后，通过 reduceByKey 操作将相同单词的计数值累加起来，得到单词的总出现次数。

### 2. Scala 实现

实现代码如下：

```
1. package cn.Spark.study.core
2. import org.apache.Spark.SparkConf
3. import org.apache.Spark.SparkContext
4.
5. class WordCount {
6.   def main(args: Array[String]) {
7.     val conf = new SparkConf().setAppName("WordCount")
8.     val sc = new SparkContext(conf)
9.
10.    val lines = Spark.read.textFile(args(0))
11.    val words = lines.flatMap(line => line.split(" "))
12.    val pairs = words.map( word => (word , 1) )
13.    val wordCounts = pairs.reduceByKey{ _ + _ }
14.
15.    wordCounts.foreach(
16.      word => println(word._1 + " " + word._2))
17.  }
18. }
```

（1）初始化

首先创建配置文件 SparkConf，这里仅设置应用名称；然后创建 SparkContext，在程序中主要通过 SparkContext 来访问 Spark 集群。

（2）处理数据

① 根据参数使用 Spark.read().textFile()按行读取输入文件，并将其转换成 JavaRDD 对象 lines；

② 使用 flatMap 操作将所有行按空格分割成单词，并生成新的 JavaRDD 对象 words；

③ 使用 map 操作（Java 中为 mapToPair），将单词映射成（word, 1）这样的 key-value 对的 JavaPairRDD 对象 pairs，其中 1 表示出现一次；

④ 使用 reduceByKey 操作将所有相同的单词对应的计数累加起来，得到 WordCounts；

⑤ 输出。

（3）关闭 SparkContext

将处理结果输出后，关闭 SparkContext。

# 6.6　本章小结

本章首先介绍了 Spark 的基本概念和架构，对 Spark 核心组件 Spark SQL、Spark Streaming、MLlib、GraphX 分别做了介绍。其次介绍了 Spark 的编程模型，Spark 通过操作 RDD 对象来并行化操作集群上的分布式数据，Spark 处理用户提交的应用程序时所采用的调度机制确保了 Spark 对系统资源的有效利用。再次介绍了 Spark 生态圈的一些其他技术，其中，Spark SQL 是 Spark 用来操作结构化数据和半结构化数据的模块，降低了编写程序的复杂性；Spark Streaming 则允许用户使用 Spark 对实时数据进行流计算。最后，通过一个简单的 WordCount 案例，介绍了 Spark Shell 的使用，展现了 Spark 的易用性、简洁性。

# 6.7　习题

（1）Hadoop 和 Spark 均采用并行计算方式，它们有什么相同点和不同点？

（2）RDD 是 Spark 的"灵魂"，它有几个重要的特征，该如何理解？

（3）RDD 的操作算子分为几类，它们最主要的区别是什么？

（4）Spark 是如何处理非结构化数据的？

# 第7章　Flink流批一体分布式实时处理引擎

Apache Flink 是为分布式、高性能的流处理应用程序打造的开源流处理框架，不仅支持低时延、高吞吐和恰好一次语义的实时计算，还支持批量数据处理。与 Spark Streaming 相比，Flink 是真正意义上的实时分布式处理框架。本章首先概述 Flink，然后介绍 Flink 的原理和架构，并对 Flink 的时间处理进行分析，最后介绍 Flink 的容错机制。章节末引入了配套案例，以帮助读者快速掌握 Flink 开发。

## 7.1　Flink 概述

Flink 是一个分布式处理引擎，可对无界和有界数据流进行有状态计算。它可以在所有常见的集群环境中运行，并且在任意规模下，都能以内存级的速度执行计算，高并发处理数据，时延毫秒级，且兼具可靠性。2010 年，Flink 由柏林工业大学、柏林洪堡大学和哈索·普拉特纳研究所共同研究；2014 年 4 月，Flink 被捐赠给 Apache 软件基金会，成为 Apache 软件基金会孵化器项目；2014 年 12 月，Flink 成为 Apache 软件基金会的顶级项目。

### 7.1.1　Flink 的特点

#### 1. 基于流的世界观

Flink 可以处理有界数据流和无界数据流。

有界数据流：有界数据流（简称有界流）有明确的开始和结束。有界流的处理也称为批处理。通过获取所有数据来处理有界流，不需要有序获取，因为可以对有界数据进行排序。

无界数据流：无界数据流（简称无界流）有开始，但是没有结束，它会持续提供数据，因此需要连续处理。对于无界流，我们不能等待所有数据都到达后再处理，因为输入是无界的。处理无界流通常要求以特定顺序（如事件发生的顺序）获取事件，以保证结果的准确性。无界流的处理也称为流处理。

有界流和无界流如图 7-1 所示。

批处理和流处理，是大数据分析系统中常见的两种处理数据的方式。批处理的特点是有界、持久、大量，适合需要访问全套记录才能完成的计算工作，一般用于离线统计。流处理的特点是无界、实时，无须针对整个数据集执行操作，而是对通过系统传输的每个数据项执行操作，一般用于实时统计。

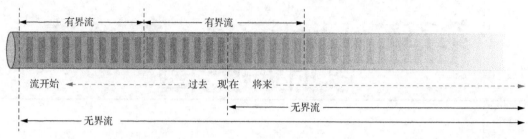

图 7-1 有界流和无界流

在 Flink 的"世界观"中，一切都是流，一切都是连续不断的数据。离线数据是有界限的流，实时数据是没有界限的流。Flink 作为一个面向分布式数据流处理的开源计算平台，它可以基于同一个 Flink 运行时（Flink Runtime）分别提供批处理和流处理 API，进而实现批处理和流处理两种功能。

### 2. 分层 API

Flink 提供了 3 层 API，不同层的 API 针对不同的用例，在简洁性和表达性之间提供了不同的权衡，如图 7-2 所示。

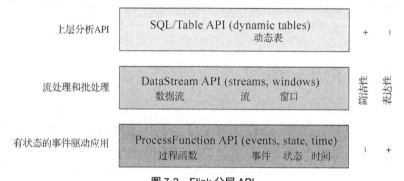

图 7-2 Flink 分层 API

ProcessFunction（过程函数）API 提供最丰富的功能接口，它可以处理来自一个或两个输入流的单个事件，或者一个窗口分组中的多个事件。此外，ProcessFunction API 提供了对时间和状态的细粒度控制。DataStream API 对许多常见的流处理操作，如窗口操作、数据转换等，提供了基本的实现。SQL/Table API 是两个关系 API，它们是批处理和流处理的统一 API。也就是说，无论是有界的数据流，还是无界、实时的数据流，都会以相同的语义执行查询，并产生相同的结果。

按照图 7-2 所示的层次结构，API 的简洁性由下至上依次递增，接口的表现能力（表达性）由下至上依次递减。上层 API 对下层 API 的封装和扩展简化了对下层 API 的调用，使其使用起来更加简洁，代码量更少，但是表达能力有所减弱。

### 3. 支持有状态计算

流计算分为无状态和有状态计算。无状态计算观察每个独立的事件，不存储任何状态信息或特定配置，不会将计算结果用于下一步计算，计算完成就输出结果，然后处理下一个事件。Storm 就是无状态的计算框架。有状态计算则是把结果数据存储在内存或者文件系统中，等下一个事件进入算子后，可以从之前的状态中获取结果来计算当前的结果，从而无须每次都基于全部的原始数据来计算。这样可以提升系统的性能，降低数据计算过程中资源的消耗。

### 4. 支持容错机制

Flink 可以将一个大型计算任务拆解成许多小的子任务，并将这些子任务分布到并行节点上进行处理。在任务执行过程中，可能出现一些因为错误而导致数据不一致的问题，如节点宕机、网络传输故障等。在这些情况下，可以通过 Checkpoint 快照机制，将执行过程中的状态信息进行持久化存储。一旦任务出现异常，Flink 就能够从快照中恢复任务和数据，确保数据在处理过程中的一致性，实现了一定的容错性。

### 5．支持窗口操作

在流处理应用中，数据是连续不断的，来一个消息处理一次。但是有时候我们需要做一些聚合计算，如统计某个时间段内有多少用户点击某一网页。在这种情况下，我们可以定义一个窗口来收集该时间段内的数据，并对这个窗口内的数据进行计算。Flink 底层引擎是一个流式引擎，上层实现了流处理和批处理，而窗口就是从"流"到"批"的桥梁。Flink 将窗口操作划分为基于时间（Time）、统计（Count）、会话（Session）以及数据驱动（Data-Driven）等类型的操作。窗口可以用灵活的条件触发，达到对复杂的流传输模式的支持，用户也可以定义不同的窗口触发机制来满足不同的需求。

## 7.1.2　Flink 的应用场景

各行各业中，流数据不断产生，更真实地反映了我们的生活方式。这些连续不断的数据，有头没尾，不知道何时结束。它们的共同点是实时从不同的数据源产生，再传输到下游的分析系统。针对这种数据类型，产生了一些实时业务场景，如智能推荐、实时报表、复杂事件处理等。Flink 对这些业务场景有着很好的支持。

### 1．智能推荐

在互联网上购物时，系统会记录用户的购买历史，利用推荐算法和数据，训练模型，把握用户的喜好，预测用户未来可能购买的商品，在用户浏览商品的时候，提供个性化的推荐。随着用户数量的增加，会产生海量的订单，因此对系统时延的要求越来越苛刻。Flink 可以帮助构建更实时的智能推荐系统，实现数据实时处理、推荐实时更新。

### 2．实时报表

许多公司都有报表，利用流计算框架，可以得到实时的报表结果，实时显示指标的变化。典型的案例就是"双十一"购物狂欢节交易额的实时统计。当成交量和交易额很大时，需要保证低时延、高吞吐、结果的准确性和良好的容错性。优秀的实时报表系统，可以迅速提取数据价值，更好地服务于企业的发展。

### 3．复杂事件处理

以定位领域为例，GPS 定位装置在处理数据的时候，需要随时处理接收到的数据，才能实时定位用户所在的位置。如果以批处理的形式进行处理，则存在一定的时延，不能反映流数据的实时状态。此外，对可能存在的数据乱序的情况，我们希望数据处理的顺序与数据产生的顺序一致，从而保证结果的准确性。Flink 框架能在低时延、高吞吐、保证结果准确性的目标下，完成复杂事件处理。

# 7.2　Flink 原理和架构

## 7.2.1　Flink 主要组件

Flink 主要有以下 4 大组件，如图 7-3 所示。

Flink 遵循 Master/Slave 架构设计原则，作业管理器（JobManager）是 Master 节点，任务管理器（TaskManager）是 Worker（Slave）节点。所有组件之间的通信都借助于 Akka Framework，包括任务的状态以及 Checkpoint 触发等信息。

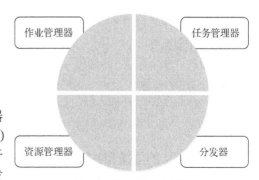

图 7-3　Flink 的 4 大组件

### 1. 作业管理器

每一个应用程序对应一个作业管理器，由作业管理器控制和执行。作业管理器负责整个 Flink 集群任务的调度以及资源的管理，相当于整个集群的 Master 节点，且整个集群中有且仅有一个活跃的作业管理器。

在提交作业时，作业管理器会首先接收要执行的应用程序，包括作业图（JobGraph）、逻辑数据流图（Logical Dataflow Graph），打包所有的类、库和其他资源的 jar 包。

然后，作业管理器分析作业图，将作业图转换成物理层面可以真正执行的数据流图，即执行图（ExecutionGraph），这个图里包含所有可以并发执行的任务。

接下来，作业管理器会向资源管理器请求执行任务需要的资源，即资源管理器上的插槽。一旦获取了资源，作业管理器就会把执行图分发到真正运行它们的任务管理器上。在运行过程中，作业管理器还要负责中央协调的工作，如 Checkpoint 的协调，定期将状态的快照存到 Checkpoint 里。作业管理器触发 Checkpoint 操作，每个任务管理器收到 Checkpoint 指令后，完成 Checkpoint 操作。所有 Checkpoint 的协调过程都是在任务管理器中完成的。

任务完成后，Flink 会把任务执行的信息反馈给客户端，释放任务管理器中的资源，以供下一个任务使用。

### 2. 任务管理器

任务管理器相当于集群的 Slave 节点，负责具体任务的执行，以及对应任务在每个节点上的资源申请与管理。

通常，在 Flink 工作进程中会有一个或者多个任务管理器运行，每一个任务管理器都包含一定数量的插槽。一个插槽就是能够分配到的最小的资源单元，在运行中，一个线程即会"跑"在一个插槽上。因此，插槽的数量限制了任务管理器最多能够同时执行的任务数量。

启动之后，任务管理器会向资源管理器注册它的插槽，收到资源管理器的指令后，任务管理器会将一个或者多个插槽提供给作业管理器调用，然后作业管理器就可以向插槽分配任务来执行。任务管理器从作业管理器接收需要部署的任务，然后使用插槽资源启动任务，建立数据接入的网络连接，接收数据并开始处理。

在执行的过程中，一个任务管理器可以与其他运行同一应用程序的任务管理器交换数据，任务管理器之间的数据交互都是通过数据流的方式进行的。

### 3. 资源管理器

资源管理器主要负责管理任务管理器的插槽。插槽是 Flink 中定义的资源单元。

Flink 为不同的环境和资源管理工具提供了相应的资源管理器，如 YARN、Mesos、Kubernetes 等。

当作业管理器申请插槽资源时，资源管理器会将有空闲插槽的任务管理器分配给作业管理器。如果资源管理器没有足够的插槽满足作业管理器的需求，它还可以向资源提供平台发起会话，以提供启动任务管理器进程的容器。

### 4. 分发器

分发器（Dispatcher）可以跨作业运行，它为提交应用提供了表述性状态转移（Representational State Transfer，REST）接口。

当一个应用程序被提交时，分发器就会启动，并将应用提交给作业管理器。分发器也会启动一个 Web 界面，可以在 Web 端展示和监控作业执行情况。

## 7.2.2 Flink 的插槽和并行度

### 1. 任务管理器和插槽

Flink 中的每一个任务管理器都是一个 JVM 进程，它可能会在独立的线程上执行一个或者多个子任务。

为了控制一个任务管理器能够接收多少个任务，Flink 提出了插槽的概念。资源管理器在做资源管理的时候，最小的资源单元就是插槽。插槽的数量可以在配置文件中定义，指定每个任务管理器有多少个插槽。一个任务管理器至少有一个插槽，如图 7-4 所示。在划分插槽时，需要根据执行任务的复杂程度、占用资源的程度、机器本身的资源情况等合理配置。如果单个插槽的资源划分太小，则任务可能无法执行；如果太大，则会导致资源的浪费。如今，随着硬件的发展，内存一般不会成为制约资源分配的障碍。为了降低多个任务之间因为 CPU 资源的共享导致性能下降的可能性，我们一般会按照 CPU 的核心数量来划分插槽的个数。

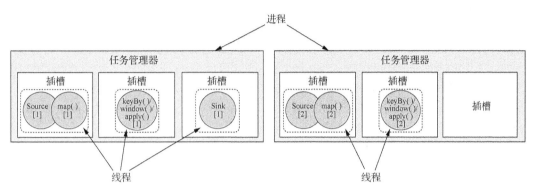

图 7-4　任务管理器与插槽

默认情况下，Flink 允许子任务共享插槽（如图 7-5 所示），即使它们是不同任务的子任务。这样的结果是，一个插槽可以保存作业的整个管道。

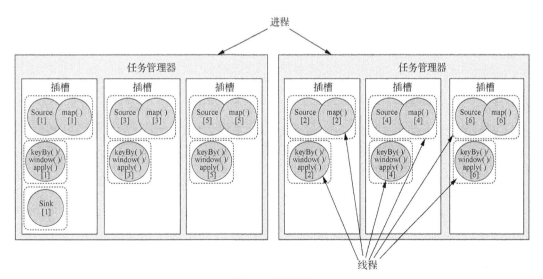

图 7-5　插槽共享

如果一个插槽只处理同一类子任务，那么这并不是一个好的设计。因为有些子任务简单，处理起来容易，消耗的资源也少；而有些子任务复杂，处理起来比较困难，需要的资源多，耗费的时间长。这就导致有些资源在处理后处于空闲状态，有些则一直处于繁忙的状态，这种情况是我们需要避免的。理想状况是，资源能够平均地分配到任务上，从而提高资源的利用率。所以在算子操作中，如 Source()、map() 子任务等相对比较简单，属于非资源密集型任务；其他一些子任务，如 keyBy()、window()、apply() 等相对占用的资源比较多，属于资源密集型任务。为了平衡这两类任务对资源的占用，我们可以把所有的任务分配到一个插槽上，使一个插槽既有非资源密集型任务，也有资源密集型任务，任务之间交错共享资源。

允许插槽共享有 3 个好处，一是提高资源利用率；二是作业管理器拿到执行图后，需要确定使用的插槽，进而只需要为整个作业中并行度最高的算子设置并行度即可；三是一个插槽中可以保存整个作业的处理管道。

### 2. 任务链

Flink 程序由多种计算任务组成，这些任务包括 DataSource 算子、Transformation 算子、Sink 算子等。算子之间传输数据的模式可以是 one-to-one 的模式，也可以是 redistributing 的模式，具体的模式取决于算子的种类。每个任务均可设置多个并行实例同时执行，每个并行实例会处理一部分当前任务的输入数据。任务的并行实例个数称为并行度，也称作算子的并行度。

one-to-one：stream 维护着分区以及元素的顺序（如 DataSource 和 map 之间）。这意味着 map 算子的子任务看到的元素的个数和顺序与 DataSource 算子的子任务产生的元素的个数和顺序相同。map、filter、flatMap 等算子都采用的是 one-to-one 的模式。

redistributing：stream 的分区会发生改变。每一个算子的子任务依据所选择的 Transformation，发送数据到不同的目标任务。如 keyBy()基于 hashcode 重分区，而 broadcast 和 rebalance 会随机进行重分区，这些算子都会引起 redistribute 过程，类似于 Spark 中的 shuffle 过程。

为了在特定条件下减少本地通信的开销，Flink 采用了一种称为任务链的优化技术，这需要满足两个条件：

- 必须将两个或多个算子设为相同的并行度，并通过本地转发的方式进行连接；
- 进行 one-to-one 操作。

以上两个条件都满足时，才能合成任务链。

合并任务的好处之一是任务之间不用做数据的序列化和传输，减少了通信开销。当然，如果一个算子任务很复杂，合并任务链后会导致任务更加复杂，则可利用 Flink 提供的 disableOperatorChaining 函数，指定某一个算子不进行任务链的合并，使得任务链的控制变得更加灵活。

## 7.3 Flink 部署

Flink 的部署模式有两种：本地模式、集群模式。

本地模式适用于本地开发和测试，占用资源少，部署简单，一台主机即可，直接解压缩就可以使用，不需要修改任何参数，本节不予赘述。

集群模式包括以下 4 种。

- Standalone：独立集群模式，需要搭建 Flink 环境，至少 3 台主机，一个 Master 节点，两个 Worker 节点。
- Flink on YARN：Flink 使用 YARN 进行资源调度。
- Docker：开发测试时使用，搭建集群比较方便。
- Kubernetes：Kubernetes 提供计算资源。

集群模式下，Flink 任务的调度如图 7-6 所示。

在任务执行过程中，参与者主要是作业管理器和任务管理器两大组件：

- 应用程序在编译打包时，会生成一个初始的逻辑数据流图；
- 作业管理器拿到代码和逻辑数据流图后，会将逻辑数据流图转换成最终可以执行的执行图；
- 作业管理器将执行图发送给所有的任务管理器后，任务管理器就可以把任务分配到各个插槽上并发执行。

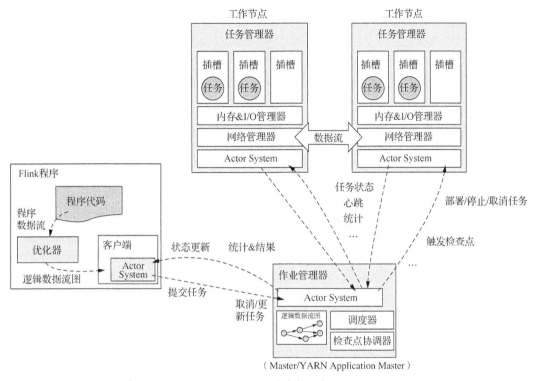

**图 7-6　Flink 任务的调度**

在任务执行过程中，作业管理器可以向任务管理器发送指令，如暂停、停止、取消任务，以及触发快照保存当前状态等。

目前使用最多的是 Flink on YARN 模式。本节主要介绍 Standalone 和 Flink on YARN 这两种模式。

## 7.3.1　Standalone 部署

### 1. Standalone 部署原理

Standalone 是 Flink 的独立集群模式，不依赖其他平台。Flink 任务在单机上的提交流程如图 7-7 所示。

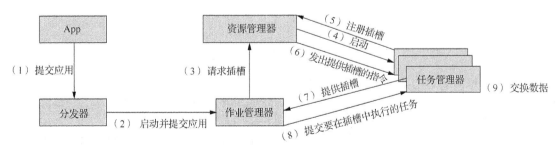

**图 7-7　Flink 任务在单机上的提交流程**

Flink 任务在单机上的提交流程：

- 通过分发器或者其他方式，提交应用给作业管理器（步骤 1、步骤 2）；
- 作业管理器接收任务后，向资源管理器申请资源（步骤 3）；
- 资源管理器收到请求后，启动任务管理器进程，任务管理器向资源管理器注册自己的空闲插槽（步骤 4、步骤 5）。如果资源管理器中注册的空闲插槽数量满足作业管理器请求的插槽数量，则

137

向任务管理器发出提供插槽的指令，指定这些插槽用于执行本次任务（步骤 6）；

● 任务管理器与作业管理器通信，并向作业管理器提供插槽，然后作业管理器就可以向任务管理器分配要在插槽中执行的任务了（步骤 7、步骤 8）；

● 在执行任务的过程中，不同的任务管理器之间还会有数据交换（步骤 9）。

2. Standalone 模式的使用

（1）安装 Flink

Flink 运行在类 UNIX 环境中，如 Linux、Mac OS X 和 Cygwin（适用于 Windows），集群由一个 Master 节点和一个或多个 Worker 节点组成。使用 Flink 前，要确保每个节点上都安装了以下软件。

● Java：Java 1.8.x 及以上版本。

● SSH：Flink 使用脚本管理远程组件，服务器需要开启 sshd 服务。

如果集群的节点没有满足这些需求，则需要安装或者升级相应软件。

配置好预设环境后，就可以安装 Flink 了。访问 Flink 官网，转到下载界面，获取准备运行的软件包。如果集群使用了 Hadoop，则下载与 Hadoop 版本匹配的 Flink 软件包；否则，可以选择任何版本的软件包。

下载好 Flink 软件包后，将其复制到 Master 节点并解压缩：

```
tar xzf flink-*.tgz
cd flink-*
```

（2）配置 Flink

若要搭建 Flink 独立集群，则须先规划集群机器信息，如图 7-8 所示。

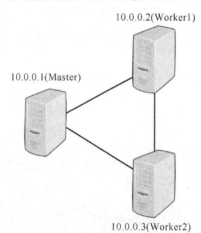

图 7-8　集群模型

解压缩 Flink 软件包后，开始为集群配置 Flink。

首先，编辑 conf/flink-conf.yaml 文件，设置 jobmanager.rpc.address 的值为 Master 节点的 IP 地址：

```
jobmanager.rpc.address:10.0.0.1
```

其次，在 conf/flink-conf.yaml 文件中，用户可以通过设置 jobmanager.heap.size 和 taskmanager.memory.process.size 的值，来定义允许 Flink 在每个节点上分配的最大主内存数，这些值以 MB 为单位。如果某些 Worker 节点需要给 Flink 分配更多的主内存，则可以在 Worker 节点的 conf/flink-conf.yaml 文件中单独设置 taskmanager.memory.process.size 或 taskmanager.memory.flink.size 的值，以覆盖默认的数值。

最后，配置集群中所有 Worker 节点的列表。编辑 conf/slaves 文件，输入每个 Worker 节点的 IP 地址或者主机名。任务管理器将会运行在 conf/slaves 文件中的每个 Worker 节点上。

```
10.0.0.2
```

```
10.0.0.3
```
至此，Flink 独立集群最基础的配置就完成了。

（3）启动 Flink

在 Master 节点上，进入 Flink 目录，使用脚本启动作业管理器，并使其通过安全外壳（Secure Shell，SSH）协议连接到 conf/slaves 文件中列出的所有 Worker 节点上，以在每个节点上启动任务管理器。

```
bin/start-cluster.sh
```

Flink 启动成功并开始运行后，运行在 Master 节点上的作业管理器就会在配置的 RPC 端口上准备接收作业了。

如果需要停止 Flink 集群，则运行 stop-cluster.sh 脚本即可。

## 7.3.2  Flink on YARN 部署

### 1. YARN on YARN 模式的交互过程

Flink on YARN 模式利用 YARN 来调度 Flink 任务。这种模式的优点在于，可以充分利用集群资源提高机器的利用率，只用一个 Hadoop 集群就可以执行 MapReduce 和 Spark 任务，还可以执行 Flink 任务等，操作非常方便，不需要维护多个集群，而且运维方面也很轻松。

Flink on YARN 模式的交互过程如图 7-9 所示。

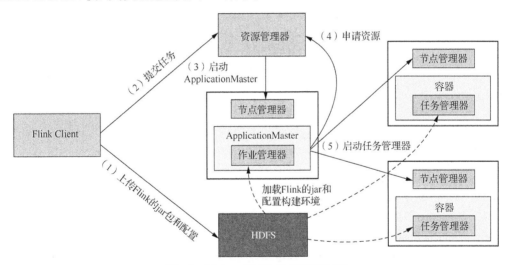

图 7-9  Flink on YARN 模式的交互过程

每次新建一个 Flink 的 yarn-session 时，客户端都首先会检查要请求的资源（容器和内存）是否可用。如果可用，则进行下一步动作。

（1）客户端在提交任务之前，首先需要把 jar 包和配置上传到 HDFS 中。

（2）客户端向资源管理器提交任务。注意，这里的资源管理器是 YARN 的资源管理器，其与 Flink 中的资源管理器集成在了一起。

（3）资源管理器接收请求后，分配容器资源，通知 NodeManager 启动一个 ApplicationMaster 应用程序的容器。ApplicationMaster 加载 HDFS 中应用程序的 jar 包和配置，启动作业管理器。ApplicationMaster 和作业管理器运行在同一个容器中。如果作业管理器启动成功，ApplicationMaster 就可以获取作业管理器的地址。它会生成一个新的 Flink 配置文件，这个配置文件是给将要启动的作业管理器用的，该配置文件也会上传到 HDFS 中。作业管理器启动后，分析作业图，得到执行图。

（4）知道需要的插槽资源后，向资源管理器申请资源。

（5）资源管理器收到申请资源的请求，继续分配容器资源，然后通知 ApplicationMaster 启动更多的任务管理器。容器在启动任务管理器的时候也会从 HDFS 中加载 jar 包和已修改的配置。任务管理器启动后，就可以向作业管理器发送心跳包，等待作业管理器分配任务了。

2. Flink on YARN 模式的使用

Flink on YARN 模式在使用时，可根据集群是否共享分为两种：多 Flink 作业，单 Flink 集群；单 Flink 作业，单 Flink 集群。

（1）多 Flink 作业，单 Flink 集群

在 YARN 中提前初始化一个 Flink 集群，分配资源，Flink 的作业都提交到这个集群上，如图 7-10 所示。该 Flink 集群常驻在 YARN 集群上，可以手动停止。这种方式下，Flink 集群独占资源，即使没有执行 Flink 作业，YARN 上的其他任务也不能使用 Flink 的资源。

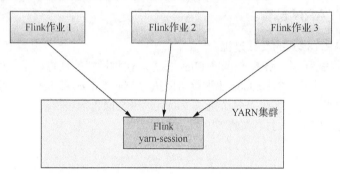

图 7-10　多个 Flink 作业在一个 Flink 集群上执行

先启动 Hadoop 集群，然后启动 yarn-session 集群。其中，作业管理器获得 1GB 的堆空间，任务管理器获得 4GB 的堆空间：

```
#从 Flink 下载页获取 hadoop2 的压缩包
curl -O <flink_hadoop2_download_url>
tar xvzf flink-1.10.0-bin-hadoop2.tgz
cd flink-1.10.0/
./bin/yarn-session.sh -jm 1024m -tm 4096m
```

yarn-session.sh 支持多个参数。常见的参数如下。

- -n，--container <arg>：分配容器的数量，即任务管理器的数量。
- -d，--detached：后台运行。
- -jm，--jobManagerMemory <arg>：指定作业管理器容器的内存（默认单位是 MB）。
- -s，--slots <arg>：每个任务管理器使用的插槽数量。
- -tm，--taskmanagerMemory <arg>：每个任务管理器容器的内存，单位是 MB。

yarn-session 集群启动成功后，会在本地系统生成一个临时文件，里面包含 YARN 应用的 ID 等其他信息。

```
more /tmp/.yarn-properties-root
```

提交作业时，有了这个配置文件，作业就会被自动提交到 YARN 中。

```
cd flink-1.10.0/
./bin/flink run ./examples/batch/WordCount.jar
```

run 命令有如下可选参数。

- -c，--class <classname>：指定程序入口（main 方法或者 getPlan 方法）所在的类。只有在 JAR 文件的组件清单中没有指定入口类时，才需要配置此参数。
- -m，--jobmanager <host:port>：需要连接的作业管理器（主节点）的地址。这个参数可以指定除配置文件中指定的作业管理器外，本次作业可以连接的其他作业管理器。
- -p，--parallelism <parallelism>：配置作业的并行度。可以覆盖配置文件中指定的默认值。

作业提交成功后，就可以在 Flink 的 WebUI 中监控作业的执行了。

（2）单 Flink 作业，单 Flink 集群

每个 Flink 作业，都会创建一个新的 Flink 集群，多个作业之间相互独立，互不影响，如图 7-11 所示。作业完成后，创建的 Flink 集群也会消失。这种方式按需使用资源，提高了资源的利用率。

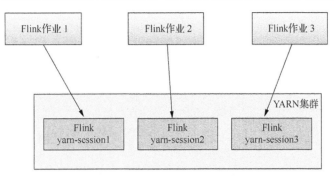

图 7-11　单个 Flink 作业在单个 Flink 集群上执行

这种方式不需要先启动 yarn-session，而是在确保 Hadoop 集群启动的情况下，直接提交作业。

```
#从 Flink 下载页获取 hadoop2 的压缩包
curl -O <flink_hadoop2_download_url>
tar xvzf flink-1.10.0-bin-hadoop2.tgz
cd flink-1.10.0/
./bin/flink run -m yarn-cluster -p 4 -yjm 1024m -ytm 4096m ./examples/batch/WordCount.jar
```

这种方式下提交任务的参数，相比在"多 Flink 作业，单 Flink 集群"方式下提交任务的参数，仅仅在参数名称上有所不同，前缀为字母"y"（短参数）或者"yarn"（长参数），含义相同，故此处不再赘述。

# 7.4　Flink 时间处理

## 7.4.1　时间语义

流数据处理程序最大的特点是数据具有时间属性。Flink 支持不同的时间概念，根据时间产生的位置不同，可将时间分为 3 种语义，分别为处理时间（Processing Time）、事件时间（Event Time）和接入时间（Ingestion Time）。

### 1. 处理时间

处理时间指的是正在执行相应操作的计算机的系统时间。当流式程序按处理时间运行时，所有基于时间的操作（如时间窗口），都将使用执行相应操作的计算机的系统时间。

处理时间是最简单的时间概念，不需要流和物理机之间的协调，它提供了最佳的性能和最低的时延。但是，在分布式和异步环境中，处理时间具有不确定性，因为它易受很多因素的影响。例如，记录从消息队列到达系统的速度或在系统内部操作之间流动的速度，甚至计划或其他方式所引起的中断等，都会对处理时间造成影响。

### 2. 事件时间

事件时间是每个事件在产生它的设备上发生的时间。该时间通常在事件进入 Flink 之前就已嵌入事件，并且可以从每个事件的记录中提取事件时间戳。一个按小时处理的事件时间窗口将包含携带事件时间在当前小时内的所有事件，而不考虑记录什么时候到达以及以什么样的顺序到达。

在事件时间中，时间的进度取决于数据，而不取决于其他形式的时钟。事件时间程序必须指定

如何生成事件时间的 Watermark（水印）。Watermark 是事件时间处理进度的信号机制，该机制将在后文进行介绍。

在理想情况下，不管事件何时到达，或它们到达的顺序如何，事件时间的处理将产生完全一致且确定的结果。但是，除非事件按时间戳顺序到达，否则事件时间的处理会因等待无序事件而产生一定的时延。由于只能等待有限的时间，这就限制了确定性事件时间应用的场景。

3. 接入时间

接入时间是事件进入 Flink 的时间。在源操作处，每个记录都会获取源的当前时间并将其作为时间戳，后续基于时间的操作（如时间窗口）会依赖该时间戳。

接入时间从概念上讲介于事件时间和处理时间之间。与处理时间相比，它稍微复杂一些，但能提供可预测的结果。由于接入时间使用稳定的时间戳（在源处指定），因此对记录的不同窗口操作将引用相同的时间戳。而在处理时间中，基于本地的系统时间和传输时延，每个窗口操作可能会将记录赋给了不同的窗口。

与事件时间相比，接入时间程序无法处理任何乱序事件或延迟数据，但是程序无须指定如何生成 Watermark。

在程序内部，接入时间与事件时间非常相似，但是接入时间具有自动分配时间戳和自动生成 Watermark 的功能。

## 7.4.2　窗口

窗口是处理无限流数据的核心思想，即将流切分为有限的一段数据，然后对数据进行相应的聚合运算，从而得到一定时间范围内的统计结果。

Flink 中的窗口有如下分类。

1. Keyed Window 和 Global Window

Flink 根据数据集是否为 KeyedStream 类型，产生了两种形式的窗口。

● Keyed Window：数据集如果是 KeyedStream 类型，则调用 DataStream API 的 window 方法，数据会根据 key 在不同的任务实例中并行计算，最后得到对每个 key 的统计结果。

● Global Window：数据集如果是 Non-Keyed 类型，则调用 windowsAll 方法，所有的数据都会集中到一个任务中计算，最后得到全局的统计结果。

2. 时间窗口和数量窗口

Flink 基于业务需求，支持时间窗口（Time Window）、数量窗口（Count Window）。数量窗口使用比较少，此处不予赘述。

时间窗口根据业务场景，可分为 3 种类型：滚动窗口（Tumbling Window）、滑动窗口（Sliding Window）、会话窗口（Session Window）。

（1）滚动窗口

滚动窗口根据固定时间进行切分，窗口之间时间点不重叠，比较简单，只须指定窗口长度即可，如图 7-12 所示。

例如：

```
//统计最近10s（窗口大小）每个基站的日志数量
data.map(stationLog=>((stationLog.sid,1)))
.keyBy(_._1)
.timeWindow(Time.seconds(10))
//聚合
.sum(1);
```

其中时间间隔可以是毫秒-Time.milliseconds(x)、秒-Time.seconds(x)、分钟-Time.minutes(x)。

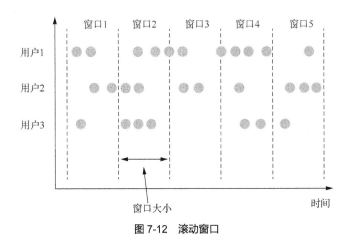

图 7-12　滚动窗口

（2）滑动窗口

滑动窗口比较常见，它在滚动窗口的基础之上增加了窗口的滑动，窗口之间的时间点存在重叠。窗口大小固定之后，与滚动窗口按照窗口大小向前滚动不同，滑动窗口会按照设定的窗口滑动大小向前滑动。窗口大小和窗口滑动大小决定了窗口之间数据重叠的大小，窗口滑动大小小于窗口大小，就会发生窗口重叠；窗口滑动大小大于窗口大小，窗口就会不连续，有些数据可能就不会在任何一个窗口被计算；窗口滑动大小等于窗口大小，滑动窗口就变成了滚动窗口。如图 7-13 所示。

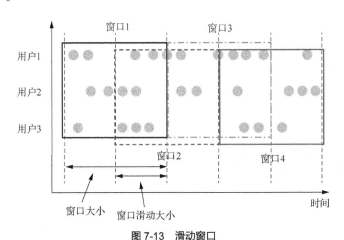

图 7-13　滑动窗口

例如：

```
//每隔 5s（窗口滑动大小）统计最近 10s（窗口大小）每个基站的日志数量
data.map(stationLog=>((stationLog.sid,1)))
.keyBy(._1)
.timeWindow(Time.seconds(10),Time.seconds(5))
.sum(1);
```

（3）会话窗口

经过一段时间，若无数据接入，则认为窗口结束，然后触发窗口计算。与滚动窗口和滑动窗口不同的是，会话窗口不需要固定的窗口滑动大小和窗口大小，只须设定触发窗口计算的会话间隔（Session Gap），规定不活跃数据的时间上限即可，如图 7-14 所示。

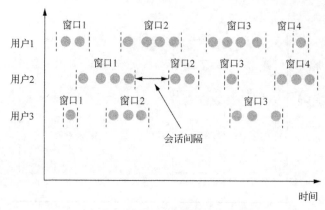

图 7-14　会话窗口

例如：

```
//5s 内如果没有数据进入，则统计每个基站的日志数量
data.map(stationLog=>((stationLog.sid,1)))
.keyBy(_._1)
.window(EventTimeSessionWindows.withGap(Time.seconds(3)))
.sum(1)
```

### 7.4.3　Watermark

在使用事件时间处理流数据时，可能会遇到数据乱序的问题。流处理从事件产生，进入源，再到算子，这个过程需要一定的时间。大部分情况下，传输到算子的数据都是按照事件产生的时间顺序来的，但是也不排除网络时延等原因所造成的乱序。因此，在进行窗口计算的时候，不能无限期地等下去，需要有一个机制来保证在特定的时间后，必须触发窗口计算，这个机制就是 Watermark。Watermark 是用于处理乱序事件的。

在 Flink 的窗口处理过程中，如果确定数据全部到达，就可以对窗口中的数据进行操作（如分组）；如果数据没有全部到达，则需要等到该窗口中的数据全部到达后才能开始处理，这种情况下就需要用到 Watermark 机制。Watermark 可以衡量数据处理的进度（表达数据到达的完整性），保证事件数据全部到达 Flink；或者当数据乱序到达或延迟到达时，也能够根据预期计算出正确且连续的结果。因此，Watermark 本质上可以理解成一个延迟触发机制。

通常，在接收到源的数据后，应该立刻生成 Watermark；但是，也可以在 Source 后，应用简单的 map 或者 filter 操作生成 Watermark。

Watermark 作为数据流的一部分，携带了一个单调递增的时间戳 t。Watermark(t)声明数据流中的事件时间已经达到 t 了，也就是说数据流中不应该再有时间戳 t'<=t 的元素，可以放心地触发和销毁窗口了。

Watermark 的使用存在 3 种情况：
- 有序数据流中的 Watermark；
- 无序数据流中的 Watermark；
- 并行数据流中的 Watermark。

1. **有序数据流中的 Watermark**

如果数据流的事件时间是有序的，Watermark 时间戳就会随着数据元素的事件时间按顺序生成，此时 Watermark 的变化和事件时间保持一致，也就是理想状态下的 Watermark。当 Watermark 时间大于窗口结束时间时，其会触发对窗口的数据计算。

图 7-15 所示为带有时间戳的事件流，并且内联了 Watermark。在此示例中，事件是按顺序到达的，这意味着 Watermark 只是数据流中的周期性标记而已。

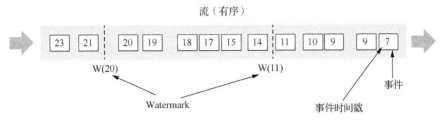

图 7-15　有序数据流中的 Watermark

### 2. 无序数据流中的 Watermark

Watermark 对无序数据流至关重要，如图 7-16 所示，其中事件没有按其时间戳排序。通常，Watermark 是数据流中一个点的一个声明，即到了数据流中的那个点，所有事件在特定的时间戳之后都必须到达。一旦 Watermark 到达操作，这个操作就可以将其内部事件时间的时钟提到 Watermark 值的前面。

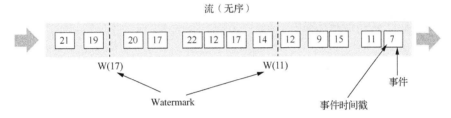

图 7-16　无序数据流中的 Watermark

### 3. 并行数据流中的 Watermark

Watermark 通过源函数直接产生，或者在源函数之后直接生成。源函数的每个并行子任务通常独立生成自己的 Watermark，这些 Watermark 定义了特定并行源处的事件时间。

随着 Watermark 在流数据程序中的流动，这些 Watermark 将它们抵达操作的事件时间提前，无论一个操作何时提前它的事件时间，它都会为下游的后继操作生成一个新的 Watermark。

一些操作，如 union，或遵循 keyBy 或 partition 函数的操作，有多个输入流，这些操作当前的事件时间是输入流中最小的事件时间。输入流会更新其事件时间，因此操作也一样会更新事件时间。

## 7.4.4　延迟处理

基于事件时间的窗口处理流数据，虽然有 Watermark 机制，但只能在一定程度上解决数据乱序的问题，在某些情况下数据延迟可能会很严重，即使通过 Watermark 机制也无法等到数据全部进入窗口再进行处理。Flink 中默认会将这些延迟的数据做丢弃处理，但是有时候用户希望即使数据延迟到达，也能够按照流程正常处理并输出结果。基于这个原因，流数据程序可以明确指定一些延迟元素。延迟元素是指抵达的系统时间已经超过延迟元素时间戳的元素，可以在窗口中指定允许延迟的最大时间（默认为 0），使用下面的代码进行设置：

```
input .keyBy(<key selector>)
    .window(<window assigner>)
    .allowedLateness(<time>)
    .<windowed transformation>(<window function>);
```

延迟事件是乱序事件的特例，和一般乱序事件不同的是它们的乱序程度超出了 Watermark 的预计，导致窗口在它们到达之前已经关闭。对于此种情况，处理的方式有 3 种：

- 重新激活已经关闭的窗口并重新计算以修正结果；

- 将延迟事件收集起来另外处理；
- 将延迟事件视为错误消息并丢弃。

Flink 默认的处理方式是第 3 种，其他两种方式分别使用 Side Output 和 Allowed Lateness 机制。

1. Side Output 机制

Side Output 机制可以将延迟事件单独放入一个数据流分支，作为窗口计算结果的副产品，以便用户获取并对其进行特殊处理。设置 Allowed Lateness 之后，延迟的数据同样可以触发窗口，进行输出。利用 Flink 的 Side Output 机制，可以获取这些延迟的数据。

2. Allowed Lateness 机制

Allowed Lateness 机制允许用户设置一个最大延迟时长。Flink 会在窗口关闭后一直保存窗口的状态直至超过最大延迟时长，这期间的延迟事件不会被丢弃，而是会默认触发窗口重新计算。因为保存窗口状态需要额外的内存，并且如果窗口计算使用了 ProcessWindowFunction API，则还可能会使得每个延迟事件触发一次窗口的全量计算，代价比较大，所以最大延迟时长不宜设得太长，延迟事件也不宜过多。

# 7.5　Flink 的容错机制

Flink 是一个默认就有状态的分析引擎，但是如果一个任务在处理过程中失败了，那么它在内存中的状态就会丢失。如果我们没有存储中间计算的状态，则意味着重启这个计算任务，需要从头开始将原来处理过的数据重新计算一遍。如果存储了中间计算的状态，就可以恢复到中间计算的状态，并从该状态开始继续执行任务。由此，Flink 引入了 State 和 CheckPoint。

State 一般指一个具体的任务/操作的状态，State 数据默认保存在 Java 的堆内存中。

CheckPoint 则表示一个 Flink 作业在一个特定时刻的全局状态快照，即包含所有任务/操作的状态，可以理解为 CheckPoint 是把 State 数据持久化存储了。

## 7.5.1　常用 State

Flink 中有两种基本的 State：Keyed State（键控状态）和 Operator State（算子状态），这两种基本 State 分别有两种存在形式：Managed 和 Raw。

1. Keyed State

Keyed State 通常和 key 相关，仅可使用在 KeyedStream 的方法和算子中。KeyedStream 上的每一个 key 都对应一个 State。

我们可以把 Keyed State 看作分区或者共享的 Operator State，而且每个 key 仅出现在一个分区内。逻辑上每个 Keyed State 和唯一元组<算子并发实例, key>绑定，由于每个 key 仅 "属于" 算子的一个并发，因此元组可简化为<算子, key>。

Keyed State 会按照 Key Group 进行管理。Key Group 是 Flink 分发 Keyed State 的最小单元；Key Group 的数目等于作业的最大并发数。在执行过程中，每个 Keyed State 都会对应到一个或多个 Key Group。

2. Operator State

对 Operator State（或者 non-keyed state）来说，Operator State 与 key 无关，而是会与 Operator 绑定，整个 Operator 只对应一个 State。Kafka Connector 是 Flink 中使用 Operator State 的一个很好的示例。每个 Kafka 消费者的并发都会在 Operator State 中维护一个 topic partition 到 offset 的映射关系。

Operator State 在 Flink 作业的并发改变后，会重新分发状态，分发的策略和 Keyed State 不一样。

### 3. Managed State 与 Raw State

Managed State 由 Flink 运行时控制的数据结构表示，如内部的散列表、RocksDB、ValueState、ListState 等。Flink 运行时会对这些 State 进行编码并写入 Checkpoint。Raw State 则保存在算子自己的数据结构中。在进行 Checkpoint 的时候，Flink 并不知晓具体的内容，仅仅写入一串字节序列到 Checkpoint。所有数据流的函数都可以使用 Managed State，但是 Raw State 则只能在实现算子的时候使用。由于 Flink 可以在修改并发时更好地分发 State 数据，并且能够更好地管理内存，因此建议使用 Managed State，而不是 Raw State。

所有类型的 State 还有一个 clear 方法，用于清除当前 key 下的 State 数据，也就是当前输入元素的 key。

下面是一个 FlatMapFunction 的例子，展示了 State 的基本使用方法。

```java
public class CountWindowAverage extends RichFlatMapFunction<Tuple2<Long, Long>,
Tuple2<Long, Long>> {
    /**
     * ValueState 句柄。第一个字段是计数，第二个字段是总和
     */
    private transient ValueState<Tuple2<Long, Long>> sum;

    @Override
    public void flatMap(Tuple2<Long, Long> input, Collector<Tuple2<Long, Long>> out)
    throws Exception {
        //访问 State 值
        Tuple2<Long, Long> currentSum = sum.value();
        //更新计数
        currentSum.f0 += 1;
        //当前总和与 input 的第二个字段相加
        currentSum.f1 += input.f1;
        //更新 State
        sum.update(currentSum);
        //如果计数达到 2，则向下游发送平均值，并清除 State
        if (currentSum.f0 >= 2) {
            out.collect(new Tuple2<>(input.f0, currentSum.f1 / currentSum.f0));
            sum.clear();
        }
    }

    @Override
    public void open(Configuration config) {
        ValueStateDescriptor<Tuple2<Long, Long>> descriptor =
                new ValueStateDescriptor<>(
                        "average",              //state 名称
                        TypeInformation.of(new TypeHint<Tuple2<Long, Long>>() {}),
//类型信息
                        Tuple2.of(0L, 0L));     //State 的默认值
        sum = getRuntimeContext().getState(descriptor);
    }
}

//在流处理程序中使用 state（假设有一个 StreamExecutionEnvironment env）
env.fromElements(Tuple2.of(1L, 3L), Tuple2.of(1L, 5L), Tuple2.of(1L, 7L), Tuple2.of(1L,
4L), Tuple2.of(1L, 2L))
```

```
        .keyBy(0)
        .flatMap(new CountWindowAverage())
        .print();

// 输出是(1,4) 和 (1,5)
```

这个例子实现了一个简单的计数窗口。我们把元组的第一个元素当作 key（在例子中 key 都是 1）。该函数将计数以及总和存储在 ValueState 中。如果计数达到 2，则将平均值发送到下游，并清除 State 重新开始。注意，我们会为每个不同的 key（元组中第一个元素）保存一个单独的值。

## 7.5.2 Checkpoint

如果程序出现问题，则需要恢复 State 数据，只有程序提供支持才能够实现 State 的容错。Flink 提供了一种 Checkpoint 容错机制，可以保证恰好一次语义。需要注意的是，它只能保证 Flink 内置算子的恰好一次语义。对于 Source 和 Sink，如果需要保证恰好一次语义，则这些组件本身应支持这种语义。

Flink 容错机制基于异步轻量级的分布式快照技术，连续处理分布式流数据的快照，可以将同一时间点任务/操作的 State 数据全局统一地进行快照处理。对流处理应用程序来说，这些快照非常轻巧，可以在不影响性能的情况下频繁操作。流处理应用程序的状态存储在可配置的位置（如主节点或 HDFS）。

如果发生程序故障（机器、网络或软件故障），Flink 将停止分布式数据流。然后，系统重新启动算子，并将它们重置为最新的 Checkpoint。输入流将重置为状态快照的点，确保任何作为重新启动的并行数据流的一部分进行处理的记录都不属于先前的 Checkpoint 状态。

### 1. Checkpoint 原理

Flink 容错机制的核心是保存分布式数据流和操作状态的快照。这些快照充当 Checkpoint，如果发生故障，系统可以回退到这些 Checkpoint。

分布式快照的核心要素是 barriers（栅栏）。这些 barriers 将注入数据流中，并与记录一起作为数据流的一部分一起流动。barriers 严格按照顺序排列。一个 barriers 可将数据流中的记录分为两部分，一部分记录进入当前快照，另一部分记录进入下一个快照（如图 7-17 所示）。barriers 不会中断数据流的流动，因此是一种轻量级的快照。来自不同快照的多个 barriers 可以同时出现在数据流中，这意味着可以同时进行各种快照。

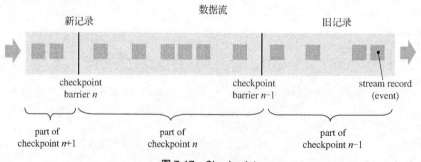

图 7-17 Checkpoint

当从输入流接收到所有快照 barriers 后，在向输出流发送 barriers 之前，算子对其状态进行快照。届时，将对 barriers 之前的所有记录进行状态更新，而不会对 barriers 之后的记录进行任何状态更新。由于快照的状态可能很大，因此将其存储在可配置的 State Backends（状态后端）中。默认情况下，用的是作业管理器的内存，但对于生产环境，应将其存储在分布式的可靠存储（如

HDFS）中。在存储状态之后，算子确认 Checkpoint，将快照 barriers 发送到输出流中，然后继续处理其他数据。

生成的快照包含：

- 对于每个并行数据流的数据源，在快照启动时，流中的偏移量/位置；
- 对于每个算子，作为快照的一部分进行存储的指向状态的指针。

2. 恢复

当任务发生故障时，Flink 需要重启出错的任务以及其他受到影响的任务，以使任务恢复到正常执行状态。

Flink 通过重启策略和故障恢复策略来控制任务重启：重启策略决定任务是否可以重启以及重启的间隔；故障恢复策略决定哪些任务需要重启。

（1）重启策略

Flink 作业如果没有定义重启策略，则会遵循集群启动时加载的默认重启策略。如果提交作业时设置了重启策略，则该策略将会覆盖集群的默认重启策略。

通过 Flink 的配置文件 flink-conf.yaml 来设置默认的重启策略，配置参数 restart-strategy 定义了采取何种策略。如果没有启用 Checkpoint，就采用不重启策略；如果启用了 Checkpoint 且没有设置重启策略，就采用固定延时重启策略，此时最大尝试重启次数由 Integer.MAX_VALUE 参数设置。除了定义默认的重启策略以外，还可以为每个 Flink 作业单独定义重启策略。这个重启策略通过在程序中的 ExecutionEnvironment 对象上调用 setRestartStrategy 方法来设置。当然，对于 StreamExecutionEnvironment，该重启策略也同样适用。

下例展示了如何给作业设置固定延时重启策略。如果发生故障，系统会重启作业 3 次，每 2 次连续的重启尝试之间等待 10s。

```
ExecutionEnvironment env = ExecutionEnvironment.getExecutionEnvironment();
env.setRestartStrategy(RestartStrategies.fixedDelayRestart(
  3,                            //尝试重启的次数
  Time.of(10, TimeUnit.SECONDS)    //时延
));
```

（2）故障恢复策略

Flink 支持多种不同的故障恢复策略，该类策略需要通过 Flink 配置文件 flink-conf.yaml 中的 jobmanager.execution.failover-strategy 配置项进行配置。故障恢复策略配置如表 7-1 所示。

表 7-1　　　　　　　　　　　　　　　故障恢复策略配置

| 故障恢复策略 | jobmanager.execution.failover-strategy 配置值 |
| --- | --- |
| 全图重启 | fulll |
| 基于 Region 的局部重启 | region |

- 全图重启：在全图重启故障恢复策略下，任务发生故障时会重启所有任务以进行故障恢复。
- 基于 Region 的局部重启：该策略会将作业中的所有任务划分为数个 Region。当有任务发生故障时，它会尝试找出进行故障恢复需要重启的最小 Region 集合。相比全局重启故障恢复策略，这种策略在一些场景下的故障恢复需要重启的任务会更少。

此处 Region 指以 Pipelined 形式进行数据交换的任务集合。也就是说，Batch 形式的数据交换会构成 Region 的边界。

- 数据流和流式 Table/SQL 作业的所有数据交换都是以 Pipelined 形式进行的。
- 批处理式 Table/SQL 作业的所有数据交换默认都是以 Batch 形式进行的。
- DataSet 作业中的数据交换形式会根据 ExecutionConfig 中配置的 ExecutionMode 决定。

需要重启的 Region 的判断逻辑如下：

- 出错任务所在 Region 需要重启；
- 如果要重启的 Region 需要消费的数据有部分无法访问（丢失或损坏），则产出该部分数据的 Region 也需要重启；
- 需要重启的 Region 的下游 Region 也需要重启。这是为了保障数据的一致性，因为一些非确定性的计算或者分发会导致同一个结果分区在每次产生时其所包含的数据都不相同。

### 7.5.3 State Backend

用 DataStream API 编写的程序通常会以各种形式保存状态：

- 在窗口触发之前要么收集元素，要么聚合；
- 转换函数可以使用 key-value 形式的状态接口来存储状态；
- 转换函数可以实现 CheckpointedFunction 接口，使其本地变量具有容错能力。

在启动 Checkpoint 机制时，状态会随着 Checkpoint 而持久化，以防止数据丢失，保障数据恢复时的一致性。状态内部的存储格式、状态在 Checkpoint 时如何持久化及其持久化在哪里，均取决于所选择的 State Backend。

1. 常用 State Backend

默认 State 会保存在任务管理器的内存中，Checkpoint 会存储在作业管理器的内存中。State 和 Checkpoint 的存储位置取决于 State Backend 的配置。

Flink 内置了以下开箱即用的 State Backend。

- MemoryStateBackend：基于内存。
- FsStateBackend：基于文件系统，可以是本地文件系统，也可以是 HDFS。
- RocksDBStateBackend：以 RocksDB 作为存储介质。

如果不设置，则默认使用 MemoryStateBackend。

（1）MemoryStateBackend

在 MemoryStateBackend 内部，数据以 Java 对象的形式存储在堆内存中。

在 Checkpoint 时，State Backend 对状态进行快照，并将快照信息作为 Checkpoint 应答消息的一部分发送给作业管理器（Master），同时作业管理器也将快照信息存储在堆内存中。

MemoryStateBackend 能配置异步快照，来防止数据流阻塞。异步快照默认是开启的。用户可以在实例化 MemoryStateBackend 的时候，通过将相应布尔类型的构造参数设置为 false 来关闭异步快照（仅在 debug 的时候使用），如下：

```
new MemoryStateBackend(MAX_MEM_STATE_SIZE, false);
```

MemoryStateBackend 的限制如下。

- 默认情况下，每个独立的状态大小限制是 5 MB。在 MemoryStateBackend 的构造器中可以增加其大小。
- 无论配置的最大状态内存大小（MAX_MEM_STATE_SIZE）有多大，都不能大于 Akka frame 大小。
- 聚合后的状态必须能够放进作业管理器的内存中。

MemoryStateBackend 的适用场景如下：

- 本地开发和调试；
- 状态很小的作业，如由每次只处理一条记录的函数（如 map、flatMap、filter 等）构成的作业。

（2）FsStateBackend

FsStateBackend 需要配置一个文件系统的 URL（类型、地址、路径），如 hdfs://namenode:40010/

flink/checkpoints 或 file:///data/flink/checkpoints。

FsStateBackend 将正在运行的状态数据保存在任务管理器的内存中。在 Checkpoint 时，将状态快照写入配置的文件系统目录中。

FsStateBackend 默认使用异步快照来防止 Checkpoint 写状态时对数据处理造成阻塞。用户可以在实例化 FsStateBackend 的时候，通过将相应布尔类型的构造参数设置为 false 来关闭异步快照，如下：

```
new FsStateBackend(path, false);
```

FsStateBackend 的适用场景如下：

- 状态比较大、窗口长度比较长、key-value 状态比较大的作业；
- 所有高可用的场景。

（3）RocksDBStateBackend

RocksDBStateBackend 需要配置一个文件系统的 URL（类型、地址、路径），如 hdfs://namenode: 40010/flink/checkpoints 或 file:///data/flink/checkpoints。

RocksDBStateBackend 采用异步的方式进行状态数据的快照，即先将状态数据写入本地 RocksDB 中，这样 RocksDB 就只会存储正在进行计算的热数据。在 Checkpoint 时，整个 RocksDB 数据库被 Checkpoint 到配置的文件系统目录中。

应该注意的是，RocksDBStateBackend 只支持异步快照。

RocksDBStateBackend 的限制如下。

- 由于 RocksDB 的 JNI API 构建在 byte[]数据结构之上，因此每个 key 和 value 最大支持 $2^{31}$B。重要信息：RocksDB 合并操作的状态（如 ListState）累积的数据量大小可以超过 $2^{31}$B，但是会在下一次获取数据时失败。这是当前 RocksDB JNI 的限制。

RocksDBStateBackend 的适用场景如下：

- 状态非常大、窗口长度非常长、key-value 状态非常大的作业；
- 所有高可用的场景。

与状态存储在内存中的 FsStateBackend 相比，RocksDBStateBackend 允许存储非常大的状态。然而，这也意味着使用 RocksDBStateBackend 将会使应用程序的最大吞吐量降低。所有的读/写都必须进行序列化、反序列化操作，这个比基于堆内存的 State Backend 的效率要低很多。

RocksDBStateBackend 是目前唯一支持增量 Checkpoint 的 State Backend。

2．设置 State Backend

如果没有明确指定，则将使用作业管理器作为默认的 State Backend。可以在 flink-conf.yaml 中为所有作业设置其他默认的 State Backend。每一个作业的 State Backend 配置会覆盖默认的 State Backend 配置。

（1）设置每个作业的 State Backend

StreamExecutionEnvironment 可以对每个作业的 State Backend 进行设置：

```
StreamExecutionEnvironment env = StreamExecutionEnvironment.getExecutionEnvironment();
env.setStateBackend(new FsStateBackend("hdfs://namenode:40010/flink/checkpoints"));
```

（2）设置默认的（全局）State Backend

在 flink-conf.yaml 中可以通过 key "state.backend" 设置默认的 State Backend，可选值包括作业管理器（MemoryStateBackend）、文件系统（FsStateBackend）、RocksDB（RocksDBStateBackend），或实现了 StateBackendFactory 的类的全限定类名。

state.checkpoints.dir 选项指定了所有 State Backend 写 Checkpoint 数据和写元数据文件的目录。

配置文件的部分示例如下所示：

```
# 用于存储 Operator State 快照的 State Backend
state.backend: filesystem
# 存储快照的目录
state.checkpoints.dir: hdfs://namenode:40010/flink/checkpoints
```

# 7.6  Flink 应用案例

以下示例展示了 Flink 在简单的 WordCount 中的应用。

最简单的方法就是执行./bin/start-cluster.sh，从而启动一个只有一个作业管理器和任务管理器的本地 Flink 集群。

每个 Flink 的 binary release 都会包含一个 examples（示例）目录，其中可以找到这个页面上每个示例的 jar 包文件。

可以通过执行以下命令来运行 WordCount 示例：

```
./bin/flink run ./examples/batch/WordCount.jar
```

其他的示例也可以通过类似的方式执行。

很多示例在不传递执行参数的情况下都会使用内置数据，如果需要利用 WordCount 程序计算真实数据，则需要传递存储数据的文件路径。

```
./bin/flink run ./examples/batch/WordCount.jar --input /path/to/some/text/data --output
/path/to/result
```

非本地文件系统需要一个对应前缀，如 hdfs://。

WordCount 是大数据系统中的 "Hello World"。它可以计算一个文本集合中不同单词的出现频次。这个算法分两步进行：第一步，把所有文本分割成单独的单词；第二步，将单词分组并分别进行统计。

```java
ExecutionEnvironment env = ExecutionEnvironment.getExecutionEnvironment();

DataSet<String> text = env.readTextFile("/path/to/file");
DataSet<Tuple2<String, Integer>> counts =
        // 把每一行文本分割成二元组，每个二元组为：(word,1)
        text.flatMap(new Tokenizer())
        // 根据二元组的第 "0" 位分组，对第 "1" 位求和
        .groupBy(0)
        .sum(1);
counts.writeAsCsv(outputPath, "\n", " ");
// 自定义函数
public static class Tokenizer implements FlatMapFunction<String, Tuple2<String, Integer>> {
    @Override
    public void flatMap(String value, Collector<Tuple2<String, Integer>> out) {
        // 统一大小写并把每一行分割为单词
        String[] tokens = value.toLowerCase().split("\\W+");

        // 消费二元组
        for (String token : tokens) {
            if (token.length() > 0) {
                out.collect(new Tuple2<String, Integer>(token, 1));
            }
        }
    }
}
```

为 WordCount 示例增加执行参数--input <path> --output <path>即可实现上述算法。任何文本文件都可作为测试数据使用。

# 7.7　本章小结

　　本章首先对 Flink 进行了概述, 介绍了 Flink 的特点和应用场景, 然后着重介绍了 Flink 流处理框架的原理和架构, 包括 Flink 的主要组件、部署模式、时间和窗口机制、Watermark 以及容错机制。

　　希望通过本章的阅读, 读者能够对 Flink 的核心内容有基本的了解和认识, 为将来 Flink 在分布式流数据处理中的应用奠定基础。

# 7.8　习题

　　（1）Flink 有哪些特点?

　　（2）Flink 有哪些组件? 它们各有什么作用?

　　（3）Flink 的部署模式是什么, 如何提交 Flink 任务?

　　（4）插槽是什么, 如何合理分配插槽?

　　（5）简述 Flink 程序的组成部分。

　　（6）Flink 支持哪些时间语义, 如何处理乱序数据?

　　（7）Flink 常用的窗口类型有哪些?

　　（8）Flink 的状态是什么, 容错机制是怎样实现的?

　　（9）使用 yarn-session 方式提交一个 WordCount 任务, 并查看结果是否正确（程序可以直接使用 examples/streaming /WordCount.jar, 参数指定: --input 指定需要读取的文件, --output 指定输出目录）。

　　（10）使用 yarn-cluster 方式提交一个 WordCount 任务, 并查看结果是否正确。

# 第8章 数据采集与数据装载工具

数据采集与数据装载是大数据技术的重要组成部分，其中 Flume 和 Loader 是最为重要的两个工具之一。Flume 是一个分布式、可靠和高可用的海量日志聚合系统，支持在系统中定制各类数据发送方，用于收集数据。Loader 是基于开源 Sqoop 组件的数据装载工具，实现 FusionInsight 与关系数据库、文件系统之间数据和文件的交换。8.1 节从 Flume 简介及结构开始讲解，分别介绍 Flume 定义、Flume 组成架构以及 Flume 拓扑结构，具体阐述为什么需要 Flume 以及 Flume 的设计与实现。8.2 节具体讨论 Source、Channel 和 Sink 这 3 种核心组件，不仅阐述每个组件的基本概念，而且会结合代码深入介绍每个组件的详细用法。同时，也会讲解 Channel、拦截器和处理器等内容，它们为 Flume 提供了灵活的扩展支持。8.3 节介绍 Flume 的安装与配置。8.4 节从 Loader 的定义开始，分别介绍 Loader 的实现原理和模块架构，同时也讲解 Loader 作业管理的用法。

## 8.1 Flume 简介及架构

### 8.1.1 Flume 定义

Flume 的官方文档是这样定义 Flume 的：Flume 是一种分布式、可靠且可用的服务，用于高效地收集、聚合和移动大量日志数据。它有一个基于数据流的简单、灵活的体系结构。它是健壮的和容错的，具有可调的可靠性机制及许多故障转移和恢复机制。它使用简单的可扩展数据模型，允许在线分析应用。

Flume 初始的发行版本目前被统称为 Flume OG（Original Generation）架构，如图 8-1 所示。2011 年 10 月 22 日，Cloudera 完成了 Flume-728，对 Flume 进行了里程碑式的改动：重构核心组件、核心配置以及代码架构。重构后的版本被统称为 Flume NG（Next Generation）。

Flume OG 有 3 种角色的节点：Agent、Collector、Master。Agent 从各个数据 Source 收集日志数据，将收集到的数据集中到 Collector，然后由 Collector 汇总并存储到 HDFS 中，同时 Master 负责管理 Agent 和 Collector 的活动。Agent 和 Collector 都是由 Source 和 Sink 组成的，表示数据在当前节点是从 Source 传递到 Sink 的。Agent 和 Collector 又可以根据配置的不同分为逻辑节点和物理节点，然而，如何区分、配置和使用逻辑节点和物理节点，一直以来都是 Flume 使用者最头疼的地方。

Flume OG 的稳定使用依赖于 ZooKeeper，它需要 ZooKeeper 对其多类节点（Agent、Collector、Master）的工作进行管理，尤其是在集群中配置有多个 Master 的情况下。当然，Flume OG 也可以用内存的方式管理各类节点的配置信息，但是这种方式是有弊端的，在机器出现故障时配置信息可能会出现丢失的情况。

Flume NG 对 Flume OG 的架构进行了大规模的调整，如图 8-2 所示。其中，节点角色的数量由 3 缩减到 1，删除 Collector 和 Master，只保留 Agent，不存在多类角色的问题，所以就不再需要 ZooKeeper 对各类节点进行协调，由此脱离对 ZooKeeper 的依赖。同时该架构去除逻辑节点和物理节点的概念，所有物理节点统称为 Agent，每个 Agent 都能运行 0 个或多个 Source 和 Sink，每个 Source 和 Sink 均使用 Channel 进行连接。

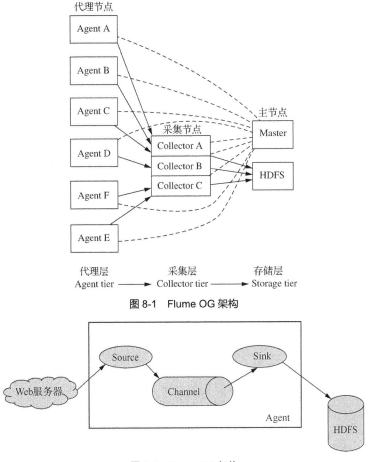

图 8-1　Flume OG 架构

图 8-2　Flume NG 架构

## 8.1.2　Flume 组成架构

1. Event

在 Flume 中，数据是以 Event（事件）为载体进行传输的。Event 的数据结构并不复杂，只包含一个可选属性的 Event 头和一个具有字节有效载荷的 Event 体。图 8-3 所示为 Flume Event 示意。Event 头的数据结构是 HashMap，其中的 key 和 value 均为 String 类型，包括时间戳、IP 地址等 key-value 对。Event 头并不是用来传输数据的。给整个 Event 增加的 Event ID 或者通用唯一一识别码（Universally Unique Identifier，UUID），可以用于路由判断或传递其他结构化信息等。Event 体是一个字节数组，包含 Flume 实际传输的负载，如果输入由日志文件组成，那么该数组就类似于一个单行文本的 UTF-8 编码的字符串。

图 8-3　Flume Event 示意

值得注意的一点是，每个 Event 本质上必须是一个独立的记录，而不是记录的一部分。如果数据不能表示为多个独立的记录，Flume 可能就不适用了。

2. Agent

Flume 最简单的部署单元是 Agent。Agent 是一个 JVM 进程，每个 Agent 可以连接到一个或者多个 Agent，也可以从一个或者多个 Agent 接收数据。通过这样相互连接的 Agent 链，可以将数据从一个位置移动到另一个位置。一般来说，数据是通过 Agent 链从应用服务器传递到 HDFS 的，因此只需要增加更多的 Agent 就能够扩展服务器数量并将大量数据写入 HDFS。每个 Agent 均包含 3 个主要的组件：Source、Channel、Sink，如图 8-4 所示。

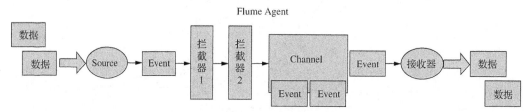

图 8-4　Flume Agent 组成

Agent 是承载 Event 从外部 Source 流向下一个目标的组件。在 Agent 中，从 Source 到 Sink 传递的 Event 可以由 Event 拦截器对其进行修改，也可以由 Event 选择器提供 Event 流动的分支，将 Event 传递到一个或多个 Channel 上。

3. Source

Source 负责接收数据并将其传输到 Agent 的组件，可以从其他系统中接收数据，也可以接收其他 Agent 的 Sink 发送的数据，甚至还有自身可以产生数据的 Source。因此，接收数据的方式也是不同的，可以通过监听一个或者多个网络端口获取数据，也可以直接从本地文件系统读取。每个 Source 至少连接一个 Channel，复制 Event 到所有或者某些 Channel。总之，Source 可以接收任何来源的数据，并将这些数据写入一个或多个 Channel 中。Source 是专门用来收集数据的，因此需要处理各种类型和格式的日志数据，包括 Avro、Thrift、Exec 等。表 8-1 列举了一些常用的 Source 类型并对其进行了简要说明。

表 8-1　　　　　　　　　　　　　　　　Source 类型

| Source 类型 | 说明 |
| --- | --- |
| Avro Source | 支持 Avro 协议（实际上是 Avro RPC），内置支持 |
| Thrift Source | 支持 Thrift 协议，内置支持 |
| Exec Source | 基于 UNIX 的 command 在标准输出上生产数据 |
| JMS Source | 从 Java 消息服务（Java Message Service，JMS）系统（消息、主题）中读取数据，ActiveMQ 已测试过 |
| Spooling Directory Source | 监控指定目录内的数据变更 |
| Twitter 1% firehose Source | 通过 API 持续下载 Twitter 数据，试验性质 |

| Source 类型 | 说明 |
|---|---|
| NetCat Source | 监控某个端口，将流经端口的每一个文本行数据作为 Event 输入 |
| Sequence Generator Source | 序列生成器数据 Source，生产序列数据 |
| Syslog Sources | 读取 Syslog 数据，产生 Event，支持 UDP 和 TCP 两种协议 |
| HTTP Source | 基于 HTTP POST 或 GET 方式的数据 Source，支持 JSON、BLOB 表示形式 |
| Legacy Sources | 兼容 Flume OG 中的 Source（0.9.x 版本） |

### 4. Channel

Channel 是位于 Source 和 Sink 之间的缓冲区，缓冲 Agent 已经接收但尚未写入另一个 Agent 或者 HDFS 的 Event，因此 Channel 可以保证 Source 和 Sink 以不同的速率安全运行。Event 在每个 Agent 的 Channel 中暂存，并传递到下一个 Agent 或者 HDFS。Event 只有成功存储到下一个 Agent 的 Channel 或者 HDFS 之后，才会被从 Channel 中删除。Source 可以将 Event 写入一个或者多个 Channel 中，再由一个或者多个 Sink 读取。Channel 在 Agent 中是专门用来临时存储 Event 的，对接收到的 Event 进行简单的缓存，一般存储在内存、JDBC、磁盘文件等位置。表 8-2 列举了一些常用的 Channel 类型并对它们进行了简要说明。

表 8-2                                                          Channel 类型

| Channel 类型 | 说明 |
|---|---|
| Memory Channel | Event 数据存储在内存中 |
| JDBC Channel | Event 数据存储在持久化存储中，当前 Channel 内置支持 Derby |
| File Channel | Event 数据存储在磁盘文件中 |
| Spillable Memory Channel | Event 数据存储在内存和磁盘文件中，当内存队列存满时，数据会被持久化到磁盘文件中（当前试验性质的文件，不建议在生产环境中使用） |
| Pseudo Transaction Channel | 测试用途 |
| Custom Channel | 自定义 Channel 实现 |

Source 通过 Channel 处理器、拦截器和 Channel 选择器的路由方式将 Event 写入多个 Channel 中。每个 Source 都有自己的 Channel 处理器，Channel 处理器的任务就是将这些 Event 传到一个或多个 Source 配置的拦截器中。拦截器其实是一段代码，它通过某些标准可以删除 Event、为 Event 添加或者移除 Event 头。拦截器按照配置中定义的顺序被调用，会形成拦截器链。在所有的拦截器处理完 Event 之后，通过 Channel 选择器为每个 Event 选择 Channel。Channel 选择器会决定每个 Event 必须写入 Source 附带的哪个 Channel 的组件，因此 Channel 选择器可以通过应用任意过滤条件在 Event 上，来决定 Event 必须写入哪些 Channel，以及哪些 Channel 是可选的。

### 5. Sink

Sink 是负责从 Channel 接收 Event 并将 Event 写入下一个阶段或者最终目的地的组件。Sink 不断地轮询 Channel 中的 Event 并批量地移除它们，然后将这些 Event 批量写入 HDFS 或者发送到另一个 Agent 中，因此 Source 可以持续接收 Event 并将其写入 Channel 中。最终目的地不仅仅是 HDFS，还包括 Logger、Avro、Thrift 等。表 8-3 列举了一些常用的 Sink 类型并对其进行了简要说明。

表 8-3                                                          Sink 类型

| Sink 类型 | 说明 |
|---|---|
| HDFS Sink | 数据写入 HDFS |
| Logger Sink | 数据写入日志文件 |

续表

| Sink 类型 | 说明 |
|---|---|
| Avro Sink | 数据被转换成 Avro Event，然后发送到配置的 RPC 端口上 |
| Thrift Sink | 数据被转换成 Thrift Event，然后发送到配置的 RPC 端口上 |
| IRC Sink | 数据在 IRC 上进行回放 |
| File Roll Sink | 存储数据到本地文件系统 |
| Null Sink | 丢弃所有数据 |
| HBase Sink | 数据写入 HBase 数据库 |
| Morphline Solr Sink | 数据发送到 Solr 搜索服务器（集群） |
| Elasticsearch Sink | 数据发送到 Elasticsearch 搜索服务器（集群） |
| Kite Dataset Sink | 写数据到 Kite Dataset（试验性质的） |
| Custom Sink | 自定义 Sink 实现 |

Sink 运行器运行一个 Sink 组，每个 Sink 组有一个 Sink 处理器。每个 Sink 组可以包含任意数量的 Sink，如果 Sink 组只有一个 Sink，则不用 Sink 组将会更有效率。每个 Sink 只能从一个 Channel 读取 Event，而多个 Sink 从相同的 Channel 读取 Event 可以获得更好的性能。那么 Sink 运行器与 Sink 处理器有什么区别呢？通俗点讲，Sink 运行器才是实际运行 Sink 的，它是询问 Sink 组处理下一批 Event 的线程，而 Sink 处理器则负责决定哪个 Sink 应该从自己的 Channel 中读取 Event。

### 8.1.3　Flume 拓扑结构

Flume 是从大量的服务器把数据发送到一个单独的 HDFS 集群的工具。在集群内，有多种方法可以组织 Agent，往往会需要一个 Agent 发送数据到另一个 Agent，可以理解成 Agent-to-Agent 通信。为了实现这种通信，需要有专门的 RPC Sink-Source 对，首选 Avro Sink-Avro Source 对。如果 Agent 接收数据被配置为使用 Avro Source，那么发送数据的 Agent 必须配置运行 Avro Sink。在现实中，数据流的复杂度是任意的，因此 Agent 的数量也是任意的，而且会有多种组合方式。本小节将介绍 Flume 的 4 种常见的拓扑结构。

1. 串行模式

串行模式是最简单的拓扑结构，如图 8-5 所示。串行模式类似于链式结构，一个 Flume 的 Sink 连接着另一个 Flume 的 Source，当然还可以继续增加节点。串行模式是将多个 Flume 顺序连接起来，从最初的 Source 开始到最终的 Sink 结束的目的存储系统。串行模式不建议桥接过多的 Flume，Flume 数量过多不仅会影响传输速率，而且一旦传输过程中某个节点 Flume 宕机，就会影响整个传输系统。

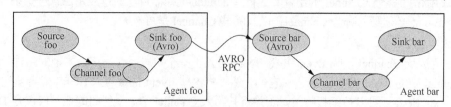

图 8-5　串行模式

2. 复制模式

Agent 可以有多个 Source、Sink 和 Channel。如果某个 Agent 有一个 Source、多个 Channel 和多个 Sink，那么这个 Source 就可以将 Event 写入多个 Channel 中。由于对应同一个 Source，这些 Channel 存储的内容是相同的，且 Sink 可以从 Channel 中删除 Event，不同的 Sink 可将 Event 传输到不同的目的地。这种拓扑结构被称为复制模式，如图 8-6 所示。Flume 支持将 Event 传输到一个或者多个目的地。这种模式通过 Source 将数据复制到多个 Channel 中，每个 Channel 都有相同的数据，Sink 可以选择将 Event 传输到不同的目的地。

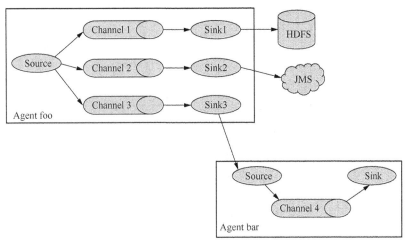

图 8-6　复制模式

### 3. 负载均衡

负载均衡是两层结构，第 1 层是单个 Agent，用于接收来自应用程序服务器的数据；第 2 层的 Agent 数量与第 1 层的 Sink 数量相同，通过这些 Agent 将数据写入 HDFS 中，如图 8-7 所示。Flume 支持在逻辑上将多个 Sink 分到一个 Sink 组。Flume 将数据发送到不同的 Sink，主要解决负载均衡和故障转移问题。

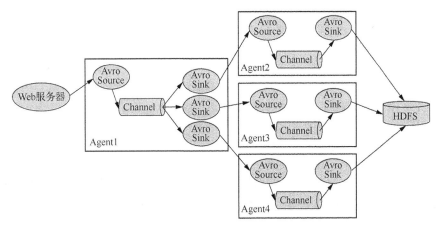

图 8-7　负载均衡

### 4. 聚合模式

聚合模式是最常见的一种拓扑结构。常见的 Web 应用通常分布在上百个甚至上千、上万个服务器上，处理产生的日志非常麻烦。Flume 用聚合模式能够很好地解决这一问题。每个服务器部署一个 Agent 负责采集日志，然后采集日志的 Agent 将日志传递到一个集中收集日志的 Agent，再由收集日志的 Agent 将日志写入 HDFS、Hive、HBase 等，进行日志分析。聚合模式也是两层结构，第 1 层有大量的 Agent，负责接收来自应用程序服务器的数据；第 2 层有一个 Agent，不同的数据都会聚合到这一个 Agent 中，如图 8-8 所示。

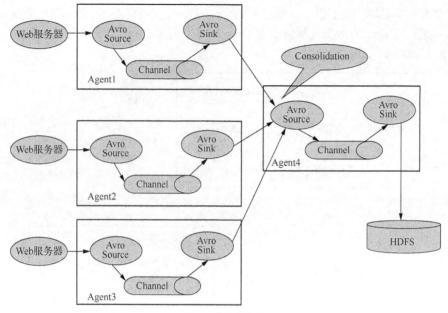

图 8-8  聚合模式

# 8.2  Flume 关键特性

## 8.2.1  Source

Source 用于从应用程序接收数据，它将 Event 传输到一个或多个 Channel。本小节将对不同类型的 Source 进行简单的介绍，如 Exec Source、Spooling Directory Source、Avro Source 等。

1. Exec Source

Exec Source 执行用户配置的命令，且基于命令的标准输出来生成 Event，也可以从命令中读取错误流，将 Event 转换为 Flume Event，并将它们写入 Channel。Exec Source 在启动时运行 UNIX 命令，并且期望它会不断地在标准输出中产生数据。如果进程因为某些原因退出，Exec Source 也将退出并且不会再产生数据。

输出流中的每一行都被编码为字节数组，每个字节数组都被用作 Flume 的 Event 体。为了 Channel 有更好的性能，Source 可以配置 Event 在写入 Channel 之前的最大数量。如果 Channel 已满，则通过配置参数可以暂时阻塞流程或者继续读取输出和错误流。表 8-4 所示是 Flume 官网给出的 Exec Source 的部分配置参数，其中必要的配置参数包括 channels、type 和 command。

表 8–4                                    Exec Source 的部分配置参数

| 配置参数 | 默认值 | 描述 |
|---|---|---|
| channels | — | |
| type | — | 组件类型名称，必须是 exec |
| command | — | 运行的命令 |
| shell | — | 用于运行该命令的 shell 调用，如/bin/sh -c。仅对依赖于 shell 特性（如通配符、反斜杠、管道等）的命令才需要 |
| restartThrottle | 10 000 | 尝试重新启动之前要等待的时间（以 ms 为单位） |
| restart | false | 如果执行的 cmd 停止运行了，是否应该重新启动 |
| logStdErr | false | 是否应该记录命令的 stderr |

续表

| 配置参数 | 默认值 | 描述 |
|---|---|---|
| batchSize | 20 | 一次读取并发送到 Channel 的最大行数 |
| batchTimeout | 3 000 | 如果未达到缓冲区大小，则在将数据传输到下游之前要等待的时间（以 ms 为单位） |

完整的配置参数在 Flume 官网都可以找到，这里就不一一详述了。以 batchSize 和 batchTimeout 参数为例，如果设置了这两个参数，一旦数据达到批处理大小或者批处理超时，就将其批量写入 Channel 中。下面是 Exec Source 配置文件的官方示例 Agent a1：

```
#配置文件
#命名该 Agent 的组件
a1.sources = r1
a1.channels = c1
#配置 Source
a1.sources.r1.type = exec
a1.sources.r1.command = tail -F /var/log/secure
a1.sources.r1.channels = c1
```

值得注意的一点是，Exec Source 可以实时收集数据，但由于它是异步 Source，如果将 Event 写入 Channel 失败，则可能通知不到客户端，在这种情况下数据将会丢失。例如，最常被请求的命令之一是 tail -F <file_name>命令，利用 tail -F 命令可获取 Nginx 的访问日志，如果 Flume 失效，Nginx 访问日志继续导入日志文件中，那么在 Flume 失效的这段时间中，Flume 是无法获取新产生的日志的。为了更好地保证可靠性，建议使用本小节后续讨论的 Spooling Directory Source 来处理写入文件的数据。虽然 Spooling Directory Source 做不到实时，但是因为它追踪的是正在从文件中读取的数据，所以 Source 不会丢失数据，而且还可以通过日志文件的切分做到准实时。

2. Spooling Directory Source

在很多场景下，应用程序生成的文件不是简单的文本文件，换句话说，将每行都转换成一个 Event 没有意义，需要将若干行共同组成一个 Event。在这种情况下，Spooling Directory Source 就可以被用来从这些文件中读取数据。Spooling Directory Source 允许将要读取的文件放入磁盘上的 spooling 目录中来读取数据，监视这个指定目录中的新文件，并在新文件出现时解析它们。在给定文件被完全读入 Channel 后，默认情况下，通过重命名文件来指示完成，或者可以删除该文件，或者使用跟踪器来跟踪已处理的文件。不过，Spooling Directory Source 有 2 个需要注意的地方，第 1 个是复制到 spooling 目录下的文件不可以再打开编辑，第 2 个是 spooling 目录下不可包含相应的子目录。表 8-5 所示是 Flume 官网给出的 Spooling Directory Source 的部分配置参数，其中必要的配置参数包括 channels、type 和 spoolDir。

表 8-5　　　　　　　　　　Spooling Directory Source 的部分配置参数

| 配置参数 | 默认值 | 描述 |
|---|---|---|
| **channels** | — | |
| **type** | — | 组件类型名称，必须是 spooldir |
| **spoolDir** | — | 读取文件的目录 |
| fileSuffix | .COMPLETED | 完成读取的文件使用的后缀 |
| deletePolicy | never | 何时删除已完成的文件：never 或者 immediate |
| fileHeader | false | 绝对路径文件名是否添加到 Event 头 |
| fileHeaderKey | file | 将绝对路径文件名添加到 Event 头时使用的密钥 |
| ignorePattern | ^$ | 指定要忽略哪些文件的正则表达式。它可以与 includePattern 一起使用。如果文件同时匹配 ignorePattern 和 includePattern 正则表达式，则忽略该文件 |

续表

| 配置参数 | 默认值 | 描述 |
|---|---|---|
| trackerDir | .flumespool | 存储与文件处理相关的元数据的目录。如果该路径不是绝对路径，则被解释为相对 spoolDir |
| batchSize | 100 | 批量传输到 Channel 的粒度 |
| deserializer | LINE | 指定用于将文件解析为 Event 的反序列化程序。默认将每行解析为一个 Event。指定的类必须实现 EventDeserializer.Builder |
| inputCharset | UTF-8 | 将输入文件视为文本的反序列化程序使用的字符集 |

Spooling Directory Source 的配置参数有很多，这里就不一一详述了，读者如果有兴趣可以自行到 Flume 官网了解。前面提到的 Source 读取指定目录中的所有文件并且逐个处理它们，目录的完整路径是通过 spoolDir 参数来传递的，批处理的最大数量则是通过 batchSize 参数定义的。有时，不包含有效数据的文件会写入目录中，可以通过使用 ignorePattern 参数指定 ignore 模式，任何匹配正则表达式的文件名都将被忽略。这里不得不提一下 deserializer 参数，Source 使用嵌入式的反序列程序转换目录中文件的数据，允许 Source 以不同的方式从文件读取数据到 Event 中。如果自定义反序列化程序，则需要将 deserializer 参数值设置为 EventDeserializer.Builder 的实现。

与 Exec Source 相比，Spooling Directory Source 更加稳定且不会丢失数据。由于 Spooling Directory Source 能够从中断的位置恢复，避免重复读取数据，因此可以实现持久化信息。信息持久化到追踪目录，追踪目录则一直在 spooling 目录中。但是，放置到 spooling 目录下的文件不能修改，也不能产生重名文件，否则 Flume 会报错。在实际应用中，可以采用给日志文件名称增加诸如时间戳等唯一标识符的方式，对文件进行区分，避免错误重写。

3．Avro Source

Avro Source 是 Flume RPC Source，能够从其他 Agent 的 Avro Sink 或者使用 Flume SDK 发送数据的应用程序，接收数据到另一个 Agent 中。之所以能够用 Java 发送数据到 Avro Source，是因为 Avro Source 使用 Netty-Avro inter-process 的通信协议来通信。通过配置 Avro Source，可以用其来接收压缩的 Event，当然这个 Event 是由配置了输出压缩的 Event 的 Avro Sink 发送的，也可以用其来接收使用 SSL 加密的数据。表 8-6 所示是 Flume 官网给出的 Avro Source 的部分配置参数，其中必要的配置参数包括 channels、type、bind 和 port。

表 8-6 　　　　　　　　　　　　　　Avro Source 的部分配置参数

| 配置参数 | 默认值 | 描述 |
|---|---|---|
| **channels** | — | |
| **type** | — | 组件类型名称，必须是 avro |
| **bind** | — | 要监听的主机名或 IP 地址 |
| **port** | — | 要监听的端口号 |
| threads | — | 要产生的最大工作线程数 |
| compression-type | none | 可以是 none 或 deflate。用于解压缩传入数据的压缩格式 |
| ssl | false | 将该值设置为 true 以启用 SSL 加密。如果启用了 SSL，则必须通过组件级参数或全局 SSL 参数指定 keystore 和 keystore-password |
| keystore | — | Java 密钥库文件的路径。如果未指定，那么将使用全局密钥库 |
| keystore-password | — | Java 密钥库的密码。如果未指定，则使用全局密钥库密码 |
| keystore-type | JKS | Java 密钥库的类型，可以是 JKS 或 PKCS12。如果未指定，则使用全局密钥库类型 |

Avro Source 可以绑定一个或所有网络接口，如果只绑定一个网络接口，则将 bind 参数的值配置为这个接口的 IP 地址或主机名即可；如果绑定所有网络接口，则将 bind 参数的值配置为 0.0.0.0，port

参数的值配置为 Source 应该监听的端口号。Avro Source 使用 threads 参数来配置线程的最大数量，尽管线程数量在理论上是无穷的，但是实际的线程数量会受 JVM 和操作系统等的限制。

## 8.2.2　Sink

从 Agent 移除数据并写入另一个 Agent 或 HDFS 的组件被称为 Sink。Sink 轮询 Channel 中的 Event 且批量移除它们，在从 Channel 批量移除 Event 之前，每个 Sink 都会用 Channel 启动一个事务，一旦批量的 Event 成功写入 HDFS 或下一个 Agent，Sink 就会利用 Channel 提交事务。事务被提交后，该 Channel 会从自己的内部缓冲区删除 Event。Sink 主要包括 Logger Sink、File Roll Sink、Avro Sink、HDFS Sink、Kafka Sink、Thrift Sink、Hive Sink、Hbase Sink、HTTP Sink 等，本小节重点介绍 Avro Sink 和 HDFS Sink。

1. Avro Sink

Avro Sink 在 Flume 分层数据采集系统的实现中有重要作用，是实现多级流动、1∶N 出流和 N∶1 入流的基础。可以使用 Avro RPC 实现多个 Flume 节点的连接，将进入 Avro Sink 的 Event 转换为 Avro 形式的 Event，并送到配置好的主机端口。表 8-7 所示是 Flume 官网给出的 Avro Sink 的配置参数，其中必要的配置参数包括 channels、type、hostname 和 port。

表 8-7　　　　　　　　　　　　　　　　　　Avro Sink 的配置参数

| 配置参数 | 默认值 | 描述 |
| --- | --- | --- |
| channels | — | |
| type | — | 组件类型名称，必须是 Avro |
| hostname | — | 绑定的主机名或者 IP 地址 |
| port | — | 绑定的端口号 |
| batch-size | 100 | 一次同时发送的 Event 数 |
| connect-timeout | 20 000 | 第一次握手请求时允许的时长 |
| request-timeout | 20 000 | 第一次握手过后，后续请求允许的时长 |
| compression-type | none | 可选项为 none 或 deflate，compression-type 必须符合匹配 Avro Source 的 compression-type |
| compression-level | 6 | 压缩 Event 的压缩级别，0 为不压缩，1～9 为压缩，数字越大则压缩率越高 |
| ssl | false | 设置为 true 启用 SSL 加密，同时可以选择性设置 truststore、truststore-password、truststore-type，并且指定是否打开 trust-all-certs |
| trust-all-certs | false | 如果设置为 true，则远程服务（Avro Source）的 SSL 服务证书将不会进行校验，因而生产环境不能设置为 true |
| truststore | — | Java truststore 文件的路径，需要启用 SSL 加密 |
| truststore-password | — | Java truststore 的密码，需要启用 SSL 加密 |
| truststore-type | JKS | Java truststore 的类型，可选项为 JSK 或其他支持的 Java truststore 类型 |

下面给出从一个 HTTP Source 到两个 Avro Sink 的配置示例。

```
a1.Sources = s1
a1.Sinks = k1 k2
a1.Channels = c1 c2
#配置 Source s1，同时指定两个 Channel，即 Channel c1 和 Channel c2
a1.Sources.s1.type = http
a1.Sources.s1.port = 8888
a1.Sources.s1.Channels = c1 c2
#配置 Channel c1
a1.Channels.c1.type = memory
a1.Channels.c1.capacity = 1000
a1.Channels.c1.transactionCapacity = 1000
```

```
#配置 Channel c2
a1.Channels.c2.type = memory
a1.Channels.c2.capacity = 1000
a1.Channels.c2.transactionCapacity = 1000
#配置 Sink k1,使用 Channel c1
a1.Sinks.k1.type = avro
a1.Sinks.k1.hostname = 192.168.242.138
a1.Sinks.k1.port = 9988
a1.Sinks.k1.Channel = c1
#配置 Sink k2,使用 Channel c2
a1.Sinks.k2.type = avro
a1.Sinks.k2.hostname = 192.168.242.135
a1.Sinks.k2.port = 9988
a1.Sinks.k2.Channel = c2
```

在上述配置中，Agent a1 同时指定了两个 Channel 和两个 Sink。在 Source s1 的 Channel 配置中同时指定了 Channel c1 和 Channel c2，而每个 Channel 各自流向 Sink k1 和 Sink k2。Agent 产生两个 Avro Sink 的示意如图 8-9 所示。

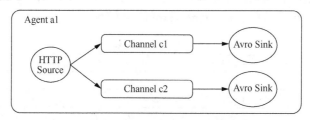

图 8-9　Agent 产生两个 Avro Sink 的示意

Flume 支持将 Event 流复用到一个或多个目的地，如果要实现 Event 数据流的 1∶N 流动，则需要配置多个 Channel 和 Sink；可通过定义 Channel 选择器复制或选择性地将 Event 路由到一个或多个 Channel 来实现。如果只配置一个 Channel、多个 Sink，那么 Event 数据通过 Channel 后不会被多个 Sink 同时消费。

此外，为了跨多个 Agent 或跨多级 Agent 传输数据，前一个 Agent 的宿和当前 Agent 的 Source 需要是 Avro 类型，宿指向 Source 的主机名（或 IP 地址）和端口。

2. HDFS Sink

HDFS Sink 将 Event 写到 Hadoop 的 HDFS 中，当前支持创建文本和序列化文件，并支持文件压缩。这些文件可以依据指定的时间、数据量或 Event 数量进行分卷，且通过类似时间戳或机器属性对数据进行分区（Bucket/Partition）操作。HDFS 的目录路径可以包含转义字符序列，可由 HDFS Sink 替换，在 HDFS 上生成存储 Event 的目录/文件名，用于存储相应的 Event。HDFS Sink 要求已经安装并支持 sync 调用 Hadoop 系统。Flume 还需要使用 Hadoop 提供的 jar 包与 HDFS 进行通信。HDFS Sink 要求的必须属性包括 type 和 hdfs.path。type 须被指定为 HDFS，hdfs.path 为 HDFS 目录路径，例如：

```
hdfs://namenode/Flume/webdata/
```

此外，还可以指定创建文件的前、后缀名称（hdfs.filePrefix 与 hdfs.fileSuffix）和正在处理文件的前、后缀名称（hdfs.inUsePrefix 与 hdfs.inUseSuffix）等。HDFS Sink 部分配置示例如下：

```
a1.Sinks.k1.type=hdfs
a1.Sinks.k1.hdfs.path=hdfs://0.0.0.0:9000/ppp
```

在日志收集中，一种常见的情况是生成大量日志的客户端向连接到存储子系统的几个 Agent 发送数据。例如，将从数百个 Web 服务器收集的数据发送到写入 HDFS 集群的十几个 Agent。图 8-10 所示为将从 3 个 Web 服务器收集的数据存入 HDFS 集群的示意。

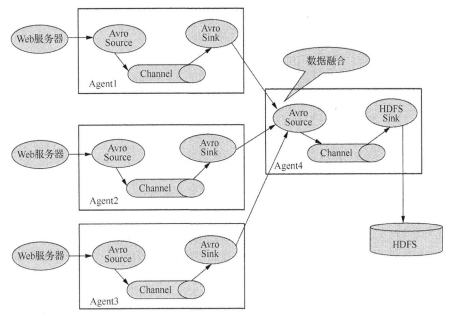

图 8-10　将从 3 个 Web 服务器收集的数据存入 HDFS 集群的示意

　　这可以在 Flume 中通过配置一些具有 Avro Sink 的第 1 层 Agent 来实现，所有这些 Agent 都指向单个 Agent 的 Avro Source。第 2 层 Agent 的 Avro Source 将接收到的 Event 合并到一个信道中，该信道会被一个信宿消耗到其最终目的地。

### 8.2.3　Channel、拦截器与处理器

#### 1. Channel

　　在 Agent 中，Channel 是位于 Source 和 Sink 之间，为流动的 Event 提供缓存的中间区域，是 Event 暂存的地方。Source 负责向 Channel 中添加 Event，Sink 负责从 Channel 中移除 Event，其提供了多种可供选择的 Channel，如 Memory Channel、File Channel、JDBC Channel、Pseudo Transaction Channel 等，比较常见的是前两种 Channel。具体使用哪种 Channel，需要根据具体的使用场景来选择。这里主要介绍 File Channel 和 Memory Channel。

　　File Channel 是持久化的，它持久化所有的 Event，并将其存储到磁盘中。因此，即使系统崩溃或者重启，又或者 Event 没有在 Channel 中成功地传递到下一个 Agent，这一切都不会造成数据丢失。File Channel 被设计用于需要数据持久化和不能容忍数据丢失的情况，保证写入的每个 Event 将通过 Agent 和机器故障或重新启动而可用。它通过写出将 Channel 放入磁盘的每个 Event 来实现。

　　Memory Channel 是不稳定的，这是因为它会在内存中存储所有 Event。Event 存储在内存队列中，对于性能要求高且能接受因 Agent 失败而丢失数据的情况是很好的选择。内存空间受到随机存取存储器（Random Access Memory，RAM）大小的限制，而 File Channel 则不同，只要磁盘空间足够，它可以将所有 Event 都存储到磁盘上。

#### 2. 拦截器

　　拦截器是简单的插件式组件，设置在 Source 和 Channel 之间。Source 接收到 Event 并将其写入对应的 Channel 之前，可以通过调用拦截器转换或者删除一部分 Event。通过拦截器后的 Event 数量不能大于原本的 Event 数量。在一个 Flume 流程中，可以通过添加任意数量的拦截器来转换或者删除从单个 Source 中来的 Event，Source 将同一个事务的所有 Event 都传递给 Channel 处理器，进而可以依次传递给多个拦截器，直至从最后一个拦截器中返回的最终 Event 写入对应的 Channel 中。

Flume 提供了多种类型的拦截器，如 Timestamp 拦截器、Host 拦截器、Static 拦截器、UUID 拦截器等。在 Source 读取 Event 并将其发送到 Sink 时，对 Event 的内容进行过滤并完成初步的数据清洗，这在实际业务场景中非常有用。

Timestamp 拦截器将当前时间戳（以 ms 为单位）加入 Event 头中，key 为 timestamp，value 为当前时间戳。例如，在使用 HDFS Sink 时，根据 Event 的时间戳生成结果文件。Host 拦截器将运行 Flume Agent 的主机名或者 IP 地址加入 Event 头中。Static 拦截器用于在 Event 头中加入一组静态的 key 和 value。UUID 拦截器用于在每个 Event 头中生成一个 UUID 字符串，如 b5755073-77a9-43c1-8fad-b7a586fc1b97，生成的 UUID 字符串可以在 Sink 中被读取并使用。

Flume 除了提供上述拦截器外，还为用户编写自定义拦截器开放了接口，用户可以根据具体的情况实现相应的拦截器。

### 3. 处理器

为了在数据处理管道中消除单点失败，Flume 提供了通过负载均衡以及故障恢复机制将 Event 发送到不同 Sink 的能力。这里需要引入一个逻辑概念——Sink 组，Sink 组用于创建逻辑 Sink 分组。该行为由 Sink 处理器来控制，决定了 Event 的路由方式。

Sink 组允许组织多个 Sink 到一个实体上。Sink 处理器能够提供在组内所有 Sink 之间实现负载均衡的能力，而且在失败的情况下能够从一个 Sink 到另一个 Sink 进行故障转移。

故障转移的工作原理是将连续失败的 Sink 分配到一个池中，在那里为该 Sink 分配一个冷冻期，在该冷冻期里，这个 Sink 不会做任何事。一旦 Sink 成功发送一个 Event，其就会被还原到池中。

而负载均衡处理器能够提供在多个 Sink 之间实现负载均衡的能力。它支持通过 round_robin（轮询）或者 random（随机）参数来实现负载分发，默认情况下使用 round_robin，但可以通过配置来覆盖这个默认值，并且可以通过集成 AbstractSinkSelector 类来实现用户自己的选择机制。

## 8.3 Flume 的安装、配置与运行

### 1. Flume 的安装

可以从其官网下载 Flume。本节使用的 Flume 版本为 1.8.0，要求安装 Java 1.8 或更高版本的 Java 运行环境，同时要有足够的内存、磁盘空间以及目录读/写权限。

（1）解压缩并修改名字：

```
[hadoop@master ~]$ tar -xzvf apache-flume-1.8.0-bin.tar.gz
//为了使用方便，建立 apache-flume-1.8.0-bin 目录的软连接
[hadoop@master ~]$ ln -s apache-flume-1.8.0-bin flume-1.8.0
```

（2）配置环境变量，修改 vi/etc/profile 文件，添加环境变量：

```
export FLUME_HOME=/home/hadoop/flume-1.8.0
export PATH=.:$PATH::$FLUME_HOME/bin #注意：/home/hadoop/flume-1.8.0 为解压缩 Flume 的路径
```
执行下面的命令使之生效：

```
[hadoop@master ~]$ source ~/.bashrc
```

（3）运行 flume-ng version，若出现图 8-11 所示的提示信息，则表示 Flume 安装成功。

```
[hadoop@master ~]$ flume-ng version
Flume 1.8.0
Source code repository: https://git-wip-us.apache.org/repos/asf/flume.git
Revision: 99f591994468633fc6f8701c5fc53e0214b6da4f
Compiled by denes on Fri Sep 15 14:58:00 CEST 2017
From source with checksum fbb44c8c8fb63a49be0a59e27316833d
```

图 8-11　Flume 安装成功输出结果

2. Flume 的配置与运行

安装好 Flume 后，可通过如下两步来使用 Flume：

（1）在配置文件中描述 Source、Channel 与 Sink 的具体实现；

（2）运行一个 Agent 实例，在运行 Agent 实例的过程中会读取配置文件的内容，这样 Flume 就会采集到数据。

现使用 Flume 监听指定文件目录的变化，并通过将信息写入 logger 接收器的示例，说明 Flume 的配置过程。其关键是通过配置一个配置文件，将数据 Source s1 指定为 spooldir 类型，将 Sink k1 指定为 logger，配置一个 Channel c1，并指定 Source s1 的下游单元和 Sink k1 的上游单元均为 Channel c1，实现 Source→Channel→Sink 的事件传输 Channel。具体步骤如下。

（1）首先进入/flume-1.8.0/conf 目录，创建 Flume 配置文件 my.conf。

```
[hadoop@master conf]$ vim my.conf
```

（2）从整体上描述 Agent 中的 Source、Sink、Channel 所涉及的组件。

```
#指定 Agent 的组件名称
a1.sources = s1
a1.sinks = k1
a1.channels = c1
```

将 Agent a1 的 Source、Sink 和 Channel 分别指定为 s1、k1 和 c1。

（3）具体指定 Agent a1 的 Source、Sink 与 Channel 的属性特征。

```
#指定 Source 的类型为 spooldir，要监听的路径为/home/hadoop/tmp
a1.sources.s1.type = spooldir
a1.sources.s1.spoolDir = /home/hadoop/tmp
#指定 Sink 的类型为 logger
a1.sinks.k1.type = logger
#指定 Channel 的类型为 memory,Channel 的最大事件容量 capacity 为 1000,单事务一次读/写 Channel
的最多事件数量为 100
a1.channels.c1.type = memory
a1.channels.c1.capacity = 1000
a1.channels.c1.transactionCapacity = 100
```

（4）通过 Channel c1 将 Source s1 与 Sink k1 连接起来。

```
#将 Source s1 和 Sink k1 绑定到 Channel c1 上
a1.sources.s1.channels = c1
a1.sinks.k1.channel = c1
```

（5）编辑并保存 myflume.conf。可以用如下命令测试并运行 Agent，运行结果如图 8-12 所示。

```
[hadoop@master conf]$ cd /home/hadoop/flume-1.8.0/
[hadoop@master flume-1.8.0]$ bin/flume-ng agent --conf conf --conf-file conf/myflume.
conf --name a1 -DFlume.root.logger=INFO,console
```

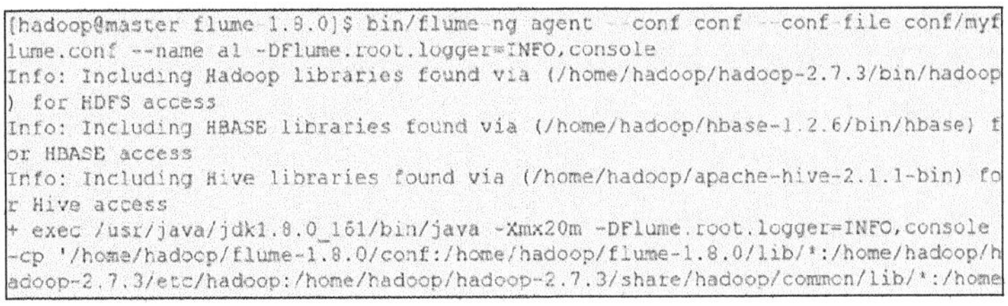

```
[hadoop@master flume-1.8.0]$ bin/flume-ng agent --conf conf --conf-file conf/myf
lume.conf --name a1 -DFlume.root.logger=INFO,console
Info: Including Hadoop libraries found via (/home/hadoop/hadoop-2.7.3/bin/hadoop
) for HDFS access
Info: Including HBASE libraries found via (/home/hadoop/hbase-1.2.6/bin/hbase) f
or HBASE access
Info: Including Hive libraries found via (/home/hadoop/apache-hive-2.1.1-bin) fo
r Hive access
+ exec /usr/java/jdk1.8.0_161/bin/java -Xmx20m -DFlume.root.logger=INFO,console
-cp '/home/hadoop/flume-1.8.0/conf:/home/hadoop/flume-1.8.0/lib/*:/home/hadoop/h
adoop-2.7.3/etc/hadoop:/home/hadoop/hadoop-2.7.3/share/hadoop/common/lib/*:/home
```

图 8-12　Agent 运行结果

下面分别对其中的参数进行说明。

① conf：指定包含 flime-env.sh 和 log4j 的配置文件夹 conf。

② conf-file：指定编写的 Agent 配置文件 myflume.conf。

③ name：指定 Agent 的名称 a1，其与 myflume.conf 中定义的 a1 一致。

④ DFlume.root.logger=INFO：DFlume.root.logger 属性覆盖了 conf/log4j.properties 中的 root logger，使用 console 追加器，若不指定，默认将写入数据写到日志文件 conf/log4j.properties 中。也可以通过修改 conf/log4j.properties 文件中的 Flume.root.logger 属性达到同样的效果。

（6）写入日志文件，在 flumeTest.log 文件中写入 "Hello World!" 并将其作为测试数据，然后将文件复制到 Flume 的监听路径上。

```
[hadoop@master ~]$ echo Hello World ! > flumeTest.log
[hadoop@master ~]$ cp flumeTest.log /home/hadoop/tmp/
```

（7）当数据写入监听路径后，控制台上就会显示监听目录收集到的数据（如图 8-13 所示），从而完成对指定目录日志文件的实时采集。

```
2017-04-13 16:15:40,163 (SinkRunner-PollingRunner-DefaultSinkProcessor) [INFO -
org.apache.flume.sink.LoggerSink.process(LoggerSink.java:95)] Event: { headers:{
} body: 48 65 6C 6C 6F 20 77 6F 72 6C 64              Hello world }
```

图 8-13　监听目录收集到的数据

在上例中，Agent 配置存储在本地配置文件 myflume.conf 上。用户可以自己命名配置文件名称，也可以在同一配置文件中指定一个或多个 Agent 的配置。配置文件包括 Agent 中每个 Source、Sink 和 Channel 的属性，以及它们如何连接在一起形成数据流。

# 8.4　数据装载工具 Loader

## 8.4.1　Loader 简介

FusionInsight 是一个分布式数据处理系统，对外提供大容量的数据存储、分析查询以及实时的流数据处理和分析能力。在本小节中，重点介绍 FusionInsight 的 Loader 组件。Loader 对开源 Sqoop 组件进行了功能增强，同时又与 HDFS、HBase、MapReduce 和 ZooKeeper 等组件交互，提供 REST API 供第三方调度平台调用。

Loader 是基于开源 Sqoop 组件的数据装载工具，实现 FusionInsight 与关系数据库、文件系统之间数据和文件的交换。Sqoop 组件通常被用于 Hadoop 和关系数据库之间数据的导入和导出，因此通过 Loader 可以将数据从关系数据库或者文件服务器导入 HDFS 和 HBase 中，也可以从 HDFS 和 HBase 导出到关系数据库或者文件服务器中。

Loader 基于开源 Sqoop 研发，不仅具备并行处理、支持 Kerberos 身份认证等特点，而且提供可视化的管理界面。相较于 Sqoop，Loader 效率更高、可靠性和安全性更强，主要体现在以下 4 个方面。

（1）图形化。Loader 提供可视化向导式的作业配置管理界面，在界面中可指定多种不同的数据源、配置数据的清洗和转换步骤、配置集群存储系统等，操作简单。

（2）高性能。Loader 利用 MapReduce 的并行特点，能以批处理的方式加快数据的传输。

（3）高可靠。Loader 服务器包含两个节点，以主备方式部署，保证系统的可用性；Loader 借助 MapReduce 实现了容错，作业通过 MapReduce 执行，作业执行失败后可以重新调度，而且不会残留数据。

（4）安全。Kerberos 为计算机网络认证协议，Loader 支持 Kerberos 身份认证，允许通过非安全网络进行通信的节点以安全的方式向彼此证明自己的身份，同时对作业进行权限管理。

Loader 通过 MapReduce 作业实现并行的导入或者导出作业，不同类型的导入或者导出作业可能只包含 Map 阶段或者同时包含 Map 和 Reduce 阶段。下面将对 4 种类型的作业的数据导入和导出原理进行简单的介绍。

### 1. 数据导入 HBase

这种类型的 MapReduce 作业同时包含 Map 阶段、Reduce 阶段和提交阶段。在 Map 阶段中，作业会从外部数据源抽取数据。在 Reduce 阶段中，按 Region 的个数启动相同个数的 Reduce 任务，Reduce 任务从 Map 接收数据，然后按 Region 生成 HFile，并将 HFile 存储在 HDFS 临时目录中。最后在提交阶段将 HFile 从临时目录迁移到 HBase 目录中。

### 2. 数据导入 HDFS

这种类型的 MapReduce 作业只包含 Map 阶段和提交阶段。在 Map 阶段中，作业会从外部数据源抽取数据，并将数据输出到 HDFS 临时目录中（以"输出目录-ldtmp"命名）。最后在提交阶段中，将文件从临时目录迁移到输出目录中。

### 3. 数据导出到关系数据库

这种类型的 MapReduce 作业只包含 Map 阶段和提交阶段。在 Map 阶段中，作业会从 HDFS 或者 HBase 中抽取数据，然后将数据通过 JDBC 接口插入临时表中。最后在提交阶段中，将数据从临时表迁移到正式表中。

### 4. 数据导出到文件系统

这种类型的 MapReduce 作业与上述将数据导出到关系数据库的原理类似。在 Map 阶段中，作业也是从 HDFS 或者 HBase 中抽取数据，然后将数据写入文件服务器临时目录中。最后在提交阶段中，将文件从临时目录迁移到正式目录中。

## 8.4.2　Loader 模块架构

Loader 模块架构主要由 Loader 客户端和 Loader 服务器组成，如图 8-14 所示。Loader 主要负责管理外部数据源和 Hadoop 集群的数据导入、导出作业，Loader 客户端通过可视化管理界面或客户端工具与 Loader 服务器进行交互；Loader 服务器提供作业调度器、作业管理器和转换、执行、提交引擎，以及元数据仓库和高可用管理器，还提供 REST API 供 Loader 客户端使用。Loader 根据用户配置的作业信息，向 YARN 提交 MapReduce 任务，通过 MapReduce 并行完成数据的导入、导出作业。HDFS 和 HBase 是 Loader 在 Hadoop 集群中支持保存或读取的数据格式，同时外部数据源能够与 Hadoop 数据源进行数据交互，目前支持关系数据库（通过 JDBC 驱动）和文件（通过 SFTP 或 FTP 服务器）。

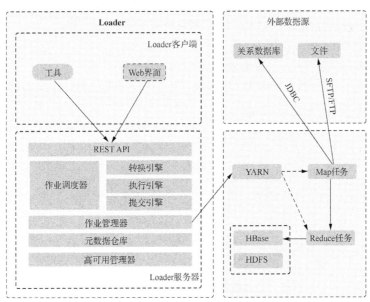

图 8-14　Loader 模块架构

Loader 客户端和 Loader 服务器各自完成不同的功能。Loader 客户端提供 Web 界面和命令行界面供用户使用，而 Loader 服务器则使用 REST API 处理客户端请求，同时管理连接器和元数据、提交和监控 MapReduce 作业等。作业管理器是 Loader 服务器的核心功能，其可对作业进行操作，如创建作业、查询作业、更新作业、删除作业等。作业调度器支持周期性地执行作业，而实际操作则是由各类引擎协作完成。Loader 服务器提供元数据仓库，存储和管理连接器、转换步骤、作业等数据，并且以主备方式部署，保证了一定的容错性，由高可用管理器管理主备状态。表 8-8 列举了 Loader 的功能模块及其说明。

表 8-8 　　　　　　　　　　　　　Loader 的功能模块及其说明

| 名称 | 说明 |
| --- | --- |
| Loader 客户端 | Loader 的客户端，包括 Web UI 和 CLI 两种交互界面 |
| Loader 服务器 | Loader 的服务端，主要功能包括：处理客户端请求，管理连接器和元数据，提交 MapReduce 作业和监控 MapReduce 作业状态等 |
| REST API | 实现 RESTful（HTTP+JSON）接口，处理来自客户端的请求 |
| 作业调度器 | 简单的作业调度模块，支持周期性地执行 Loader 作业 |
| 转换引擎 | 数据转换处理引擎，支持字段合并、字符串剪切、字符串反序等 |
| 执行引擎 | Loader 作业执行引擎，包含 MapReduce 作业的详细处理逻辑 |
| 提交引擎 | Loader 作业提交引擎，支持将作业提交给 MapReduce 执行 |
| 作业管理器 | 管理 Loader 作业，包括创建作业、查询作业、更新作业、删除作业、激活作业、去激活作业、启动作业、停止作业等 |
| 元数据仓库 | 存储和管理 Loader 的连接器、转换步骤、作业等 |
| 高可用管理器 | 管理 Loader 服务器进程的主备状态，Loader 服务器包含两个节点，以主备方式部署 |

## 8.4.3　Loader 作业管理

Loader 提供了可视化的 Web 管理界面，因此需要了解如何在可视化界面中管理 Loader。首先在华为云 MapReduce 服务（MapReduce Service，MRS）的控制台页面点击"现有集群"的一个集群名称，进入集群详情页面。然后在该集群的基本信息界面有一项"集群管理页面"，点击这一项的"点击查看"按钮，在弹出框中必须选择弹性 IP，如果没有弹性 IP，就需要购买。最后输入用户名和密码，进入 MRS Manager 界面。下面对 Loader 可视化管理的操作进行模拟。

1. Loader 服务状态界面

访问 MRS Manager 界面，在"服务管理"中找到"Loader"服务，选择"Loader"进入 Loader 服务状态界面，查看 Loader 服务的健康状态、配置状态和版本等信息，如图 8-15 所示。

图 8-15　Loader 服务状态界面

**2. Loader 作业管理界面**

首先，访问 MRS Manager 界面，在"服务管理"中找到"Hue"服务，选择"Hue"以进入 Hue 服务状态界面。该界面不仅包括 Hue 服务的健康状态、配置状态和版本等基本信息，还包括 Hue Web UI。然后选择 Hue Web UI 的"Hue(主)"，进入 Hue 界面。最后选择"Data Browsers"下的"Sqoop"，进入 Sqoop 作业管理界面，如图 8-16 所示。

图 8-16　Sqoop 作业管理界面

作业用来描述将数据从数据源经过抽取、转换和加载至目的端的过程。它包括数据源位置、数据源属性、从源数据到目标数据的转换规则、目标端属性等。

**3. 典型场景：从 HBase 导出数据到 HDFS**

用户处于 Sqoop 作业界面后，可以查看已经创建的作业信息，也可以创建新的作业。为了让用户更直观地感受创建新作业的过程，接下来将模拟从 HBase 导出数据到 HDFS 的场景，主要通过以下 4 个步骤来创建新作业。

（1）配置作业基本信息：主要是作业的名称、源连接和目的连接，名称可以任意命名，但为了使名称有意义，往往需要包含源连接和目的连接，因此设置作业名称为"job_hbase_to_hdfs"，源连接为"cx_hbase_conn"，目的连接为"cx_hdfs_conn"，如图 8-17 所示。

图 8-17　配置作业基本信息

（2）配置源连接 cx_hbase_conn 信息：主要是导出数据的 HBase 表名，设置表名为"stu_info"，如图 8-18 所示。

图 8-18　配置源连接 cx_hbase_conn 信息

（3）配置目的连接 cx_hdfs_conn 信息：主要是写入目录、文件格式、压缩格式和是否覆盖，写入目录是写入数据到 HDFS 服务器的目录，设置写入目录为"/user/stu01/output"；写入文件有多种格式，包含 CSV_FILE 等，设置文件格式为"CSV_FILE"；可以选择是否对写入文件进行压缩，包含 Snappy、GZIP、BZIP2 等压缩格式，设置压缩格式为"NONE"；也可以选择是否覆盖写入目录下的文件，有"True"和"False"两个选项，设置为"True"，如图 8-19 所示。

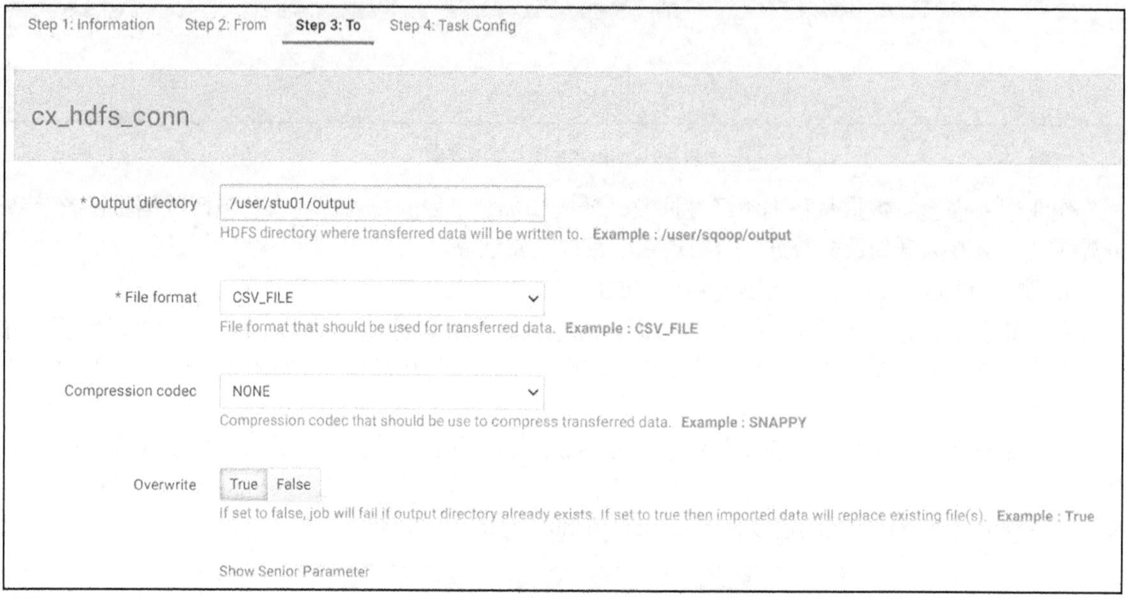

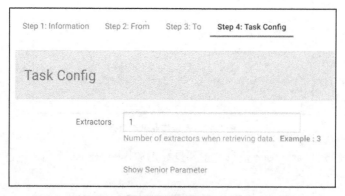

图 8-19　配置目的连接 cx_hdfs_conn 信息

（4）任务配置：主要是抽取时并发执行的抽取器数量，设置抽取并发数为"1"，如图 8-20 所示。

图 8-20　任务配置

### 8.4.4　监控作业执行状态

在 Hue 界面中，按照上述步骤创建一个新作业，用户可以在创建新作业后立即执行，也可以在 Sqoop 作业界面查看已经创建好的作业，选择其中的一个作业进行操作。接下来模拟使用 Sqoop 作业界面监控作业执行状态的操作。

1. 查看所有作业执行状态

查看所有作业执行状态，须先进入 Sqoop 作业界面，这在创建新作业的操作中已经有所介绍，此处不再赘述。进入 Sqoop 作业界面后就可以看到当前所有作业的执行状态，如图 8-21 所示。每个作业均会显示作业名称、源连接到目的连接的描述、创建者、是否激活、作业最后执行时间以及执行状态等，同时附带执行、复制、删除等操作，选中一个作业后可以查看或修改已经配置好的信息。

图 8-21  查看所有作业的执行状态

### 2. 查看指定作业历史执行记录

查看指定作业历史执行记录的方式很简单，选中一个作业，点击“Operate”中的历史记录按钮，即可进入作业历史执行记录，如图 8-22 所示。历史执行记录显示作业每次执行的开始时间、运行时间、执行进度、状态或者失败原因、行/文件读取数、行/文件写入数、行/文件跳过数，同时还提供了 MapReduce 日志链接。

图 8-22  作业历史执行记录

## 8.5  本章小结

在 8.1 节中，首先讨论了 Flume 的基本概念，介绍了 Flume 是什么以及 Flume 的作用；然后分析了 Flume 的组成架构，学习到其中的几大组件：Event、Agent、Source、Channel 和 Sink，对它们的实现原理进行了详细的介绍；最后从 Flume 的组成架构延伸到 Flume 的拓扑结构，对常用的几种拓扑结构进行了讲解，学习到 Flume 的不同组合方式，以及流在每种拓扑结构中是怎样传递的。在 8.2 节中，讨论了 Source、Channel 和 Sink，同时也讨论了其他组件，如拦截器和处理器。Flume 有很多种类的 Source、Channel 和 Sink，本章因篇幅有限而不能一一讲解，通过讲解这几个组件的部分类型，使读者了解每种 Source、Channel 和 Sink 的作用以及如何配置它们，对如何使用 Source、Channel 和 Sink 有了更好的理解。如果读者对本章未提及的 Source、Channel 和 Sink 种类感兴趣，可以自行到 Flume 官网学习。在 8.3 节中，从如何安装 Flume 出发，学习当 Flume 的配置和组件已经确定时如何运行 Flume。在 8.4 节中，首先介绍了 Loader 的定义和作用，阐述了 Loader 是什么以及能够用来做什么；然后剖析了 Loader 的模块架构，介绍了 Loader 模块的主要功能及其主要特性；最后通过可视化界面介绍了 Loader 的作业管理和监控。

## 8.6  习题

（1）Flume 的 Source、Sink、Channel 是什么？它们各自有什么作用？如何对它们进行参数调优？

（2）安装并配置 Flume，测试 Exec Source、Spooling Directory Source 和 Avro Source，并比较它们的异同。

（3）修改 Flume Sink，并比较、分析 Avro Sink 和 HDFS Sink。

（4）用 Flume 构建一个从 Spooling Directory Source 获取数据，并通过 Memory Channel 后将数据存储到 HDFS 中的文件系统。

（5）Flume 采集的数据会丢失吗？如何实现对 Flume 数据传输的监控呢？

（6）Loader 是否仅支持关系数据库与 Hadoop 的 HDFS 和 HBase 之间的数据导入、导出？Loader 作业是否必须配置转换步骤？

（7）Loader 将作业提交到 MapReduce 执行后，如果 Loader 故障，会产生什么影响？Loader 作业执行失败后，数据会有残留吗？

# 09 第9章 Kafka分布式消息订阅系统

Kafka 因其具有高吞吐量、可持久化、分布式、支持流数据处理等特性而被定位为分布式流处理平台，同时主流的开源分布式处理系统（如 Flume、Apache Storm、Spark、Flink 等）均支持与 Kafka 集成。通过学习本章的内容，Kafka 应用者将更好、更全面地掌握 Kafka 的基础理论及其基本应用，从而具备解决实际业务问题的能力。

## 9.1 Kafka 简介

### 9.1.1 Kafka 概念

Kafka 是一个分布式流处理平台，由 LinkedIn 公司开源并贡献给 Apache 软件基金会。Kafka 采用 Scala 和 Java 编写，允许发布和订阅记录流，可用于不同系统之间数据的传递。Kafka 在普通服务器上也能每秒处理数十万条消息，LinkedIn 每天通过 Kafka 运行着超过 600 亿个不同的消息写入点。

### 9.1.2 Kafka 结构

Kafka 整体结构比较新颖，更适合异构集群，其逻辑结构如图 9-1 所示。在消息保存时，Kafka 根据 Topic（发布到 Kafka 集群的消息都有一个所属的类别，这个类别被称为 Topic，即主题）进行分类，消息发送者称为 Producer（生产者），消息接收者称为 Consumer（消费者）。不同 Topic 的消息在物理上是分开存储的，但在逻辑上，用户只须指定消息的 Topic 即可生成或消费数据，而不必关心数据存于何处。Kafka 中主要有 Producer、Broker（经纪人）、Consumer 这 3 种角色。

Producer将消息推送给Topic
Consumer从Topic中拉取消息

图 9-1　Kafka 逻辑结构

### 9.1.3 Kafka 消息传递模式

分布式消息传递基于可靠的消息队列，在客户端应用和消息系统之间异步传递消息有两种主要的消息传递模式：点对点传递模式、发布-订阅模式。大部分的消息系统选用发布-订阅模式。Kafka 选用的就是发布-订阅模式。

#### 1. 点对点传递模式

在点对点消息系统中，消息被持久化到一个队列中。此时，将有一个或多个消费者会消费队列中的消息。但是一条消息只能被消费一次。当一个消费者消费了队列中的某条消息之后，该条消息就会从消息队列中删除。在该模式下，即使有多个消费者同时消费消息，也能保证消息处理的顺序。其逻辑结构如图 9-2 所示。

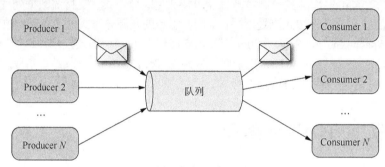

图 9-2　点对点模式

#### 2. 发布-订阅模式

在发布-订阅消息系统中，消息被持久化到一个 Topic 中。与点对点消息系统不同的是，消费者可以订阅一个或多个 Topic，并且可以消费该 Topic 中的所有消息，同一条消息可以被多个消费者消费，消息被消费后不会被立马删除。在发布-订阅模式下，消息的生产者称为 Pushlisher（发布者），消息的消费者称为 Subscriber（订阅者）。发布-订阅模式如图 9-3 所示。

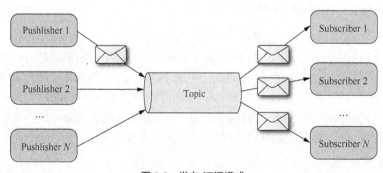

图 9-3　发布-订阅模式

### 9.1.4 Kafka 特点

#### 1. 压缩消息集合

Kafka 支持以集合为单位发送消息，在此基础上，Kafka 还支持对消息集合进行压缩，Producer 端可以通过 GZIP 或 Snappy 格式对消息集合进行压缩。Producer 端对消息集合进行压缩之后，在 Consumer 端须对消息集合进行解压缩。压缩的好处是减少传输的数据量，减轻网络传输的压力。在对大数据处理上，瓶颈往往体现在网络上而不是 CPU 上（压缩和解压缩会消耗部分 CPU 资源）。Kafka

在消息头部添加了一个用于描述压缩属性的字节，这个字节的后两位表示消息压缩所采用的编码，如果后两位为 0，则表示消息未被压缩。

### 2．消息持久化

Kakfa 依赖文件系统来存储和缓存消息。在人们的固有观念中，硬盘的存取速度总是很慢，那么基于文件系统的架构能否提供优异的性能呢？实际上硬盘的存取速度的快慢完全取决于使用方式。为了提高性能，现代操作系统往往使用内存作为磁盘的缓存，所有的磁盘读/写操作都会经过这个缓存。所以如果程序在线程中缓存了一份数据，那么实际上该数据在操作系统的缓存中还有一份，这等于存了两份数据。同时 Kafka 基于 JVM 内存有以下两个缺点：①对象的内存开销非常高，通常是要存储的数据的两倍甚至更高；②随着堆内数据的增加，垃圾回收（Garbage Collection，GC）的速度越来越慢。

实际上磁盘顺序写入的性能远远大于任意位置写入的性能，顺序读/写被操作系统进行了大量优化（如 read-ahead、write-behind 等技术），其甚至比随机的内存读/写更快。因此与常见的先将数据缓存在内存中然后刷新到硬盘的设计不同，Kafka 直接将数据写到了文件系统的日志中。写操作——将数据顺序追加到文件中；读操作——直接从文件中读取数据。

正是由于 Kafka 将消息进行了持久化，在机器重启后，已存储的消息可恢复使用，同时 Kafka 能够很好地支持在线或离线处理及与其他存储和流处理框架的集成。

### 3．消息可靠性

在消息系统中，保证消息在生产和消费过程中的可靠性是十分重要的。在实际消息传递过程中，可能会出现如下 3 种情况：①消息发送失败；②消息被发送多次；③每条消息都发送成功且仅发送了一次（即恰好一次，这是最理想的情况）。

从 Producer 角度出发，当一个消息被发送后，Producer 会等待 Broker 成功接收到消息的反馈（可通过参数控制等待时间）。如果消息在途中丢失或者其中一个 Broker 失效，则 Producer 会重新发送。

从 Consumer 角度出发，Broker 端记录了 Partition（分区）中的一个 Offset（偏移量）值，这个值指向 Consumer 下一个即将消费的消息。当 Consumer 收到消息却在处理过程中失败时，Consumer 可以通过这个 Offset 值重新找到上一个消息再进行处理。Consumer 有权控制这个 Offset 值，以对持久化到 Broker 端的消息做任意处理。

### 4．备份机制

备份机制是 Kafka 0.8 的新特性。备份机制的出现提高了 Kafka 集群的可靠性与稳定性。有了备份机制后，Kafka 集群中的节点宕机后不会影响整个集群的工作。一个备份数量为 $n$ 的集群允许 $n-1$ 个节点失败。在所有备份节点中，有一个节点为 leader 节点，这个节点保存了其他备份节点列表，并维持着各个备份节点间的状态同步。

### 5．轻量级

Kafka 的代理是无状态的，即代理不记录消息是否被消费，消费偏移管理交由消费者自己或组协调器来维护。同时集群本身几乎不需要生产者和消费者的状态信息，这就使得 Kafka 非常轻量级，同时让生产者和消费者客户端的实现也非常轻量级。

### 6．高吞吐量

高吞吐量是 Kafka 设计的主要目标。Kafka 的消息是不断追加到文件中的，这个特性使 Kafka 可以充分利用磁盘的顺序读/写性能。顺序读/写不需要硬盘磁头的寻道时间，只需要很少的扇区旋转时间，因此速度远快于随机读/写。在 Linux kernel 2.2 之后出现了一种叫作"零复制"（Zero-Copy）的系统调用机制，采用 sendfile 函数调用。sendfile 函数是在两个文件描述符之间直接传递数据的，即跳过用户缓冲区的复制，建立一个磁盘空间和内存的直接映射，数据不再被复制到用户缓冲区，系统上下文次数切换减少为两次，这样可以提升一倍的性能。

# 9.2 Kafka 组成

在介绍 Kafka 的组成之前，我们先看一看 Kafka 的拓扑结构，如图 9-4 所示。生产者（如前端、服务等）把生产的消息推送到 Kafka 集群的一个 Broker 中，然后消费者（如 Hadoop 集群、实时监控服务、数据仓库等）通过订阅模式去相应的 Topic 中拉取消息进行后续的处理。ZooKeeper 主要用来解决分布式应用中经常遇到的一些数据管理问题，提供分布式、高可用性的协调服务。

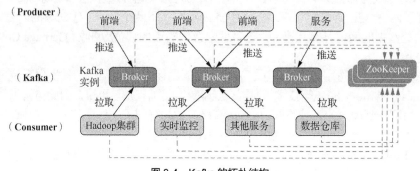

图 9-4　Kafka 的拓扑结构

## 9.2.1　Kafka 组成的概念

了解了 Kafka 的拓扑结构，下面对 Kafka 的组成进行简要的介绍。这里我们将对 Topic（主题）、Record（记录）、Partition（分区）、Replication（副本）、Leader（领导者）与 Follower（追随者）、Controller（控制者）、Offset（偏移量）、Broker（服务者）、Producer（生产者）、Consumer（消费者）、Consumer group（消费者组）等进行逐一介绍。

1. Topic

Kafka 将一组消息抽象归纳为某个 Topic。也就是说，一个 Topic 就是消息的一个分类。Producer 将消息发送到特定 Topic，Consumer 订阅 Topic 或 Topic 的某些 Partition 进行消费。

2. Record

消息是 Kafka 通信的基本单位，每条消息均被称为 Message；在由 Java 重新实现的客户端中，每条消息均被称为 Record。每条 Record 包含以下 3 个属性。

➢ Offset，即消息的唯一标识，通过它才能找到唯一的一条消息，对应的数据类型为 long。
➢ MessageSize 记录消息的大小，对应的数据类型为 int。
➢ data 是 Message 的具体内容，可以被看成一个字节数组。

3. Partition

Kafka 将 Topic 分成一个或者多个 Partition，每个 Partition 在物理上对应一个文件夹，在该文件夹下存储着这个 Partition 的所有消息。

4. Replication

每个 Partition 又有一至多个 Replication，Partition 的 Replication 分布在集群的不同 Broker 上，以提高可用性。

5. Leader 与 Follower

由于 Kafka Replication 的存在,因此需要保证一个 Partition 的多个 Replication 之间数据的一致性。每个 Partition 都有一个服务器充当 Leader,0 至多个服务器充当 Follower。Leader 会处理针对这个 Partition 的所有读/写操作，而 Follower 则只是被动地从 Leader 中复制数据。当现有的 Leader 失效了，那么原有的 Follower 会自动选举出一个新的 Leader。每个服务器都会作为一些 Partition 的 Leader，也会作为其他 Partition 的 Follower，因此 Kafka 集群内的负载比较均衡。

### 6. Controller

Controller 是 Kafka 集群中的一个服务器，用于进行选主（Leader Election）以及各种 failover（容错移转）。

### 7. Offset

每条消息在文件中的位置称为 Offset，Offset 是一个 long 型数字，它可以唯一标识一条消息。

### 8. Broker

Kafka 集群包含一个或多个服务实例，这些服务实例被称为 Broker。

### 9. Producer

消息生产者，负责发布消息到 Kafka Broker。

### 10. Consumer

消息消费者，即从 Kafka Broker 读取消息的客户端。

### 11. Consumer group

每个 Consumer 均属于一个特定的 Consumer group（可为每个 Consumer 指定 groupname）。

## 9.2.2　Kafka 组成的功能

### 1. Topic

如图 9-5 所示，每条发布到 Kafka 的消息都有一个类别，这个类别被称为 Topic，也可以理解为一个存储消息的队列。例如，天气作为一个 Topic，每天的温度消息就可以存储在"天气"这个队列里。

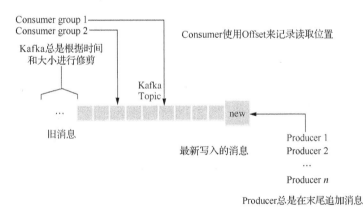

图 9-5　Topic

### 2. Partition

Kafka 将消息归纳为一个 Topic，而每个 Topic 又被分成一个或多个 Partition。每个 Partition 由一系列有序、不可变的消息组成，是一个有序队列。每个 Partition 在物理上对应为一个文件夹，该文件夹下存储着这个 Partition 的所有消息和索引文件。Partition 示意如图 9-6 所示。Partition 的命名规则为 Topic 名称后接"-"连接符，之后再接 Partition 编号，Partition 编号从 0 开始，编号的最大值为 Partition 的总数减 1。Partition 使得 Kafka 在并发处理上变得更加容易。从理论上来说，Partition 数越多吞吐量越高，但这要根据集群实际环境及业务场景而定。同时，Partition 也是 Kafka 保证消息被顺序消费以及对消息进行负载均衡的基础。

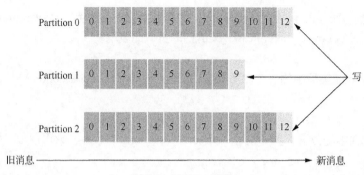

图 9-6　Partition 示意

Kafka 只能保证一个 Partition 之内消息的有序性，并不能保证跨 Partition 消息的有序性。每条消息被追加到相应的 Partition 中，顺序写入磁盘，因此效率非常高，这是 Kafka 高吞吐量的一个重要保证。同时与传统消息系统不同的是，Kafka 并不会立即删除已被消费的消息。

3. Replication

每个 Partition 又有一至多个 Replication，Partition 的 Replication 分布在集群的不同 Broker 上，以提高可用性。从存储角度分析，Partition 的每个 Replication 在逻辑上可抽象为一个日志（Log）对象，即 Partition 的 Replication 与日志对象是一一对应的。每个 Topic 对应的 Partition 数可以在 Kafka 启动时所加载的配置文件中配置，也可以在创建 Topic 时指定。当然，客户端还可以在 Topic 创建后修改 Topic 的 Partition 数，这是实现其数据存储可靠性的基础。Kafka 的 Partition 的 Replication 的结构示意如图 9-7 所示。

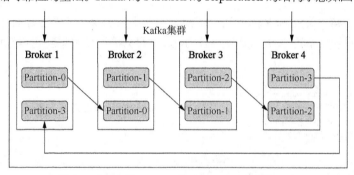

图 9-7　Kafka 的 Partition 的 Replication 的结构示意

4. Offset

每条消息在文件中的位置称为 Offset，Offset 是一个 long 型数字，它可以唯一标识一条消息。Consumer 通过 Offset、Partition、Topic 跟踪记录。消息 Offset 结构如图 9-8 所示。

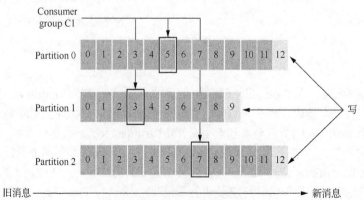

图 9-8　消息 Offset 结构

**5. Offset 存储机制**

Consumer 从 Broker 读取消息后，可以选择提交，该操作会在 Kafka 中保存该 Consumer 在该 Partition 中读取的消息的 Offset。该 Consumer 下一次再读取该 Partition 时会从下一条消息开始读取。这一特性可以保证同一 Consumer 从 Kafka 中不会重复消费数据。

Consumer group 位移保存在__consumer_offsets 的目录上。

（1）计算公式：Math.abs(groupID.hashCode()) % 50。

（2）kafka-logs 目录：里面有多个目录，因为 Kafka 默认会生成 50 个__consumer_offsets-n 目录。

**6. Consumer group**

每个 Consumer 都属于一个 Consumer group，每条消息只能被 Consumer group 中的一个 Consumer 消费，但可以被多个 Consumer group 消费，即组间数据是共享的，组内数据是竞争的，如图 9-9 所示。

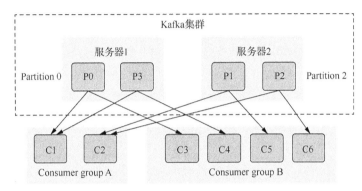

图 9-9　Consumer group 消息传递示意

# 9.3　Kafka 关键流程及数据管理

## 9.3.1　Kafka 生产过程分析

Producer 直接发送消息到 Broker 上的 Partition，不需要经过任何中介的路由转发。为了实现这个特性，Kafka 集群中的每个 Broker 都可以响应 Producer 的请求，并返回 Topic 的一些元信息，这些元信息包括存活机器列表、Topic 的 Partition 位置、当前可直接访问的 Partition 等。

Producer 客户端控制着消息被推送到哪个 Partition。实现的方式可以是随机分配或者某一类随机负载均衡算法，或者指定一些 Partition 算法。Kafka 提供接口供用户实现自定义的 Partition，用户可以为每个消息指定一个 Partition key，通过该 key 来实现一些散列 Partition 算法。如果把用户的 ID 作为 Partition 的 key，那么相同用户 ID 的消息就会被推送到同一个 Partition。

以日志采集为例，Kafka 生产过程分为 3 个部分：一是为监控日志采集本地日志文件或者目录，如果有内容变化，则将变化的内容逐行读取到内存的消息队列中；二是连接 Kafka 集群，包括一些配置信息，诸如压缩与超时设置等；三是将已经获取的数据通过上述连接推送到 Kafka 集群。消息生产和消费的流程如图 9-5 所示。

此外，Kafka 采用集合的方式推送数据，极大地提高了处理效率。Kafka Producer 可以将消息在内存中累计到一定数量后作为一个集合发送请求。集合的数量和大小可以通过 Producer 的参数控制，参数值可以设置为累计的消息数量、累计的时间间隔或者累计的数据大小。通过增加集合的大小，可以减少网络请求和磁盘 I/O 的次数。参数设置需要在效率和时效性方面进行权衡。

在消息系统中，保证消息在生产和消费过程中的可靠性是十分重要的。在实际消息传递过程中，可能会出现如下 3 种情况。

（1）最多一次（At Most Once）。

- 消息可能丢失。
- 消息不会重复发送和处理。

（2）最少一次（At Lease Once）。

- 消息不会丢失。
- 消息可能会重复发送和处理。

（3）恰好一次（Exactly Once）。

- 消息不会丢失。
- 消息仅被处理一次。

Producer 可以异步地、并行地向 Kafka 发送消息，在消息发送完毕后会得到一个 future 响应，返回的是 Offset 或者发送过程中所遇到的错误，其中 acks 参数有一个非常重要的作用。

（1）acks 设置为 0，表示 Producer 不需要等待任何确认收到的消息，Replication 将立即加到 socket buffer 并认为已经发送。没有任何保障可以保证此种情况下服务器已经成功接收消息，同时重试配置不会发生作用（因为客户端不知道是否失败），回馈的 Offset 总会被设置为-1。但 acks 值为 0 时，会得到最大的系统吞吐量。

（2）acks 设置为 1，意味着至少要等待 Leader 成功地将数据写入本地日志，但是并没有等待所有 Follower 均成功写入。在这种情况下，如果 Follower 没有成功备份数据，而此时 Leader 又已失效，则消息会丢失。

（3）acks 设置为-1，Producer 会在所有备份的 Partition 收到消息时得到 Broker 的确认。这个设置可以得到最高的可靠性保证，但效率最低。

此时已经通过 acks 参数机制保证了数据备份的可用性，接下来如何保证数据传输的幂等性就尤为重要了。一个幂等性的操作是指该操作被执行多次造成的影响和只执行一次造成的影响一样。Kafka 通过以下操作来保证幂等性。

（1）每条发送到 Kafka 的消息都将包含一个序列号，Broker 将使用这个序列号来删除重复消息。

（2）这个序列号被持久化到 Replication 日志，所以，即使 Partition 的 Leader 失效了，其他的 Broker 接管了 Leader，新 Leader 仍可以判断重新发送的消息是否重复。

这种机制的开销非常低，每个消息集合只有几个额外的字段。

### 9.3.2　Broker 保存消息

Kafka 集群中的一个或多个服务器统称为 Broker，可将其理解为 Kafka 的服务器缓存 Agent。Kafka 支持消息持久化，Producer 生产消息后，Kafka 不会直接把消息传递给 Consumer，而是会先在 Broker 中存储之，然后将其持久化保存在 Kafka 的日志文件中。

可以通过在 Broker 日志中追加消息（即新的消息保存在文件的最后面，是有序的）的方式进行持久化存储，并进行 Partition。为了减少磁盘写入的次数，Broker 会将消息暂时缓存起来，当消息的个数达到一定阈值时，再将其 Flush 到磁盘，这样可以减少磁盘 I/O 调用的次数。

Kafka 的 Broker 采用的是无状态机制，即 Broker 没有 Replication，一旦 Broker 宕机，该 Broker 的消息将都不可用。但是消息本身是持久化的，Broker 在宕机重启后读取消息的日志即可恢复消息。消息保存一定时间（通常为 7 天）后会被删除。Broker 不保存 Subscriber 的状态，由 Subscriber 自己保存。消息 Subscriber 可以退回到任意位置重新进行消费，当 Subscriber 出现故障时，可以选择最小的 Offset 进行重新读取并消费消息。

## 9.3.3　Kafka 消费过程分析

在 Kafka 0.9 之前，Kafka 提供 Sample 和 High-level 两套 Consumer API。

Sample API 是一个底层的 API，它维持了和单一 Broker 的连接，并且这个 API 是完全无状态的，每次请求都需要指定 Offset。在 Kafka 中，Consumer 负责维护当前读到消息的 Offset。因此，Consumer 可以自己决定读取 Kafka 中消息的方式，如 Consumer 可以通过重设 Offset 来重新消费已消费过的消息。不管有没有被消费，消息都会被 Kafka 保存一段时间，只有超过设定的时间，Kafka 才会删除这些消息。

High-level API 封装了对集群中一系列 Broker 的访问，可以透明地消费一个 Topic。它自己维持了已消费消息的状态，即每次消费的都是下一个消息。High-level API 还支持以组的形式消费 Topic。如果 Consumer 有同一个组名，Kafka 就相当于一个队列消息服务，而各个 Consumer 均衡地消费对应 Partition 中的数据。如果 Consumer 有不同的组名，则此时 Kafka 就相当于一个广播服务，会把 Topic 中的所有消息广播到每个 Consumer。

在 Kafka 0.9 以后，Consumer 使用 Java 重写了 API，合并 High Level 和 Low Level 的 API 在运行时可以不再依赖 Scala 和 ZooKeeper。新版本的 Consumer 重构了 API，并且使用了新的 coordination protocol（协调协议）。熟悉旧版本的 Consumer 的用户不会难以理解新版本的 Consumer。下面简单介绍新版本的 Consumer 消费消息的过程。

Kafka 一个 Topic 中包含多个 Partition，每个 Partition 只会分配给 Consumer group 中的一个 Consumer member（即 Consumer thread）。旧版本的 Consumer 通过 ZooKeeper 实现 group management（组管理）。新版本的 Consumer 由 Kafka Broker 负责，具体实现方式是为每个 group 分配一个 Broker 作为其 group coordinator（组协调员）。group coordinator 负责监控 group 的状态，当 group 中 member 增加或移除，或者 Topic 元信息更新时，group coordinator 会负责调节 Partition assignment（分区分配），这种动作称为 rebalancing the group。

当一个 Consumer group 初始化完成后，每个 Consumer member 都会开始从 Partition 顺序读取。Consumer 在读取的时候也很有讲究：正常的读磁盘数据是需要将内核态数据复制到用户态的，而 Kafka 则可以通过调用 sendfile 直接将数据从内核空间（DMA 的）读取到内核空间（Socket 的），少做一步复制的操作，如图 9-10 所示。

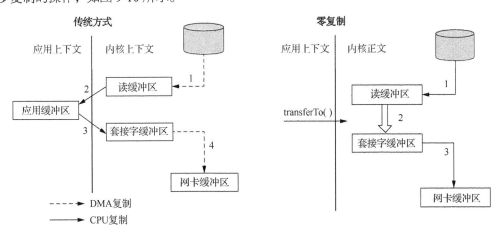

图 9-10　传统方式和零复制对比

Consumer member 会定期提交 Offset，如图 9-11 所示。当前 Consumer member 读取到 Offset 7 处，并且最近一次提交是在 Offset 2 处。如果此时该 Consumer 崩溃了，group coordinator 会分配一个新的 Consumer member 从 Offset 2 开始读取。可以发现，新接管的 Consumer member 会再一次重复读取 Offset 2～Offset 7 的消息。

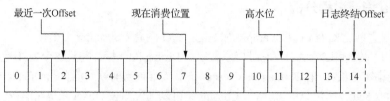

图 9-11　Consumer 记录当前 Offset

另外，图 9-11 中的高水位代表 Partition 当前最后一个成功复制到所有 Replication 的 Offset。在 Consumer 视角，最多只能读取到高水位所在的 Offset（即图 9-11 中的 Offset 11），即使后面还有 Offset 12~Offset 14。由于它们尚未完成全部备份，因此暂时无法读取。这种机制是为了防止 Consumer 读取到未复制消息（Unreplicated Message），因为这些消息之后可能会被丢失。

### 9.3.4　Kafka 高可用

#### 1．高可用性实现方式

介绍 Kafka 的基本概念 Replication 的时候，就提到 Replication 是实现数据存储可靠性的保证。同一个 Partition 可能会有多个 Replication，对应 server.properties 配置中的 default.replication. factor=N。

当 N 为 0 时，即在没有 Replication 的情况下，一旦 Broker 宕机，其上所有 Partition 的消息都不可被消费，同时 Producer 也不能再将消息存于其上的 partition。

当 N 不为 0 时，引入 Replication 之后，同一个 Partition 可能会有多个 Replication，而此时需要在这些 Replication 之中选出一个 Leader，Producer 和 Consumer 只与这个 Leader 进行交互，其他 Replication 作为 Follower 从 Leader 中复制数据。

#### 2．Leader 故障转移

（1）Leader Failover（1）

当 Partition 对应的 Leader 宕机时，需要从 Follower 中选举出新 Leader。在选举新 Leader 时，一个基本原则是，新 Leader 必须拥有旧 Leade 提交过的所有消息。由写入流程可知，ISR 里面的所有 Replication 都跟上了 Leader，只有 ISR 里面的成员才能选为 Leader。对于 $f+1$ 个 Replication，Partition 可以在容忍 $f$ 个 Replication 失效的情况下保证消息不丢失。

（2）Leader Failover（2）

当所有 Replication 都不工作时，有两种可行的方案。

① 等待 ISR 中的任意一个 Replication "活"过来，并选它作为 Leader，这样可保障数据不丢失，但时间可能会相对较长。

② 选择第一个"活"过来的 Replication（不一定是 ISR 成员）作为 Leader，这样无法保障数据不丢失，但时间可能会相对较短。

### 9.3.5　旧数据处理方式

Kafka 将数据持久化到了硬盘上，允许配置一定的策略对数据进行清理。清理的策略有两个：删除和压缩。Kafka 把 Topic 中一个 Partition 大文件分成多个小文件段，通过多个小文件段，容易定期删除已经消费完的文件，减少磁盘占用。

对传统的消息队列而言，一般会删除已经被消费的消息，而 Kafka 集群会保留所有的消息，无论其是否被消费。当然，因为磁盘限制，不可能永久保留所有数据（实际上也没必要），因此 Kafka 需要处理旧数据。下面介绍日志的清理方式：删除和压缩。

1. 删除

删除的阈值有两种：过期的时间和 Partition 内总日志的大小。删除所需具体的配置参数如表 9-1 所示。

表 9-1　　　　　　　　　　　　删除所需具体的配置参数

| 配置参数 | 默认值 | 参数解释 | 取值范围 |
| --- | --- | --- | --- |
| log.cleanup.policy | delete | 当日志过期时（超过了要保存的时间），采用的清除策略可以为删除或者压缩 | delete 或 compact |
| log.retention.hours | 168 | 日志数据文件保留的最长时间。单位：小时 | 1～2 147 483 647 |
| log.retention.bytes | −1 | 指定每个Partition上的日志数据所能达到的最大字节，默认情况下无限制。单位：字节 | −1～9 223 372 036 854 775 807 |

2. 压缩

将数据压缩，只保留每个 key 最后一个版本的数据。首先在 Broker 的配置中设置 log.cleaner.enable=true 以启用 cleaner，这个默认是关闭的。在 Topic 的配置中设置 log.cleanup.policy=compact 以启用压缩策略。日志压缩如图 9-12 所示。

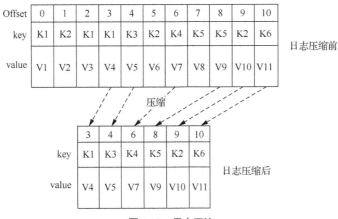

图 9-12　日志压缩

# 9.4　Kafka 应用案例

消息队列是分布式系统中重要的组件，主要解决异步处理、应用耦合、流量削峰等问题，实现高性能、高可用、可收缩和最终一致性架构。使用比较多的消息队列有 Kafka、ActiveMQ、RabbitMQ、RocketMQ、ZeroMQ、MetaMQ 等。

以下是消息队列在实际中常见的应用场景，包括异步处理、应用解耦、流量削峰、日志处理和消息通信 5 个场景。

1. 异步处理

场景说明：用户注册后，需要发注册邮件和注册短信。传统的做法有两种：串行方式和并行方式。

（1）串行方式：将注册信息成功写入数据库后，发送注册邮件，再发送注册短信。以上 3 个任务全部完成后，将结果返回给客户端。同步消息如图 9-13 所示。

（2）并行方式：将注册信息成功写入数据库后，发送注册邮件的同时，发送注册短信。以上 3 个任务全部完成后，将结果返回给客户端。与串行方式的差别是，并行方式可以缩短处理的时间。异步消息如图 9-14 所示。

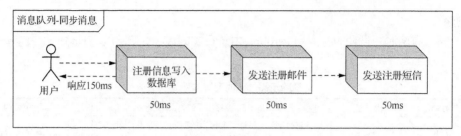

图 9-13　同步消息

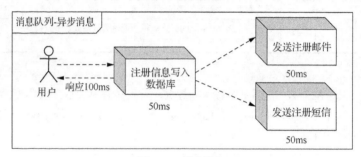

图 9-14　异步消息

假设 3 个业务节点每个都使用 50ms，不考虑网络等其他开销，则串行方式使用的时间是 150ms，并行方式使用的时间是 100ms。

因为 CPU 在单位时间内处理的请求数是一定的，假设 CPU 在 1s 内的吞吐量是 100，则 1s 内串行方式可处理的请求数大约是 7（1 000/150），并行方式可处理的请求数是 10（1 000/100）

引入消息队列，将不是必需的业务逻辑进行异步处理，改造后的架构如图 9-15 所示。

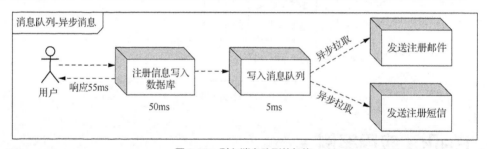

图 9-15　引入消息队列的架构

按照以上约定，用户的响应时间相当于是注册信息写入数据库的时间，也就是 50ms。发送注册邮件、发送注册短信这 2 个主题消息写入消息队列后直接返回，写入消息队列的速度很快，耗时很短，相对于注册信息写入数据库所消耗的时间基本可以忽略，因此图 9-15 所示的用户的响应时间可能是 50ms。因此架构改变后，系统的吞吐量提高到了每秒 20 QPS，比串行提高了 3 倍，比并行提高了 2 倍。

### 2. 应用解耦

场景说明：用户下单后，订单系统需要通知库存系统。传统做法是，订单系统调用库存系统的接口，如图 9-16 所示。

传统做法的缺点如下。

（1）假如库存系统无法访问，则订单系统通知库存系统将失败，从而会导致订单失败。

（2）订单系统与库存系统耦合。

如何解决上面的问题呢？引入消息队列后如图 9-17 所示。

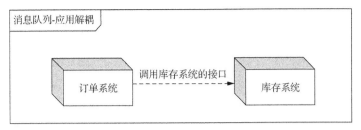

图 9-16　传统做法

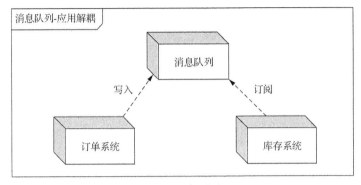

图 9-17　应用解耦

引入消息队列后的流程如下。

（1）订单系统：用户下单后，订单系统完成持久化处理，将消息写入消息队列，返回用户订单下单成功。

（2）库存系统：订阅下单的消息，采用拉取/推送的方式获取下单信息，库存系统根据下单信息进行库存操作。

（3）假如下单时库存系统不能正常使用，也不影响正常下单，因为下单后，订单系统写入消息队列就不再关心其他的后续操作了，实现了订单系统与库存系统的应用解耦。

3. **流量削峰**

场景说明：流量削峰也是消息队列中的常用场景，一般在"秒杀"活动中使用较多。"秒杀"活动，一般会因为流量过大，导致应用无法正常运行。为解决这个问题，一般需要在应用前端加入消息队列，如图 9-18 所示。

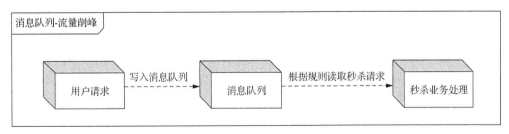

图 9-18　流量削峰

加入消息队列后的流程如下。

（1）服务器接收用户的请求后，首先将其写入消息队列。假如消息队列长度超过最大数量，则直接抛弃用户请求或跳转到错误页面。

（2）"秒杀"业务根据消息队列中的请求信息，进行后续处理。

随之带来的好处如下。

（1）可以控制活动的人数。

（2）可以避免短时间内高流量"压垮"应用。

4. 日志处理

场景说明：日志处理是指将消息队列（如 Kafka）用在日志处理中，以解决大量日志传输的问题。简化架构如图 9-19 所示。

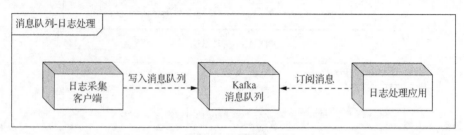

图 9-19　日志处理

流程说明如下。

（1）日志采集客户端：负责日志数据采集，并将其定时写入 Kafka 消息队列。

（2）Kafka 消息队列：负责日志数据的接收、存储和转发。

（3）日志处理应用：订阅并消费 Kafka 消息队列中的日志数据。

图 9-20 所示是新浪 Kafka 日志处理应用案例的示意。

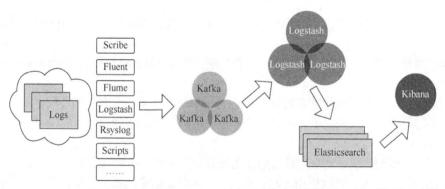

图 9-20　新浪 Kafka 日志处理应用案例的示意

图 9-20 所示的流程如下。

（1）Kafka：接收用户日志的消息队列。

（2）Logstash：解析日志，将其统一成 JSON 并输出给 Elasticsearch。

（3）Elasticsearch：实时日志分析服务的核心技术，可提供实时的数据存储服务，通过索引组织数据，兼具强大的搜索和统计功能。

（4）Kibana：基于 Elasticsearch 的数据可视化组件，其超强的数据可视化能力是众多公司选择它的重要原因。

5. 消息通信

场景说明：消息队列一般都内置了高效的通信机制，因此可以用在纯消息通信场景，如实现点对点通信，或者聊天室通信等。

点对点通信：客户端 A 和客户端 B 使用同一队列，进行消息通信，如图 9-21 所示。

聊天室通信：客户端 A 和客户端 B 订阅同一 Topic，进行消息发布和接收，实现类似聊天室的效果，如图 9-22 所示。

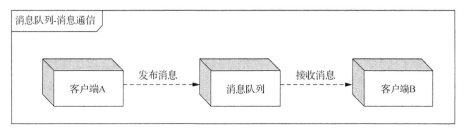

图 9-21　点对点通信

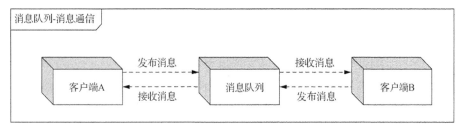

图 9-22　聊天室通信

# 9.5　本章小结

　　本章首先讲解了 Kafka 的消息传递模式、关键特性、Kafka 架构中的一些基本概念及这些概念的用途，让读者对 Kafka 有大致的了解；然后详细介绍了 Kafka 生产、保存、消费消息等关键流程；接下来讲解了 Kafka 的高可用，让读者进一步学习 Kafka 的数据管理模块；最后讲解了消息队列在实际应用中的使用场景，并通过应用案例对前面讲解的知识点进行了分析，为读者解决实际业务问题提供思路。

# 9.6　习题

　　（1）简述 Kafka 架构及其组成部分，并比较其与 Flume 的异同。

　　（2）安装 Sqoop 与 MySQL，完成 MySQL 与 HDFS 的数据互导。

　　（3）Kafka 集群在运行期间，直接依赖于下面哪些组件？（　　　）

　　　　A．HDFS　　　　　　B．ZooKeeper　　　　　　C．HBase　　　　　　D．Spark

　　（4）简述 Kafka 与其他消息队列（如 ActiveMQ、RocketMQ、RabbitMQ 等）的差别，以及这些消息队列分别适用的场景。

# 10 第10章 高可靠集群安全模式

大数据开源技术的深入发展离不开 Hadoop 等底层平台技术的支持。大数据要求有一个性能稳定、信息安全的基础平台作为支撑。为了管理集群中的数据与资源的访问控制权限，华为大数据平台实现了一种基于轻型目录访问协议（Lightweight Directory Access Protocol，LDAP）和 Kerberos 认证机制的高可靠集群安全模式，提供了一体化的安全认证功能。本章首先介绍统一身份认证的基本原理，然后详细介绍华为大数据平台以 LDAP 构建的目录服务系统 LdapServer 的概念及功能、以 Kerberos 认证协议构建的认证服务器 KrbServer 的具体结构和认证流程，最后举例介绍华为大数据平台的安全认证场景架构。

## 10.1 统一身份认证管理

### 10.1.1 统一身份认证

身份认证，又称"鉴权"，是证实用户的真实身份与其对外的身份是否相符的过程，从而确定用户信息是否可靠，防止非法用户假冒其他合法用户获得一系列相关权限，保证用户的信息安全和合法利益。最常见的身份认证方式是基于共享密钥的身份验证，即后台系统对用户输入的账号和密码进行核对，验证其是否和系统存储的用户账号和密码一致，以此来判断用户的身份。使用基于共享密钥的身份认证服务的应用系统有很多，如绝大多数的网络接入服务、网络论坛等。

在传统的多应用系统体系下，仅仅采用简单的身份认证方式很容易提高用户账号和密码管理的复杂性，甚至会出现用户账号被盗的情况，从而降低系统的安全性。而在开源大数据平台中，用户可能需要同时使用很多开源组件，这会涉及每个组件的身份认证和访问权限等问题。因此需要对大数据平台中所有开源组件的认证方式进行集中管理，实现单点登录和统一身份认证。统一身份认证服务能够更好地管理用户的身份认证和会话管理，并且能在很大程度上提高大数据平台的安全性。

统一身份认证相当于旅游景点的门票，登录大数据平台后只需要一次验证获取门票（密钥），之后就有权进入并使用大数据平台提供的各个组件。如果没有统一身份认证服务，用户进入大数据平台后，使用任何组件时系统都会让其输入账号和密码进行身份认证，这样一方面需要用户记住所有的账号和密码，另一方面给用户的使用带来了不便，而使用统一身份认证功能就能解决这个问题。统一身份认证的另一个优点是把所有用户信息都存储在 LDAP 服务中，系统管理员只需要使用统一的用户信息库就可以管理信息并设置用户权限，减轻了系统管理员的工作压力，同时提高了大数据平台的安全性。

统一身份认证通过在分布式环境中创建一个权威的统一身份认证中心，由统一身份认证中心统一接管各个开源组件应用系统上的身份认证模块的功能，统一身份认证中心提供了安全协议和策略来保证涉及用户身份的信息在大数据平台的存储和交换过程中的安全性。图 10-1 所示是统一身份认证流程。具体描述如下。

（1）用户使用在统一身份认证中心中注册的账号和密码（或者是其他授权信息，如数字签名等）登录统一身份认证服务。

（2）统一身份认证中心将用户登录信息与后台用户身份数据库进行核对，获取身份认证结果。

（3）统一身份认证中心验证用户的登录信息后创建一个会话，并创建与这个会话关联的访问认证票据，将票据返回给用户。

（4）用户使用这个票据访问大数据平台中的某一个开源组件应用系统。

（5）该开源组件应用系统将认证票据发给统一身份认证中心进行验证。

（6）统一身份认证中心验证该票据的有效性，并将验证结果和用户属性返回给相关的开源组件应用系统。

（7）应用系统获取身份认证结果，执行用户的业务流程。

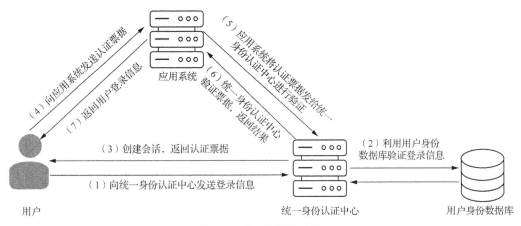

图 10-1　统一身份认证流程

## 10.1.2　统一用户管理系统

在大数据平台中，通过统一用户管理系统可以实现平台中的各种开源组件应用系统的用户、角色和组织机构的统一管理，实现各种应用系统间跨域的单点登录、退出和统一的身份认证功能。统一身份认证通过统一管理不同开源组件身份存储和统一认证的方式，使同一用户在所有开源组件应用系统中的身份一致，应用程序不必关心身份的认证过程。统一身份认证系统的主要功能特性如下。

（1）用户管理：能实现用户与组织创建、删除、维护与同步信息等功能。

（2）用户认证：通过面向服务的架构（Service-Oriented Architecture，SOA），支持第三方认证系统。

（3）单点登录：共享多开源组件之间的用户认证信息，实现在多个开源组件间自由切换。

（4）分级管理：实现管理功能的分散，支持对用户、组织等管理功能的分级委托。

（5）权限管理：系统提供了统一的、可以扩展的权限管理及接口，支持第三方应用系统通过接口获取用户权限。

（6）会话管理：查看、浏览与检索用户登录情况，管理员可以在线强制用户退出当前的应用登录。

（7）兼容多种操作系统、应用服务器和数据库：支持 Windows、Linux、Solaris 等操作系统；支持 Tomcat、WebLogic、WebSphere 等应用服务器；支持 SQL Server 等数据库系统。

从结构上来看，统一身份认证管理系统由统一身份认证管理模块、统一身份认证服务器、身份信息存储服务器 3 大部分组成。这也是目前绝大多数厂商所采用的统一身份认证管理系统的结构。

其中统一身份认证管理模块由管理工具和管理服务器组成，实现用户组管理和用户管理的功能。管理工具实现界面操作，并把操作数据传递给管理服务器，管理服务器再修改存储服务器中的内容。

统一身份认证服务器向应用程序提供统一的 Web Service 认证服务。它接收应用程序传递过来的账号和密码，验证通过后把用户的认证令牌返回给应用程序。

身份信息存储服务器负责存储用户身份、权限数据，其可以选择关系数据库、LDAP 目录、Active 目录等。另外，可以将证书颁发机构（Certificate Authority，CA）发放的数字证书存储在身份信息存储服务器中。

在华为大数据解决方案中，通过基于开源的 OpenLDAP 的身份认证的管理和存储技术以及 Kerberos 统一身份认证技术，实现了基于 Web UI 进行集群数据与资源的访问控制权限管理。

# 10.2  目录服务和轻型目录访问协议

## 10.2.1  目录服务

随着计算机网络技术的不断发展和进步，各种应用程序、操作系统都通过不同的形式在网络中存储了大量的资源信息。对系统管理员而言，简单、方便地管理和调用应用系统中所有的资源是很困难的；对系统用户而言，其对系统中的各种资源的使用也很复杂。为了解决这一问题，目录服务（Directory Service）技术应运而生。

目录服务是一个为查询、浏览和搜索而优化的服务，类似于 Linux 操作系统中的文件目录，以树形结构进行数据存储和遍历。使用目录服务，用户不必关心所需信息资源的物理位置，只须通过该信息资源的名字进行快速查找和定位，从而透明地访问信息资源。目录服务中客户端与资源的交互方式如图 10-2 所示。

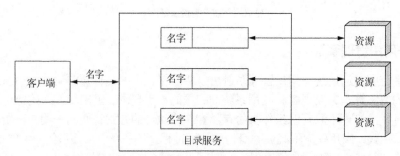

图 10-2　目录服务中客户端与资源的交互方式

目录服务是通过目录来实现名字与资源的绑定的。目录是一类为浏览和搜索数据而设计的特殊的数据库，其包含基于属性的描述信息，并且支持高级的过滤功能。一般来说，目录不支持大多数事务型数据库所支持的高吞吐量和复杂的更新操作。如果是更新操作，则目录要么全部更新，要么就不更新。目录适用于大量的读取和搜索操作，而不适用于大量的写入操作。

目录服务是由目录数据库和一套访问协议组成的系统。由于目录数据库以树形层次结构存储数据信息，因此类似以下的具有层次结构的数据信息适合存储在目录中。

（1）应用系统、大数据平台的用户信息，如用户账号、用户密码、用户属性、用户权限等。

（2）公用证书和安全密钥。

（3）应用系统、大数据平台的物理设备信息，如服务器信息：IP 地址、存储位置、购买时间、服务器配置信息等。

如今，目录服务已经广泛应用于日常生活中。最常用的目录服务就是手机中的通讯录。通讯录是由以字母顺序排列的名字、地址和电话号码等组成的，用户能够在短时间内找到相应的用户及其信息。此外，我们常见的域名系统（Domain Name System，DNS）是一个典型的、大范围分布的目录服务系统，通过网站域名和网站 IP 地址相互映射，实现网站的定位，方便用户快速访问网站。

## 10.2.2　轻型目录访问协议

1988 年，国际电报电话咨询委员会制定了 X.500 标准，并在 1993 年和 1997 年对其进行了更新。X.500 标准具备完美的功能设计和灵活的扩展性，定义了综合目录服务，包括信息模型、命名空间、功能模型、访问控制、目录复制以及目录协议等，很快成为所有目录服务器共同遵循的标准。X.500 标准规定了目录服务的客户端和服务器双方的通信协议——目录访问协议（Directory Access Protocol，DAP）。但是由于 DAP 结构复杂，并且在运行时需要严格遵循开放式系统互联（Open System Interconnection，OSI）7 层协议模型，因此其在很多小的运行环境中推行困难，通常运行在 UNIX 环境上。于是密歇根州大学根据 X.500 标准推出了一种基于 TCP/IP 的 LDAP。

LDAP 是一个标准化的目录访问协议，它完整的技术规范是由互联网工程任务组（The Internet Engineering Task Force，IETF）的文档 RFC 所定义的。因为在实际应用中 LDAP 比 X.500 标准更简单实用，所以 LDAP 技术发展得非常迅速。有了 LDAP，客户端和服务器通信双方就相互独立了，用户可以通过不同的 LDAP 客户端访问各种 LDAP 服务器。目前 LDAP 包含两个版本：LDAPv2 和 LDAPv3。现在绝大多数的目录服务器都符合 LDAPv3，为用户提供各式各样的查询服务。同时，LDAP 只是一个协议，它没有涉及如何存储这些信息，因此还需要一个后端数据库组件来实现数据存储。这些后端数据库组件可以是 BerkeleyDB、Shell 和 passwd 等。

LDAP 主要包含以下特性。

（1）灵活性：LDAP 是一个基于 X.500 的目录访问协议，该协议是一种网络协议而不是数据库，与传统的网络协议相比简单且灵活。

（2）跨平台性：LDAP 是跨平台且基于标准的，它能够服务于 Windows、Linux、UNIX 等各种操作系统。这意味着几乎在任何计算机操作系统上运行的任何应用程序都可以从 LDAP 目录中获取信息，使得用户可以简单地通过 LDAP 客户端快速访问到目录数据库上的信息。

（3）低费用、易配置管理：LDAP 是 X.500 的子集，继承了 X.500 最好的特性，并且去除了 X.500 的复杂性。因此大多数 LDAP 服务器的安装配置比较简单，在实际使用过程中响应及时，在长时间使用过程中很少进行维护。

（4）允许使用 ACL：LDAP 可以通过 ACL 来控制对目录的访问，如管理员可以根据给定组或位置中的成员资格来限制谁可以看到哪些内容，或者给予特殊用户在自己的记录中修改所选字段的能力。

（5）LDAP 中的 DAP 基于 Internet 协议：之前提到，X.500 标准建立在应用层上，严格遵循 OSI 7 层协议模型。而 LDAP 运行在 TCP/IP 或其他面向连接的传输服务之上，避免了在 OSI 会话层和表示层的开销，更适合互联网项目和大数据平台的应用。

（6）分布式：LDAP 能够对物理上分布的数据信息进行统一管理，并且在管理的同时能够保证这些数据信息在逻辑上的完整性和一致性。LDAP 通过客户端 API 的方式实现分布式操作，平衡了负载。

## 10.2.3 LdapServer

在华为大数据解决方案中，将 LdapServer 作为目录服务系统，实现了对大数据平台的集中账号管理。LdapServer 是由目录数据库和一套访问协议组成的目录服务系统，主要特点如下。

（1）LdapServer 基于 OpenLDAP 开源技术实现。

（2）LdapServer 以 BerkeleyDB 作为默认的后端数据库。

（3）LdapServer 是基于 LDAP 的一种具体开源实现。

LdapServer 的体系结构由组织模型、信息模型、功能模型、安全模型 4 个基本模型构成。

1. LdapServer 组织模型

LdapServer 组织模型又叫作 LdapServer 目录树或者 LdapServer 命名模型。组织模型用来描述 LDAP 中的数据是如何组织的。LdapServer 服务器中的所有目录条目按照层次模型进行排列，形成树形结构，即目录信息树（Directory Information Tree，DIT），简称目录树。图 10-3 所示为 LdapServer 目录树。

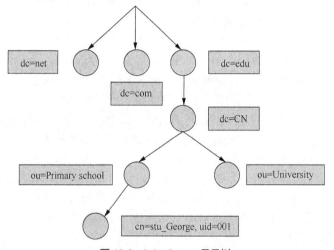

图 10-3　LdapServer 目录树

LdapServer 目录树具有以下特点。

（1）LdapServer 目录信息是基于树形结构来进行组织和存储的。

（2）LdapServer 目录树中的每一个节点都被称作条目，并且拥有自己唯一可区别的名称（Distinguished Name，DN）。

（3）LdapServer 目录树的树根一般为定义域名 dc（domain component）。

（4）域名下可以定义组织单位 ou（organization unit），组织单位可以包含其他的各种对象。在目录服务系统中，组织单位包含该组织下所有用户的账户相关信息。

（5）组织单位下可以定义具体对象，在定义组织对象时可以指定组织对象的通用名称 cn（common name）和用户 uid（user id）。

（6）在 LdapServer 目录树层次结构中，最顶层的目录条目一般为域名 dc，在域名 dc 的条目下可以是下一级别的域名 dc 条目或者是组织单位 ou 条目，在组织单位 ou 的目录条目下则是用户信息或具体资源的目录条目。

以图 10-3 中左下角的圆形节点 cn 为例：

```
cn=stu_George,uid=001, ou=Primary school, dc=CN,dc=edu
```

该节点为 LdapServer 服务器中存储的一条有效条目，其存储的信息内容是：通用名称 cn 为 stu_George，用户 uid 为 001，组织单位 ou 为 Primary school，域名 dc 从上至下排列为 CN、edu。

LdapServer 目录树本身就是一种树型结构数据库，适用于一次写入、多次查询搜索的应用场景。传统关系数据库是将数据一条条记录在表格中，目录树则是将数据存储在节点中，并且该种树形结构可以更好地对应于表格存储模式。目录树的存储模式特点如下：

- 域名 dc 类似于关系数据库中的 DataBase；
- 组织单位 ou 类似于 DataBase 数据库中表的集合；
- 用户 uid 类似于表中的主键；
- 对象的通用名称 cn 类似于表中单位数据的名称。

2. LdapServer 信息模型

LdapServer 信息模型描述了 LdapServer 如何表示信息，包含几个基本概念：条目（Entry）、属性（Attribute）、对象类（ObjectClass）、模式（Schema）。

（1）条目

条目是 LdapServer 目录管理的对象，是 LDAP 的基本组成单元，它类似于字典的词条，或者是数据库中的记录。通常在 LdapServer 中进行的添加、删除、更改、检索都是以条目为基本对象的。

每个条目中包含唯一的 DN，如 cn=jake, uid=t01, ou=university, dc=edu。DN 在语法上由多个相对的标识名（Relative Distinguished Name，RDN）组成。在目录树中，如果把 DN 看作信息对象的全路径，那么 RDN 就是其中的一条路径。一般来说，RDN 特指 DN 中最靠前的一段，而剩余的部分被称作父标识（Parent Distinguished Name，PDN）。对于上述所列出的一个 DN，它的 RDN 指的是"cn=jake, uid=t01"，它的 PDN 指的是"ou=university, dc=edu"。

如果 DN 中含有一些特殊字符，如"，""+""="等，这时需要用到转义字符来帮助表示。通常在特殊字符前加一个反斜杠，或者加入反斜杠后将特殊字符改写为 UTF-8 的十六进制码，如下：

```
cn=robert, uid=t02, ou=bigdata\, web and UI, dc=edu   //DN 中含逗号
cn=robert, uid=t02, ou=bigdata\2C web and UI, dc=edu  //逗号用十六进制码表示
```

（2）属性

LdapServer 目录服务器中的每个条目都拥有一组属性，用来存储目录服务中各种对象的信息，如人员条目的属性包括姓名、年龄、职位、电话号码、邮件地址等。属性值可以是单个，也可以是多个，如人员条目中某个人员可以有多个邮件地址和多个电话号码。这样，邮件地址属性和电话号码属性就有多个值。目录条目与属性、属性值之间的关系示意如图 10-4 所示。

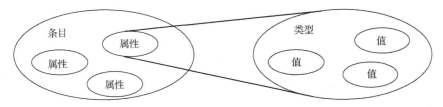

图 10-4　目录条目与属性、属性值之间的关系示意

LDAP 官方为许多常见的对象都设计了属性，如之前提到的通用名称 cn、组织单位 ou 等。表 10-1 列出了常用的属性。

表 10-1　　　　　　　　　　　　　常用的属性

| 属性 | 别名 | 语法 | 描述 | 值（举例） |
|---|---|---|---|---|
| CommonName | cn | Directory String | 通用名称 | Tom Jake |
| SurName | Sn | Directory String | 姓氏 | Jake |

续表

| 属性 | 别名 | 语法 | 描述 | 值（举例） |
|---|---|---|---|---|
| OrganizationUnitName | ou | Directory String | 单位（部门）名称 | Computer Science |
| Organization | o | Directory String | 组织（公司）名称 | University |
| Distinguished Name | dn | DN | 条目的唯一标识 | cn=Tom,ou=University,dc=edu |
| TelephoneNumber | | Telephone Number | 电话号码 | 1382741×××× |
| JpegPhoto | | Binary | JPEG 格式的图片 | |

（3）对象类

对象类是属性的集合，LDAP 官方设想了许多在目录服务实际使用中会涉及的常见对象，并将其封装成对象类。例如，人员（person）包含姓名（cn）、密码（userPassword）、电话号码（telephoneNumber）等属性，教师（teacher）是人员的继承类，除了上述的属性之外还包括职务（title）、教学科目（subject）等属性。

在 LdapServer 目录服务系统中，通过对象类可以方便地定义条目类型。每个条目可以直接继承多个对象类，从而继承各种属性。如果两个对象类中包含相同的属性，则条目继承后只会保留一个属性。同时，对象类规定了哪些属性是基本属性、是必须含有的，称作 Must 或 Required（必要属性）；哪些属性是可选择的，称作 May 或 Optional（可选属性）。

对象类共包含 3 种类型：抽象类型（Abstract）、结构类型（Structural）和辅助类型（Auxiliary）。结构类型是最基本的类型，要定义一个条目就必须包含一个结构类型的对象类，并且每个条目属于且仅属于一个结构类型对象类。抽象类型是结构类型和其他抽象类型的父类，通常将其作为其他对象类的模板，条目不能直接继承抽象类型对象类。辅助类型定义了对象实体的扩展属性，虽然每个条目只属于一个结构类型，但可以通过同时属于多个辅助类型对象类的方式实现条目的扩展功能。

对象类本身是可以互相继承的，所有对象类的根类都是 top 抽象型对象类。注意，对象类继承时遵循继承机制，子对象类不仅继承了父类所有的属性，而且继承了父类属性的特性：Must 或者 May。以上文列举的人员对象类为例，图 10-5 展示了它们的继承关系。

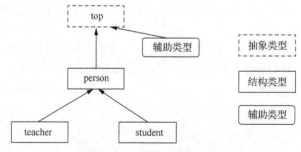

图 10-5　人员对象类的继承关系

（4）模式

在 LdapServer 中，模式决定了目录服务中信息如何存储，以及存储在不同条目下的信息之间的关系。模式由对象类、条目、属性、值以及它们之间的关系的集合所构成。图 10-6 展示了这种关系。

模式中的每个元素都包含其唯一的对象标识符（Object Identifiers，OID），通常用一组数字表示。在 LdapServer 条目数据录入的过程中，通常需要接受模式的检查，通过这种方式保证目录服务中所有的条目数据结构是一致的。此外，LDAP 虽然规定了一些模式标准，但用户在实际使用目录服务时也可以自定义模式。

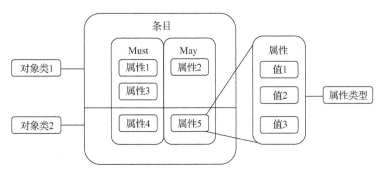

图 10-6　对象类、条目、属性、值之间的关系

3. LdapServer 功能模型

LdapServer 功能模型描述了其支持的所有目录操作。华为大数据平台提供的 LdapServer 目录服务系统中共包含 10 种不同的操作，可以将其分为 4 种类型，如表 10-2 所示。

表 10-2　　　　　　　　　LdapServer 目录服务系统的 4 类 10 种操作

| 编号 | 操作类型 | 操作内容 |
|---|---|---|
| 1 | 查询类操作 | 信息搜索，信息比对 |
| 2 | 更新类操作 | 添加条目，删除条目，修改条目，修改条目名 |
| 3 | 认证类操作 | 认证绑定，解除认证绑定 |
| 4 | 其他操作 | 放弃服务操作，扩展服务操作 |

查询类操作包含信息搜索（search）和信息比对（compare）两种操作内容。信息搜索操作用于查询目录中的信息；信息比对操作用于验证某个条目的具体属性值，如果符合则返回 true，如果不符合则返回 false。

更新类操作包括添加条目（add）、删除条目（delete）、修改条目（modify）、修改条目名（modifyDN）。添加条目操作用于添加指定条目；删除条目操作用于删除指定条目；修改条目操作用于更改（增、删、改）指定条目的属性，但是不能更改条目 DN；修改条目名操作则专门用于修改 DN。

认证类操作包括认证绑定（bind）、解除认证绑定（unbind）。客户端应用程序与 LdapServer 连接时常用 bind 方法完成连接，连接时提供用户名和口令；目录服务使用完毕后使用 unbind 方法断开与 LdapServer 的连接。

其他操作包括放弃服务操作和扩展服务操作。放弃服务操作允许客户端请求 LdapServer 中止一项目录服务操作；扩展服务操作是新增功能，其他 9 种操作是 LDAP 的标准操作。

4. LdapServer 安全模型

LdapServer 安全模型是描述其目录服务的安全机制，主要通过身份认证、安全通道和访问控制来实现。

身份认证包含 3 种方式：匿名认证方式，即不对发送请求的用户进行认证，仅适于公开资源的请求；基本认证方式，即通过用户输入账号和密码进行用户识别；简单认证和安全层（Simple Authentication and Secutity Layer，SASL）认证，在 LDAP 提供安全套接层（Secure Sockets Layer，SSL）和传输层安全（Transport Layer Security，TLS）协议的基础上进行身份认证。

安全通道上 LDAP 利用 SSL 和 TLS 保证了客户端和 LdapServer 服务器通信过程中数据的保密性和完整性，并且实现了两端双向验证的功能。

访问控制方面 LDAP 并没有统一的标准，但基本上都是通过 ACL 或者是定义复杂的访问控制规则来规定目录中信息的存储、读/写权限以及管理用户对目录信息的访问权限的控制的。

### 10.2.4 LdapServer 集成设计

对于华为大数据平台集成设计，在这里使用 LdapServer 与数据仓库组件 Hive 进行应用举例，在访问认证架构设计领域分别涉及 3 个方面：身份认证架构设计、身份认证功能设计、身份认证流程设计。

**1. 身份认证架构设计**

图 10-7 所示为数据仓库 Hive 集成 LdapServer 时的身份认证架构设计。LdapServer 为数据仓库 Hive 存储其用户信息，并在身份认证时为 Hive 组件提供用户信息。

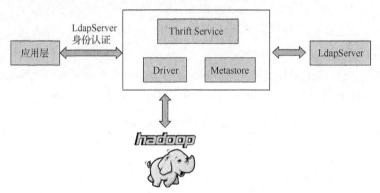

图 10-7　数据仓库 Hive 集成 LdapServer 时的身份认证架构设计

**2. 身份认证功能设计**

LdapServer 身份认证具有以下 3 个功能。

（1）LdapServer 通过使用组（Group）和角色（Role）的身份认证方式来管理用户，从而更好地管理不同组织下的用户的属性和权限。

（2）LdapServer 的组是对用户进行统一的组管理的，如果用户添加到了该组中，该组的 member 属性中就会添加成员的 DN 记录。

（3）LdapServer 的角色是给相应的用户赋予权限，每一个用户实体都会有 nsrole 属性，该属性用来为用户添加相应的角色。

**3. 身份认证流程设计**

Hive 组件使用 LdapServer 身份认证流程有 4 个步骤，具体如下。

（1）创建一个 Hive 超级管理员的角色。

（2）LdapServer 集成 Hive 组件所需的所有用户及用户组和角色的信息。

（3）Hive 超级管理员对 LdapServer 中 Hive 组件对应的用户进行授权并集中管理。

（4）用户通过客户端使用 Hive 组件时通过相应的身份认证进行相关授权连接。

### 10.2.5 LdapServer 应用优势

LdapServer 提供用户账户集中管理功能的优势具体有以下 3 点。

● LdapServer 能够减轻用户账户管理人员在用户数量大、增长快的情况下对账号的创建、回收、权限管理、安全审计等一系列复杂而烦琐工作中的压力。

● LdapServer 能够解决多层次、多类型系统数据库的安全访问难题，所有与账号相关的管理策略均配置在服务端，实现了账号的集中维护和管理。

● LdapServer 能够充分继承和利用平台组织中现有的账户管理系统的身份认证功能，并实现账户管理与访问控制管理的分离，提高大数据平台访问认证的安全性。

# 10.3　单点登录及 Kerberos 基本原理

## 10.3.1　单点登录

单点登录（Single Sign On，SSO）是大数据平台的身份管理中的一部分，是指在用户访问平台各个不同组件的过程中，通过其中一个组件的身份认证之后，在访问其他组件应用时，不需要重新登录和进行身份认证。

目前单点登录的实现主要有如下 6 种主流技术。

（1）基于 Cookie：用户输入账号和密码且身份认证成功后，用户的身份认证信息就会存到 Cookie 中。当用户访问应用系统中受保护的资源时，应用服务器就会从本地存储的 Cookie 中检验用户的身份认证情况。在相同域的情况下，设置 Cookie 的域为顶域，这样用户访问所有子域的应用系统时都能访问到顶域的 Cookie，从而实现身份认证，完成相同域下的单点登录。在不同域的情况下，通常采用会话的形式在不同的域间传递，从而实现单点登录功能。

（2）基于经纪人（Broker-based）：Broker-based 技术为应用系统专门构建一个网络平台，这个网络平台可以实现每一个应用系统的统一身份认证和授权服务。它处于用户客户端和应用系统中间，作为经纪人的角色负责验证用户提交的身份认证请求。因为经纪人可以存储用户的电子身份和认证信息，为系统后台数据库减轻压力，所以为用户的身份认证提供了"可信赖的第三方"。图 10-8 展示了 Broker-based 的单点登录工作流程。我们常见的 Kerberos 身份认证方式就是采用此种技术实现单点登录的。

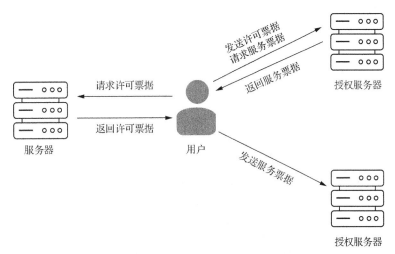

图 10-8　Broker-based 的单点登录工作流程

（3）基于代理（Agent-based）：Agent-based 技术提供一个代理程序，用户在访问各种应用系统之前要先通过这个代理程序，它的主要功能是完成用户的身份认证和提供授权，为各个应用系统提供身份认证的服务。代理程序既可以部署在客户端上，也可以部署在服务器上，为应用系统减少了资源浪费，具有灵活性和实用性的特点。图 10-9 展示了 Agent-based 的单点登录工作流程。SSH 采用的单点登录方式就基于 Agent-based。

（4）基于代理和经纪人（Agent and Broker-based）：Agent-based 和 Broker-based 两种单点登录技术的结合，吸取了两者的优点，既具备 Broker-based 单点登录技术利用独立的认证服务器集中认证用户身份的优点，又具备 Agent-based 单点登录技术中将代理服务器作为客户端和应用系统间"翻译器"从而减少对应用系统改造的优点。图 10-10 展示了 Agent and Broker-based 的单点登录工作流程。

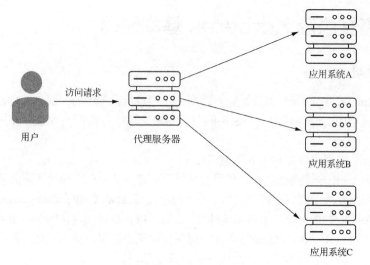

图 10-9　Agent-based 的单点登录工作流程

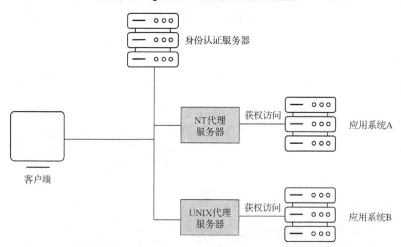

图 10-10　Agent and Broker-based 的单点登录工作流程

（5）基于网关（Gateway-based）：Gateway-base 技术要求用户客户端必须设置网关软件来实现用户身份认证授权。在这种技术中，所有的相应服务都需要放在被网关隔离的受信网段中，客户端通过网关的认证后才能接收服务的授权。如果通过网关认证后的服务能够通过 IP 地址进行识别，并在网关上建立一个基于 IP 的规则，而这个规则如果与网关上的用户数据库相结合，那么网关就可以被用于单点登录。网关会记录客户端的身份，因此不再需要冗余的认证请求便可授权所要求的服务。由于网关可以监视并改变应用服务的数据流，因此在不修改应用服务的同时，改变认证信息，能提供合适的访问控制。图 10-11 展示了 Gateway-based 的单点登录工作流程。

（6）基于令牌（Token-based）：令牌既有物理形式也有数字形式，它是一段数据，可以与正确的系统相结合，用于保护用户对系统和应用程序的访问。在基于令牌的身份验证中，令牌用于确保对服务器的每个请求都得到验证。物理标记有多种形式，有些可以插入 USB 端口，有些则提供随机编码供用户手动输入。然后，系统将由令牌提供的信息与存储在其数据库中的详细信息进行比较，如果正确，则授权用户访问系统。令牌身份验证要求用户在获得网络入口之前获得计算机生成的代码（或令牌）。令牌身份验证通常与密码身份验证一起使用，以增加安全性，这就是我们所说的双因素验证（2-Factor Authentication，2FA）。这意味着，即使攻击者成功地实现了蛮力攻击以获取任何密码，他们也必须绕过令牌身份验证层。

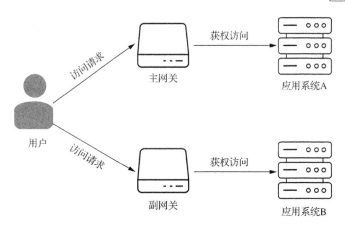

**图 10-11　Gateway-based 的单点登录工作流程**

华为大数据平台采用 Broker-based 技术，将 Kerberos 作为一种可信任的第三方服务，并且通过传统的基于共享密钥的技术执行认证服务，从而实现平台的单点登录。对华为大数据平台来说，采用单点登录的机制具有以下优点。

（1）方便用户。当用户使用华为大数据平台时，切换不同的开源组件应用系统不需要再次输入账号和密码，只需要首次登录时输入就可以在平台中畅通无阻。

（2）方便管理员。华为大数据平台中每个开源组件应用系统都共用同样的用户信息，使得大数据平台管理员省去了烦琐的用户账号管理。

（3）简化应用系统开发。华为大数据平台采取单点登录的身份认证方式，只需要一套用户认证模块即可，极大简化了平台中开源组件应用系统的开发流程，省去了用户认证模块的开发。

## 10.3.2　KrbServer

Kerberos 这一名词来源于希腊神话"三个头的狗——地狱之门守护者"，后来沿用作为安全认证的概念。该系统在设计上采用了客户端/服务器结构与数据加密标准（Data Encryption Standard，DES）、高级加密标准（Advanced Encryption Standard，AES）等加密技术，并且能够进行相互认证，即客户端和服务器均可对对方进行身份认证。Kerberos 协议作为一种可信任的第三方认证服务，以基于共享密钥的方式执行身份认证服务。

Kerberos 协议是由美国麻省理工学院研发，最初作为保护"雅典娜项目"而提供的网络服务器。史蒂夫·米勒（Steve Miller）和克利福德·纽曼（Clifford Neuman）在 1980 年末发布了 Kerberos 4，该版本主要针对雅典娜项目；1993 年，约翰·科尔（John Kohl）和克利福德·纽曼发布了 Kerberos 5，其在 Kerberos 4 的基础上克服了局限性和安全性的问题，并在 2005 年由互联网工程任务组 Kerberos 工作小组更新了协议规范。目前，Kerberos 5 是主流的网络身份认证协议。Windows 2000 及后续发布的操作系统使用 Kerberos 作为默认的认证方式；macOS X 使用 Kerberos 的客户端和服务器版本；Red Hat Enterprise Linux 4 和后续的操作系统使用 Kerberos 的客户端和服务器版本。华为大数据平台中以 Kerberos 协议为基础构建 KrbServer 身份认证系统，为所有开源组件提供了安全认证功能，可以用于防止窃听、防止重放攻击、保护数据完整性等场合，是一种以应用对称密钥体制进行密钥管理的系统。

KrbServer 认证机制的核心是使用一种能够证明用户身份的票据（密钥），保护集群免受窃听和重放攻击等，其核心要素如下。

（1）密钥分配中心（Key Distribution Center，KDC）。

（2）Kerberos 认证服务器。

（3）Kerberos 认证客户端。

KDC 处于 Kerberos 认证系统中的核心地位，它是由密钥数据库、认证服务器（Authentication Server，AS）和票据授权服务器（Ticket Granting Server，TGS）组成的"可信赖的第三方"。密钥数据库存储了只有 KDC、Kerberos 认证服务器和 Kerberos 认证客户端知道的一套会话密钥（Session Key），会话密钥的内容用于证明实体的身份。对于两个实体间的通信，KDC 产生一个会话密钥，用来加密它们之间的交互信息。AS 的功能是认证用户实体的身份，当用户身份认证通过时，AS 产生会话密钥和票据授权票据（Ticket Granting Ticket，TGT），然后将它们发给用户，该会话密钥用于加密用户和 TGS 之间的通信。TGS 提供会话密钥和服务票据（Service Ticket，ST）给已通过身份认证的用户，会话密钥用于加密用户与 Kerberos 认证服务器之间的通信。

Kerberos 认证服务器的主要作用是响应 Kerberos 认证客户端发出的请求并提供对应的服务，如果客户端没有通过认证，则 Kerberos 认证服务器会重定向到 AS 以对客户端请求进行身份认证。

Kerberos 认证客户端作为请求身份认证的一方，主要负责用户身份认证时与 AS、TGS、Kerberos 认证服务器之间的交互。

由上述介绍可知，在 KrbServer 体系结构中，票据是一个核心概念，它由用户的身份信息、会话密钥、票据相关信息组成，是用户身份认证过程中与 AS、TGS、Kerberos 认证服务器之间交互的凭证。

表 10-3 所示为 KrbServer 中常见的术语及其含义。

表 10-3　　　　　　　　　　　KrbServer 中常见的术语及其含义

| 术语 | 含义 |
| --- | --- |
| Kerberos Client | Kerberos 认证客户端，用于用户身份认证 |
| Kerberos Server | Kerberos 认证服务器，响应客户端发送的请求 |
| Key Distribution Center | 密钥分配中心，提供票据和临时会话密钥 |
| Authentication Server | 认证服务器，KDC 的组成部分，用于认证用户身份 |
| Ticket Granting Server | 票据授权服务器，KDC 的组成部分，根据用户发来的 TGT 生成 ST |
| Ticket Granting Ticket | 票据授权票据，包含客户端 ID、网络地址以及用户与 TGS 的会话密钥等信息 |
| Service Ticket | 服务票据，用于用户访问 Kerberos 服务器 |
| Ticket | 票据，一条包含客户端标识信息、会话密钥和时间戳的记录，客户端用它来向目标服务器认证自己 |
| Session Key | 会话密钥，用于加密双方安全个体间的通信，仅在一次会话中有效 |
| Timestamp | 时间戳，每个请求都用时间戳进行标记 |

## 10.3.3　KrbServer 认证流程

KrbServer 的认证过程可细分为 3 个阶段：客户端认证、获取服务授权和服务验证。每个阶段由两个步骤组成，共 6 个步骤，分别为：客户端请求认证服务器 AS_REQ、认证服务器响应客户端 AS_REP、客户端请求票据授权服务器 TGS_REQ、票据授权服务器响应客户端 TGS_REP、客户端请求服务器 AP_REQ、服务器响应客户端 AP_REP。第 1 阶段主要是客户端向 KDC 中的 AS 发送用户信息，以请求 TGT；然后到第 2 阶段，客户端拿着之前获得的 TGT 向 KDC 中的 TGS 请求访问服务的票据；最后到第 3 阶段，客户端拿到票据后再到该服务的提供端验证身份，然后使用建立的加密通道与服务进行通信。图 10-12 展示了 KrbServer 的身份认证流程。

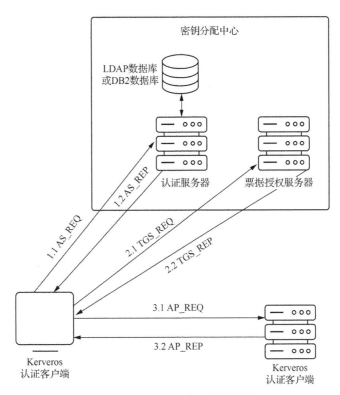

**图 10-12　KrbServer 的身份认证流程**

### 1. 客户端认证

（1）AS_REQ：用户由 Kerberos 认证客户端向 AS 发送自身用户信息请求认证。

（2）AS_REP：AS 检查本地数据库中是否包含该用户 ID，若用户存在则返回两条消息。

消息 A：Client/TGS 会话密钥，通过用户会话密钥进行加密。

消息 B：TGT，通过 TGS 会话密钥进行加密。

客户端收到两条消息后，通过用户会话密钥对消息 A 进行解密得到 Client/TGS 会话密钥；对于消息 B，客户端没有对应的密钥进行解密，因此无法获取消息 B 的内容。

### 2. 获取服务授权

（1）TGS_REQ：当用户需要请求平台中的特定服务时，向 TGS 发送两条消息。

消息 C：消息 B 的内容（加密后的 TGT）与想获取特定服务的服务 ID。

消息 D：认证符（Authenticator）（如用户 ID、时间戳等），通过 Client/TGS 会话密钥进行加密。

（2）TGS_REP：TGS 收到消息 C、D 后，首先检查该特定服务是否存在于 KDC 数据库中，若存在则使用 TGS 密钥对消息 C 中加密的 TGT 进行解密，得到第 1 阶段生成的 Client/TGS 会话密钥，并用该密钥解密消息 D 获取认证符。最后对 TGT 和认证符进行验证，验证通过后返回两条消息。

消息 E：Client/Server 票据（用户 ID、用户网址、有效期），通过提供该服务的服务器密钥进行加密。

消息 F：Client/Server 会话密钥（该会话密钥用于将来客户端和服务器之间的通信），通过 Client/TGS 会话密钥进行加密。

Kerberos 认证客户端收到消息后，用 Client/TGS 会话密钥解密消息 F，得到 Client/Server 会话密钥。

3. 服务验证

（1）AP_REQ：Kerberos 认证客户端向服务器发送两条消息。

消息 G：消息 E 中的 Client/Server 票据。

消息 H：新的认证符（用户 ID、时间戳），通过 Client/TGS 会话密钥进行加密。

（2）AP_REP：服务器用自己的服务密钥解密消息 G 获取 TGS 提供的 Client/Server 会话密钥，再通过该密钥解密消息 H 获取认证符，最后验证票据和认证符，验证通过后返回一条消息。

消息 I：通过 Client/Server 会话密钥进行加密的新时间戳。

客户端通过 Client/Server 会话密钥解密消息 I，得到新时间戳。验证新时间戳正确后，客户端与服务器就能建立信任连接，服务器就能向客户端提供对应的服务。

使用 KrbServer 系统作为华为大数据平台的身份认证服务有以下好处。

（1）能够防止暴力破解：用于认证的会话密钥是临时生成的短期密钥，只在一次会话中有效。

（2）能够防止重放攻击：每个请求都以时间戳进行标记。

（3）双向鉴别：Kerberos 支持双向鉴别，这也是 Kerberos 优于 NTLM 鉴别协议的地方。Kerberos 的服务器通过返回客户端发送的时间戳，向客户端提供验证自己身份的手段。

（4）较高的性能：从 AS_REP 以及 TGS_REP 看到，KDC 把认证客户端身份的相关信息，主要是会话密钥和被加密的客户端身份信息都发送给了客户端，由客户端进行保管，这样做减少了服务器和 KDC 的存储压力；由客户端统一发送认证符和票据，而不是由 KDC 代为发送，减少了 KDC 的压力，并且可以防止两者不能同步到达服务器而引起的认证失败。

虽然 Kerberos 协议在网络安全服务中是十分主流的认证机制，并且具备很高的安全性和可靠性，但是 Kerberos 协议的本身设计存在缺陷。从认证用户身份流程和被恶意攻击的角度来看，Kerberos 协议存在以下缺陷。

（1）在第 1 阶段客户端与 AS 相互通信的过程中，AS 向客户端响应请求时仍然用客户端的用户会话密钥进行加密。因此，客户端的用户会话密钥依然被用于加密和传输。由于 AS 授予客户端的 TGT 存在生命周期，因此当 TGT 的生命周期结束后，客户端势必要向 AS 重新发送 AS_REQ，造成了用户会话密钥在网络中被多次传输。

（2）KDC 要保存大量的密钥，维护 KDC 密钥数据库开销很大。

（3）Kerberos 防止重放攻击的手段是使用时间戳。然而，在分布式系统中，严格的时间同步是困难的，错误的时间同步会导致认证失败。因此，恶意攻击者可以通过干扰时间系统来达到攻击的目的。

（4）所有用户使用的密钥都存储于 KDC 的密钥数据库中，危及服务器安全的行为将危及所有用户的密钥。

# 10.4　华为大数据安全认证场景架构

## 10.4.1　安全认证场景架构

为了管理集群中数据与资源的访问控制权限，华为大数据平台推荐以安全模式安装集群。在安全模式下，客户端应用程序在访问集群中的任意资源之前，均需要通过身份认证建立安全会话连接。

FusionInsight 通过 KrbServer 为所有组件提供 Kerberos 认证功能，实现了可靠的认证机制。LdapServer 支持 LDAP，为 Kerberos 认证提供用户和用户组数据保存功能。图 10-13 所示为华为大数据平台安全认证场景架构，表 10-4 解释了华为大数据平台安全认证场景架构中出现的关键模块。

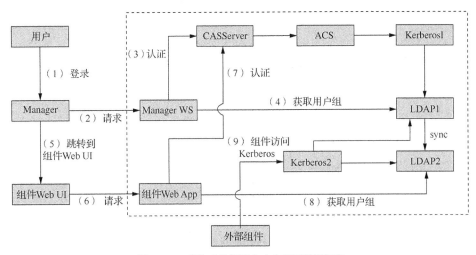

图 10-13 华为大数据平台安全认证场景架构

表 10-4                      关键模块解释

| 名称 | 含义 |
|---|---|
| Manager | FusionInsight Manager |
| Manager WS | FusionInsight WebBrowser |
| Kerberos1 | 部署在 Manager 中的 KrbServer（管理平面）服务，即 OMS Kerberos |
| Kerberos2 | 部署在集群中的 KrbServer（业务平面）服务 |
| Ldap1 | 部署在 Manager 中的 LdapServer（管理平面）服务，即 OMS LDAP |
| Ldap2 | 部署在集群中的 LdapServer（业务平面）服务 |
| CASServer | 中央认证服务器 |
| ACS | 访问控制系统 |

图 11-13 描述了华为大数据平台中的 3 种安全认证场景。

（1）登录 Manager 的流程：具体认证架构包括步骤 1、2、3、4。用户在 Manager 上进行登录后，向 Manager WS 发送请求，再通过 CASServer 向 KrbServer 进行身份认证。KrbServer 从 LdapServer 中进行用户身份核对，验证成功后即可从 LdapServer 中获取所需用户组。

（2）登录组件 Web UI 的流程：具体认证架构包括步骤 5、6、7、8。用户在组件 Web UI 上进行登录后，向组件 Web App 发送请求，再通过 CASServer 向 KrbServer 进行身份认证。KrbServer 利用 LdapServer 进行用户身份核对，验证成功后即可从 LdapServer 中获取所需用户组。

（3）组件间访问的安全认证：华为大数据平台中不同开源组件的互信访问如图 10-13 的步骤 9 所示，以 Kerberos 服务为通信中介实现组件间的安全认证。

Kerberos1 对 LdapServer 中数据的操作方式：采用负荷分担的方式访问 LdapServer1（主、备两个实例）和 LdapServer2（主、备两个实例）。数据的写操作只能在 LdapServer1（主实例）上进行。数据的读操作可以在 LdapServer1 或者 LdapServer2 上进行。

Kerberos2 对 LdapServer 中数据的操作方式：只能访问 LdapServer2（包含主、备两个实例）。数据的写操作只能在 LdapServer2（主实例）上进行。

## 10.4.2 Kerberos 与 LdapServer 的业务交互

华为大数据平台用户登录的安全认证功能主要依赖于 Kerberos 和 LdapServer。下面讲述 Kerberos 与 LdapServer 是怎样进行业务交互的。首先，Kerberos 作为认证服务中心，向集群内所有服务以及用户的二次开发应用提供统一的认证服务。LdapServer 作为用户数据存储中心，存储了集群内用户的信息，包含密码、附属信息等。统一认证的过程中，Kerberos 的所有数据，包含密码、附属信息（如用户归属组信息）等均需要从 LdapServer 获取每一次的认证业务，Kerberos 均需要从 LdapServer 中获取用户信息。图 10-14 以活动图的形式描述一次数据修改业务中 Kerberos 和 LdapServer 的交互流程。

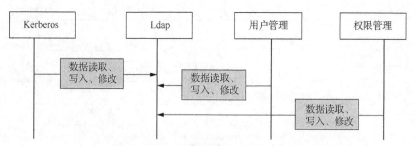

图 10-14　数据修改业务中 Kerberos 和 LdapServer 的交互流程

　　LdapServer 主要提供用户数据存储功能，其中包含集群内的默认用户（如 admin 用户）、客户端创建的新用户（如通过 UI 创建一个用户）。LdapServer 存储了用户的两个关键信息，分别是 Kerberos 信息和 Ldap 信息。

　　Kerberos 信息主要包含用户的账号、密码信息，为 Kerberos 提供认证查询功能，即密码的校验功能。Ldap 信息主要包含用户的附属信息，如用户类别、用户组信息、角色信息、邮箱等，对外提供鉴权功能，即权限的识别，如该用户是否具有访问 HDFS 某个文件目录的权限。

　　下面简要介绍华为大数据平台安全认证服务的常用角色部署方式。

　　Kerberos 服务角色包括 KerberosServer 和 KerberosAdmin。其中 KerberosServer 对外提供认证功能，KerberosAdmin 对外提供用户管理（即用户的增、删、改）功能。Kerberos 服务采用负荷分担模式部署，安装时需要将 Kerberos 服务选择到集群内两个控制节点。

　　LdapServer 服务角色包括 SlapdServer。LdapServer 服务采用主备模式部署，安装时需要将 LdapServer 服务选择到集群内两个控制节点。

　　考虑性能最优化，建议所有集群中的 LdapServer 都与 KrbServer 部署在相同的节点上。

## 10.4.3　常用配置项及命令

　　表 10-5 列出了 KrbServer 常用配置项及其含义，供华为大数据平台用户进行参考；它们一般在 /etc/krb5.conf 文件中进行配置。表 10-6 列出了 LdapServer 中常用的目录服务操作命令和 KrbServer 中常用的用户信息认证管理的有关操作命令。

表 10-5　　　　　　　　　　　　　KrbServer 常用配置项及其含义

| 配置项 | 含义 |
| --- | --- |
| KADMIN_PORT | kadmin 服务提供用户管理的端口 |
| Kdc_ports | kdc 服务实例的端口 |
| Kdc_timout | kdc 提供认证服务的超时时长 |
| KPASSWD_PORT | kadmin 提供密码管理的端口 |
| LDAP_OPTION_TIMEOUT | Kerberos 对后端 LDAP 数据库进行连接的超时时长，连接操作时间超过该值，Kerberos 返回失败 |
| LDAP_SEARCH_TIMEOUT | Kerberos 对后端 LDAP 数据库进行查询的操作时长，查询操作时间超过该值，Kerberos 返回失败 |
| max_retries | JDK 进程连接 KDC 进行认证的最大次数，如果连接次数超过设定值，则返回失败 |

表 10-6　　　　　　　　　　　LdapServer、KrbServer 常用命令及其含义

| 命令 | 含义 |
| --- | --- |
| ldapsearch | 系统自带的 Ldap 客户端命令工具，查询 Ldap 中的用户信息 |
| ldapadd | 系统自带的 Ldap 客户端命令工具，向 Ldap 中添加用户信息 |
| ldapdelete | 系统自带的 Ldap 客户端命令工具，删除 Ldap 中的用户信息 |
| kinit | Kerberos 用户身份认证，只有通过身份认证的用户才能执行 MRS 各组件的 Shell 命令，完成组件的维护任务 |
| kdestroy | Kerberos 用户身份注销，完成组件任务后使用 |
| kadmin | 切换至 Kerberos admin 用户，拥有 admin 权限。该用户可以获取、修改 Kerberos 用户信息 |
| kpasswd | 修改 Kerberos 用户密码 |
| klist | 列出当前通过身份认证的 Kerberos 用户 |

### 10.4.4　集群内服务认证

Kerberos 服务在集群中是一个基础组件模块。在安全模式下，所有的业务组件都需要依赖 Kerberos 服务（组件）。业务组件（如 HDFS）在对外提供业务服务的过程中，均需要先通过 Kerberos 的认证服务，如果无法通过 Kerberos 的认证服务，则将无法获取该业务组件的任何业务服务。

LdapServer 作为 Kerberos 的数据存储模块，与其他所有的业务组件（除 Kerberos 服务外）均不直接交互集群内的某个服务。例如，HDFS 服务处于 prestart 阶段，会预先去 KrbServer 中获取该服务对应的服务名称的会话密钥（keytab，主要提供给应用程序进行身份认证使用）。当后续任意其他服务（如 YARN）需要去 HDFS 中增、删、改、查数据时，必须获取对应的票据授权票据和服务票据，用于本次的安全访问。图 10-15 展示了以 HDFS 服务为例的集群内服务认证的步骤。

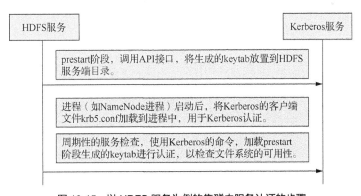

图 10-15　以 HDFS 服务为例的集群内服务认证的步骤

# 10.5　本章小结

本章介绍了华为大数据安全认证系统，简单介绍了统一身份认证、单点登录的概念，详细讲述了华为大数据安全认证体系主要依赖的 Kerberos 认证机制和 LdapServer，并且介绍了华为大数据平台在实际使用中的安全认证场景架构。

通过本章的学习，读者可以提升对 MRS 产品中安全认证的理解以及对 LdapServer 和 Kerberos 技术的理解，从而提高自身对产品的维护能力。

## 10.6 习题

（1）LDAP 和目录服务有哪些关系？

（2）请简要讲述 X.500 标准和 LDAP 之间的联系和区别。

（3）请简要讲述 Kerberos 身份认证的流程。

（4）Kerberos 作为安全模式下的基础组件，哪些服务（组件）需要与 Kerberos 进行交互？这些服务都分别在什么流程中会涉及？

（5）通过客户端执行 kinit 命令进行认证和调用二次开发的接口（如 Hadoop 提供的 login 接口）进行认证，这两种认证方式有何差异？

# 11 第11章 分布式全文检索 Elasticsearch

在互联网时代，人们面临着前所未有的信息过载问题。早期，Apache Lucene 凭借其精巧的代码设计、优异的性能、丰富的查询接口，以及众多衍生搜索产品（如 Apache Solr、Nutch 等），在开源搜索领域大放异彩。随着互联网的发展，数据量快速膨胀，对搜索引擎提出了分布式、准实时、高容错、可扩展、易于交互等诸多进阶要求。Elasticsearch 的诞生很好地满足了上述大数据时代的搜索产品要求。本章主要介绍 Elasticsearch 的产生背景、特点、应用场景，以及 Elasticsearch 的架构及关键特性等。

## 11.1 Elasticsearch 简介

Elasticsearch 是一款基于 Apache Lucene 的开源搜索产品，最早发布于 2010 年。之后 Elasticsearch 的开发团队成立了专门的商业公司，继续对其进行开发并提供服务和技术支持。Elasticsearch 具有开源、分布式、准实时、RESTful、便于二次开发等特点，代码实现精巧，系统稳定、可靠，已经被国内外众多组织和公司广泛采用。

Elasticsearch 是一个高性能、基于 Lucene 的全文检索服务，也是一个分布式的 RESTful 风格的开源搜索和数据分析引擎，可以作为 NoSQL 数据库使用。Elasticsearch 对 Lucene 进行了扩展，提供了比 Lucene 更为丰富的查询语言，同时实现了可配置、可扩展的要求，并对查询性能进行了优化，还提供了一个完善的功能管理界面。Elasticsearch 可以在原型环境和生产环境间无缝切换，无论 Elasticsearch 是在一个节点上运行，还是在一个包含 300 个节点的集群上运行，用户都能够以相同的方式与 Elasticsearch 进行通信。Elasticsearch 能够水平扩展，每秒可处理海量事件，同时能够自动管理索引和查询在集群中的分布方式，以实现极其流畅的操作。Elasticsearch 支持多种数据格式，包括数字、文本、地理位置、结构化和非结构化数据等。

### 11.1.1 Elasticsearch 特点

Elasticsearch 服务支持结构化、非结构化文本的多条件检索、统计和报表生成，拥有完善的监控体系，提供了一系列系统、集群以及查询性能等关键指标，让用户能更专注于业务逻辑的实现。它具有以下特点。

（1）高性能：能立即获得搜索结果，实现用于全文检索的倒排索引。

（2）可扩展性：支持水平扩展，可运行于成百上千台服务器上，可以在原型环境和生产环境间无缝切换。

（3）相关度：搜索所有内容，基于各项元素（从词频或近因到热门度等）对搜索结果进行排序。

（4）可靠性：自动检测故障（如硬件故障、网络分割等）并保障集群（和数据）的安全性和可用性。

### 11.1.2　Elasticsearch 应用场景

Elasticsearch 多用于日志搜索和分析、时空检索、时序检索和报表、智能搜索等场景，其因简单的 RESTful 风格 API、分布式特征、高效检索和可扩展性而闻名，是 Elastic Stack 的核心组件。Elastic Stack 是适用于数据采集、存储、分析和可视化的一组开源工具。

Elasticsearch 的应用场景总体来说主要分为以下 3 种。

（1）待检索的数据类型复杂：如需要查询的数据有结构化数据（关系数据库等）、半结构化数据（网页等）、非结构化数据（日志、图片、图像等）等；Elasticsearch 可以对以上数据类型进行清洗、分词、建立倒排索引等一系列操作（建立索引），然后提供全文检索（查询）的功能。

（2）检索条件多样化（如涉及字段太多），常规查询无法满足：全文检索（查询）可以包括词和短语、词或短语等多种形式。

（3）边写边读：写入的数据可以实时地进行检索。

Elasticsearch 在检索速度和可扩展性方面都表现出色，而且还能够检索多种类型的数据，这意味着其可用于多种用例。

（1）维基百科和百度百科的全文检索、高亮、搜索与推荐。

（2）The Guardian（国外新闻网站）的用户行为日志（点击、浏览、收藏、评论）+社交网络数据（对某新闻的相关看法）、数据分析以及给到每篇新闻文章作者的消息，让他知道他的文章的公众反馈（如好、坏、热门等）。

（3）Stack Overflow（国外的程序异常讨论论坛），可搜索相关问题和答案。

（4）GitHub（开源代码管理网站），搜索上千亿行代码。

（5）电商网站检索商品。

（6）日志数据分析，Logstash 采集日志，Elasticsearch 进行复杂的数据分析（ELK 技术，Elasticsearch+Logstash+Kibana）。

（7）商品价格监控网站，用户设定某商品的价格阈值，当低于该阈值的时候，发送通知消息给用户。例如，订阅牙膏的监控，如果某牙膏的家庭套装低于 50 块钱，就通知用户，用户就去购买。

（8）商业智能（Business Intelligence，BI）系统。例如，有个大型商场，分析某区域最近 3 年的用户消费金额的趋势以及用户群体的组成，产出相关的数张报表。报表显示该区域最近 3 年的消费金额呈现 100%的增长，而且用户群体 85%是高级白领，适合开一个新商场。Elasticsearch 执行数据分析和挖掘，Kibana 进行数据可视化。

### 11.1.3　Elasticsearch 在大数据解决方案中的位置

这里我们先参考图 11-1 来简要地了解一下鲲鹏大数据解决方案的架构。

如图 11-1 所示，Elasticsearch 属于大数据组件。Elasticsearch 是一个兼有搜索引擎和 NoSQL 数据库功能的开源系统，基于 Java/Lucene 构建，具有开源、分布式、支持 RESTful 请求等特点。Elasticsearch 多用于日志搜索和分析、时空检索、时序检索和报表、智能搜索等场景，显而易见，其在大数据解决方案中主要的作用是提供搜索服务。

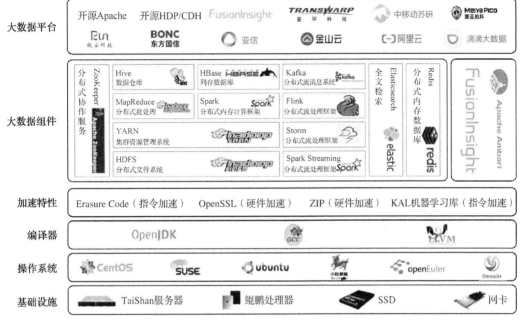

图 11-1　鲲鹏大数据解决方案的架构

# 11.2　Elasticsearch 架构

## 11.2.1　Elasticsearch 核心概念

读者可能已经对 Elasticsearch 有所了解了，至少已经了解了它的一些特点和应用场景。不过，为了全面地理解该搜索引擎是如何工作的及更好地了解它的架构，下面简略地讨论一下它的一些基本概念。在了解一些基本概念以后，我们将以表格（如表 11-1 所示）的形式简要展示一些常用的概念术语。

表 11-1　　　　　　　　　　　　　　Elasticsearch 概念术语

| 名称 | 描述 |
| --- | --- |
| cluster | 代表一个集群。集群中有多个节点，其中有一个为主节点，这个主节点是可以通过选举产生的，主、从节点是对集群内部而言的 |
| shard | 代表索引分片。Elasticsearch 可以把一个完整的索引分成多个分片，这样做的好处是可以把一个大的索引拆分成多个索引分片，分布到不同的节点上 |
| replica | 代表索引副本。Elasticsearch 可以设置多个索引的副本，副本的一个作用在于提高系统的容错性，当某个节点某个分片损坏或丢失时可以从副本中恢复；另一个作用是提高 Elasticsearch 的查询效率，Elasticsearch 会自动对搜索请求进行负载均衡 |
| recovery | 代表数据恢复或数据重新分布。Elasticsearch 在有节点加入或退出时会根据机器的负载对索引分片进行重新分配，退出的节点重新启动时也会进行数据恢复 |
| gateway | 代表 Elasticsearch 索引快照的存储方式。Elasticsearch 默认是先把索引存储到内存中，当内存满了时再持久化到本地硬盘。gateway 对索引快照进行存储，当这个 Elasticsearch 集群关闭再重新启动时就会从 gateway 中读取索引备份数据。Elasticsearch 支持多种类型的 gateway，有本地文件系统（默认）、分布式文件系统、Hadoop 的 HDFS 和 Amazon 的 S3 云存储服务 |
| transport | 代表 Elasticsearch 内部节点或集群与客户端的交互方式，默认内部是使用 TCP 进行交互，同时它支持 HTTP（JSON 格式）、Thrift、Servlet、Memcached、ZeroMQ 等的传输协议（通过插件方式集成） |

## 1. 索引

Elasticsearch 将它的数据存储在一个或者多个索引中。用 SQL 领域的术语来类比，索引就像数据库，可以向索引写入文档或者从索引中读取文档。就像之前说过的那样，Elasticsearch 会在内部使用 Lucene 将数据写入索引或从索引中检索数据。读者需要注意的是，Elasticsearch 中的索引可能由一个或多个 Lucene 索引构成，细节由 Elasticsearch 的索引分片、副本机制及其配置决定。

## 2. 文档

文档是 Elasticsearch 中的主要实体（对 Lucene 来说也是如此）。对所有使用 Elasticsearch 的案例来说，它们最终都会被归结到对文档的搜索之上。文档由字段构成，每个字段均包含字段名以及一个或多个字段值（在这种情况下，该字段被称为是多值的，即文档中有多个同名字段）。文档之间可能有各自不同的字段集合，文档并没有固定的模式或强制的结构。这种现象看起来很眼熟（这些规则也适用于 Lucene 文档）。事实上，Elasticsearch 的文档最后都被存储为 Lucene 文档了。从客户端的角度来看，文档是一个 JSON 对象。

## 3. 类型

Elasticsearch 中每个文档都有与之对应的类型。这允许用户在一个索引中存储多种文档类型，并为不同文档类型提供不同的映射。如果同 SQL 领域类比，则 Elasticsearch 的类型就像一个数据库表。

## 4. 映射

所有文档在写入索引前都将被分析，用户可以设置一些参数，决定如何将输入文本分割为词条，哪些词条应该被过滤，或哪些附加处理有必要被调用（如移除 HTML 标签）。这就是映射扮演的角色：存储分析链所需的所有信息。虽然 Elasticsearch 能根据字段值自动检测字段的类型，有时候（事实上几乎是所有时候）用户还是想自己来配置映射，以避免出现一些令人不愉快的意外。

## 5. 节点

单个 Elasticsearch 服务实例被称为节点。很多时候部署一个 Elasticsearch 节点就足以应付大多数简单的应用，但是考虑到容错性或者当数据膨胀到单机无法应付这些状况时，也许你会更倾向于使用多节点的 Elasticsearch 集群。

Elasticsearch 节点按用途可以分为 3 类。众所周知，Elasticsearch 是用来索引和查询数据的，因此第 1 类节点就是数据节点，用来持有数据，提供对这些数据的搜索功能。第 2 类节点是主节点，作为监督者负责控制其他节点的工作。一个集群中只有一个主节点。第 3 类节点是部落节点。部落节点是 Elasticsearch 1.0 新引入的节点类型，它可以像桥梁一样连接多个集群，并允许我们在多个集群上执行几乎所有可以在单集群 Elasticsearch 上执行的功能。

## 6. 集群

多个协同工作的 Elasticsearch 节点的集合被称为集群。Elasticsearch 的分布式属性使我们可以轻松处理超过单机负载能力的数据量。同时，集群也是无间断提供服务的一种解决方案，即便当某些节点因为宕机或者执行管理任务（如升级）不可用时，Elasticsearch 几乎也是无缝集成了集群功能。在我们看来，这是它胜过竞争对手的最主要优点之一，在 Elasticsearch 中配置一个集群是再容易不过的事了。

## 7. 分片

正如我们之前提到的那样，集群允许系统存储的数据总量超过单机容量。为了满足这个需求，Elasticsearch 将数据散布到多个物理的 Lucene 索引上。这些 Lucene 索引被称为分片，而散布这些分片的过程叫作分片处理。Elasticsearch 会自动完成分片处理，并且让用户看来这些分片更像是一个大索引。请记住，除了 Elasticsearch 本身自动进行分片处理外，用户为具体的应用进行参数调优也是至关重要的。因为分片的数量在索引创建时就被配置好了，之后无法改变，除非创建一个新索引并重新索引全部数据。

8. 副本

分片处理允许用户推送超过单机容量的数据至 Elasticsearch 集群。副本则解决了访问压力过大时单机无法处理所有请求的问题。思路是很简单的，即为每个分片创建冗余的副本，处理查询时可以把这些副本当作最初的主分片使用。值得注意的是，副本给 Elasticsearch 带来了更多的安全性。如果主分片所在的节点宕机了，Elasticsearch 会自动从该分片的副本中选出一个作为新的主分片，因此不会对索引和搜索服务产生干扰。副本可以在任意时间点被添加或移除，因此一旦你有需要，即可随时调整副本的数量。

## 11.2.2　Elasticsearch 集群架构

分布式是 Elasticsearch 的众多优点之一，因此这里讲解 Elasticsearch 的分布式集群架构。在一个分布式系统中，可以通过多个 Elasticsearch 运行实例来组成一个集群，这个集群中有一个节点叫作主节点。Elasticsearch 是去中心化的，所以这里的主节点是动态选举出来的，不存在单点故障。

在同一个子网内，只需要在每个节点上设置相同的集群名，Elasticsearch 就会自动地把这些集群名相同的节点组成一个集群。节点和节点之间的通信以及节点之间的数据分配和平衡全部由 Elasticsearch 自动管理。在外部看来 Elasticsearch 就是一个整体。

Elasticsearch 集群架构由 EsMaster 和 EsNode1、EsNode2、EsNode3、EsNode4、EsNode5、EsNode6、EsNode7、EsNode8、EsNode9 进程组成，如图 11-2 所示。

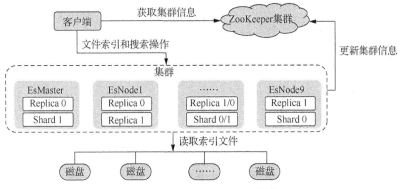

图 11-2　Elasticsearch 集群架构

为了更好地理解 Elasticsearch 集群架构，下面对图 11-2 中的各个角色及作用一一进行讲解。

客户端：客户端使用 HTTP 或 HTTPS 同 Elasticsearch 集群中的 EsMaster 以及各 EsNode 实例进程进行通信，进行分布式索引和分布式搜索操作。

EsMaster：主节点，可以临时管理集群级别的一些变更，如新建或删除索引、增加或移除节点等。主节点不参与文档级别的变更或搜索，在流量增长时，该主节点不会成为集群的瓶颈。EsMaster 负责存储 Elasticsearch 的元数据。

EsNode1～EsNode9：Elasticsearch 节点，一个节点就是一个 Elasticsearch 实例，用于存储 Elasticsearch 的索引数据。

ZooKeeper 集群：如大家平时了解的一样，ZooKeeper 为 Elasticsearch 集群中各进程提供心跳感应机制。

## 11.2.3　Elasticsearch 内部架构

Elasticsearch 通过 RESTful 风格的 API 或者其他语言（如 Java）API 提供丰富的访问接口，使用集群发现机制，支持脚本语言，支持丰富的插件。底层基于 Lucene，保持 Lucene 绝对的独立性，通过本地文件、共享文件、HDFS 完成索引存储。其内部架构如图 11-3 所示。

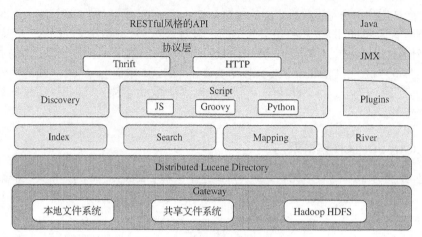

图 11-3　Elasticsearch 内部架构

下面分层次地一一讲解图 11-3 中的各个模块的功能。

（1）Gateway 层：Elasticsearch 用来存储索引文件的一个文件系统且它支持很多类型，如本地磁盘、共享存储（进行快照的时候需要用到）、Hadoop 的 HDFS、Amazon S3。它的主要职责是对数据进行持久化以及在整个集群重启之后可以通过 Gateway 重新恢复数据。

（2）Distributed Lucene Directory 层：Gateway 上层就是一个 Lucene 的分布式框架，Lucene 是做检索的，但是它是一个单机的搜索引擎。像 Elasticsearch 这种分布式搜索引擎，虽然底层用 Lucene，但是需要在每个节点上都运行 Lucene 以进行相应的索引、查询以及更新，因此其需要做成分布式的运行框架来满足业务的需要。

（3）模块层：Distributed Lucene Directory 之上就是一些 Elasticsearch 的模块。下面我们介绍四大模块。

① Index 模块是索引模块，用于对数据建立索引，也就是通常所说的建立一些倒排序索引（Inverted Index）等。

② Search 模块是搜索模块，用于对数据进行查询和搜索。

③ Mapping 模块是数据映射与解析模块，就是你的数据的每个字段可以根据你建立的表结构通过 Mapping 进行映射和解析。如果你没有建立表结构，则 Elasticsearch 就会根据你的数据类型在推测你的数据结构之后自己生成一个映射，然后根据这个映射进行数据解析。

④ River 模块在 Elasticsearch 2.0 之后就被去掉了，它的意思是第三方插件，如可以通过一些自定义的脚本将传统的数据库（如 MySQL 等）的数据源通过格式化转换后直接同步到 Elasticsearch 集群里。这个模块大部分是自己写的，写出来的东西质量参差不齐，将这些东西集成到 Elasticsearch 中会引发很多内部 bug，严重影响了 Elasticsearch 的正常应用，因此在 Elasticsearch 2.0 之后将其去掉了。

（4）Discovery 层和 Script 层：Elasticsearch 四大模块组件之上有 Discovery 模块，Elasticsearch 是一个包含多个节点的集群，节点之间需要互相发现对方，然后组成一个包含主节点的集群，其中集群内部通过选举机制选出主节点，这些 Elasticsearch 都是通过 Discovery 模块实现的，默认使用的是 Zen，也可使用 EC2；Elasticsearch 查询还可以支撑多种脚本语言，包括 JS、Groovy、Python 等。

（5）协议层：再上一层就是 Elasticsearch 的通信接口 Transport，支持的协议也比较多，如 Thrift、HTTP，默认的是 HTTP。JMX 就是 Java 的一个远程监控管理框架，因为 Elasticsearch 是通过 Java 实现的。

（6）RESTful 风格的 API 层：最上层是 Elasticsearch 暴露给我们的访问接口，官方推荐的方案就是使用这种 RESTful 风格的 API，直接发送 HTTP 请求，这样做方便后续使用 Nginx 做代理、分发以及权限管理等工作，通过 HTTP 很容易实现这方面的管理。如果使用 Java 客户端，则其是直接调用 API 的，在负载均衡以及权限管理等许多方面还有待完善。

# 11.3 Elasticsearch 关键特性

下面介绍 Elasticsearch 的八大关键特性，帮助读者更加清晰地认识 Elasticsearch。

## 11.3.1 倒排序索引

传统的搜索方式（正排序索引）从关键词出发，然后通过关键词找到能够满足搜索条件的特定信息，即通过 key 寻找 value。而 Elasticsearch（Lucene）的搜索采用了倒排序索引的方式，即通过 value 寻找 key。而在中文全文搜索中，value 就是我们要搜索的关键词，存储所有关键词的地方叫词典。key 就是文档编号列表，value 就是搜索关键词，通过文档编号列表，我们可以找到出现过搜索关键词的文档。关键词查找过程如图 11-4 所示。

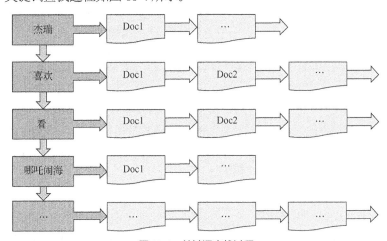

图 11-4 关键词查找过程

通过倒排序索引进行搜索，就是通过关键词查询对应的文档编号，再通过文档编号查找文档，类似于查字典，或通过书籍目录查指定页码的内容。例如，我们有两个文档，每个文档 content 字段包含的内容如下。

（1）Huawei is a world-class company from China。

（2）There must be Huawei in the world-class enterprise directory。

使用倒排序索引，我们首先需要切分每个文档的 content 字段为单独的单词（称为词或表征），然后将所有的唯一词进行排序存储，如表 11-2 所示。

表 11-2                                         唯一词排序列表

| 词/表征 | Doc_1 | Doc_2 |
|---|---|---|
| Huawei | ◎ | ◎ |
| is | ◎ | × |
| a | ◎ | × |
| world-class | ◎ | ◎ |

续表

| 词/表征 | Doc_1 | Doc_2 |
|---|---|---|
| company | ◎ | × |
| from | ◎ | × |
| China | ◎ | × |
| There | × | ◎ |
| must | × | ◎ |
| be | × | ◎ |
| in | × | ◎ |
| the | × | ◎ |
| enterprise | × | ◎ |
| directory | × | ◎ |

现在我们以搜索内容"Huawei"和"company"为例，需要查找到每个词在哪个文档中出现过。具体结果如表 11-3 所示。

表 11–3　　　　　　　　　　　　　　搜索结果集

| 词/表征 | Doc_1 | Doc_2 |
|---|---|---|
| Huawei | ◎ | ◎ |
| company | ◎ | × |
| … | … | … |
| 总计 | 2 | 1 |

从搜索结果集中可以看出，两个文档都有匹配，但是 Doc_1 比 Doc_2 有更多的匹配项。如果我们加入简单的相似度算法（Similarity Algorithm）来计算匹配词的数目，则可以证明 Doc_1 比 Doc_2 匹配度更高——对我们的查询具有更强的相关性。

### 11.3.2　路由算法

当索引一个文档的时候，文档会被存储到一个主分片中。Elasticsearch 如何知道哪个文档应该存储到哪个分片中呢？当我们创建文档时，它如何决定这个文档应当被存储在分片 1 还是分片 2 中？首先这肯定不会是随机的，否则将来要获取文档的时候我们就不知道从何处寻找。实际上，这个过程是根据下面这个公式决定的：

```
shard = hash(routing) % number_of_primary_shards
```

routing 是一个可变值，默认是文档的_id，也可以将其设置成一个自定义的值。routing 通过 hash 函数生成一个数字，然后这个数字再除以 number_of_primary_shards（主分片的数量）得到余数。这个在 0 到 number_of_primary_shards-1 之间的余数，就是我们所寻求的文档所在分片的位置。这就解释了为什么我们要在创建索引的时候就确定好主分片的数量并且永远不会改变这个数量：因为如果数量变化了，那么所有之前路由的值都会无效，文档就再也找不到了。你可能觉得由于 Elasticsearch 主分片数量是固定的，因此索引难以进行扩容。实际上，当你需要扩容时有很多技巧可以轻松实现扩容，并且在更高的 Elasticsearch 7.x 中将会实现自由扩容。我们将在 11.3.4 小节中介绍更多有关横向扩展的内容。

所有的文档 API（get、index、delete、bulk、update 以及 mget）都会接收一个叫作 routing 的路由参数，通过这个参数我们可以自定义文档到分片的映射。一个自定义的路由参数可以用来确保所有相关的文档（如所有属于同一个用户的文档）都被存储到同一个分片中。

## 11.3.3　平衡算法

Elasticsearch 会自动在可用节点间进行分片均衡，包括有新节点加入和现有节点离线时。理论上来说，这个是理想的行为，我们希望提拔副本分片来尽快恢复丢失的主分片，同时也希望保证资源在整个集群中的均衡，以避免热点问题出现。对于自平衡策略，Elasticsearch 提供了如下算法：

```
weight_index(node, index) = indexBalance * (node.numShards(index) -
                                avgShardsPerNode(index))
weight_node(node, index) = shardBalance * (node.numShards() - avgShardsPerNode)
weight(node, index) = weight_index(node, index) + weight_node(node, index)
```

然而，在实践中，快速地再均衡所造成的问题会比其解决的问题更多。举例来说，考虑以下情形。

（1）Node-19（节点）在网络中失联了（某个管理员踢到了电源线）。

（2）主节点立即注意到了这个节点的离线，并快速提拔一个存储在其他节点（非 Node-19）的副本分片为主分片。

（3）在副本被提拔为主分片以后，主节点开始执行恢复操作以重建缺失的副本。集群中的节点之间互相复制分片数据，网卡压力剧增，集群状态尝试回归到健康状态。

（4）由于目前集群处于非平衡状态，这个过程还有可能会触发小规模的分片移动。其他不相关的分片将在节点间进行迁移以达到一个最佳的平衡状态。

与此同时，那个踢到电源线的管理员插好电源线，服务器进行了重启，现在节点 Node-19 又重新加入了集群。不幸的是，这个节点被告知当前的数据已经没有用了，数据已经在其他节点上重新分配了。因此 Node-19 会将本地的数据进行删除，然后重新开始恢复集群的其他分片（这又导致了一个新的再平衡）。

这一切是不必要的且开销极大，不过前提是你知道这个节点会很快回来。如果节点 Node-19 真的丢了，那么上面的流程确实正是我们想要发生的。

为了解决这种瞬时中断的问题，Elasticsearch 提出可以推迟分片的分配。这可以让你的集群在重新分配之前有时间检测这个节点是否会重新加入。

### 1. 修改默认延时

默认情况下，集群会等待 1min 再查看节点是否会重新加入，如果这个节点在此期间重新加入，则重新加入的节点会保持其现有的分片数据，不会触发新的分片分配。用户也可以通过修改参数 delayed_timeout 进行自定义，默认等待时间可以全局设置，也可以在索引级别进行修改：

```
PUT /_all/_settings
{
  "settings": {
    "index.unassigned.node_left.delayed_timeout": "5m"
  }
}
```

通过使用_all 索引名，我们可以为集群里面的所有索引使用这个参数，将默认时间修改成 5min。这个配置是动态的，用户也可以在实例运行时进行修改。当然，如果你希望分片立即分配而无须等待，那么你可以设置参数 delayed_timeout 值为 0。

延迟分配不会阻止副本被提拔为主分片。集群还是会进行必要的提拔来让集群回到健康的状态。缺失副本的重建是唯一被延迟的过程。

### 2. 自动取消分片迁移

如果节点在超时之后再回来，且集群还没有完成分片的移动，那么会发生什么事情呢？在这种情形下，Elasticsearch 会检查该机器磁盘上的分片数据与当前集群中的活跃主分片的数据是否一样。如果两者匹配，则说明没有进来新的文档，也没有删除和修改操作，那么主节点将会取消正在进行的再平衡并恢复该机器磁盘上的数据。这样做是因为本地磁盘的恢复永远要比网络间的传输快，并且我们保证了它们的分片数据是一样的，这个过程可以说是双赢。如果分片已经产生了分歧（如节点离线之后又索引了新的文档），那么恢复进程会继续按照正常流程进行。重新加入的节点会删除本地的、过时的数据，然后重新获取一份新的数据。

### 11.3.4　扩容策略

随着业务量的增长，Elasticsearch 服务任务量过大，当服务的存储资源、计算能力无法满足业务需求时，就需要对 Elasticsearch 服务进行扩容处理。从操作上来讲，目前可将扩容场景划分成两类。

（1）扩容实例，即添加更多的 Elasticsearch 服务实例。

（2）扩容节点，即往集群中添加更多的服务器。

在实际业务使用中，当 Elasticsearch 服务受到业务量或者资源限制时，可能需要进行相应的集群扩容或减容操作。无论是扩容还是减容，都分为横向调整和纵向调整两个维度。横向调整一般是针对 Elasticsearch 服务实例个数进行增加或者减少操作；而纵向调整一般是针对服务器性能的调整，如更换更好的 CPU，使用更快、更大的硬盘。对 Elasticsearch 这种天生的分布式服务来说，一般容量调整默认指的是横向调整，因此扩容和减容场景都是针对横向调整而言的，不涉及纵向调整。

不管是扩容实例，还是扩容节点，我们都应该从如下几个方面进行扩容检查：

（1）环境检查，包括服务状态和警告两方面；

（2）确定容量调整场景，清晰了解容量调整目标；

（3）查询 Elasticsearch 集群索引个数以及各自文档的数目，以便与调整之后的容量进行对比。

同时对于扩容处理，读者应该遵循扩容行为约束，以维持集群环境的健康状态。下面介绍几条常用的约束。

- 如果增加 Elasticsearch 数据节点实例个数，则新增 Elasticsearch 实例后所有实例总堆内存分配量不超过该服务器总内存的 60%。
- 如果增加 Elasticsearch 数据节点实例个数，则新增 Elasticsearch 实例需要提前挂载好数据盘。
- 如果增加 Elasticsearch 主实例个数，则须相应地调整 MINIMUM_LIVE_MASTER_NODES 参数值的大小。推荐使用默认值-1。
- 扩容的数据实例建议不要选择在主实例所在节点以及集群管理节点上。

MINIMUM_LIVE_MASTER_NODES 参数表示集群中最少存活的主节点个数。取值范围是"-1，[N/2+1, N]"，N 表示集群中所有的主节点个数。默认值为-1，表示该参数代入 N 后 N/2+1 的实际数值。

### 11.3.5　减容策略

当业务需要下线一部分 Elasticsearch 服务器，或者由于服务器资源不够用，要求调整 Elasticsearch 服务器使用数目时，需要对 Elasticsearch 服务进行减容。相对扩容场景，从操作上也可将减容场景划分成两类。

（1）减容实例，即减少 Elasticsearch 服务实例。

（2）减容节点，即从集群中拆除部分 Elasticsearch 服务器。

关停操作看起来是比较简单的，但仍然需要遵守如下约束。

- 如果是减少主实例个数，则请注意主实例个数大于或等于 3，并注意要相应调整 MINIMUM_LIVE_MASTER_NODES 参数值的大小。推荐使用默认值-1。
- 如果是减少数据实例个数，则请注意当前所有索引的副本数不是 0，并且 CLUSTER_ROUTING_

ALLOCATION_SAME_SHARD_HOST 值为 true。

- 减容前应估算数据盘使用率，避免减容后数据重新分布导致磁盘空间不够用。

减容期间集群内的数据信息会重新分布，这会消耗一定的 CPU 和带宽资源。这个时候，如果同节点还部署有其他业务，则业务性能可能会降低。这种操作也会引起集群其他节点的数据量的增加，应保证其他节点磁盘空间足够使用。同时，为避免高 I/O 操作导致数据重分布受影响，这个时候整个集群建议不要进行索引创建操作。

### 11.3.6　索引 HBase 数据

Elasticsearch 索引 HBase 数据是将 HBase 数据写到 HDFS 的同时，建立相应的 HBase 索引数据。其中索引 ID 与 HBase 数据的行键对应，保证每条索引数据与 HBase 数据的唯一，实现 HBase 数据的全文检索。其中批量索引概念针对 HBase 中已有的数据，通过提交 MapReduce 任务的形式，将 HBase 中的全部数据读出，然后在 Elasticsearch 中建立索引。索引过程如图 11-5 所示。

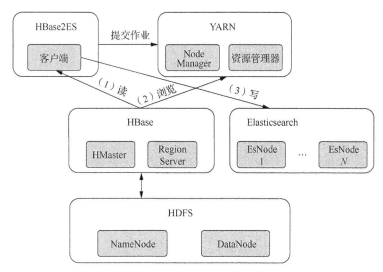

图 11-5　Elasticsearch 对 HBase 数据批量索引过程

### 11.3.7　单机多实例部署

从 Elasticsearch 官方的多份文档中可以看到，官方并不建议在部署 ES 时为实例指定超过 32GB 的内存。但是对于单机服务器，一般内存容量都会比这大很多。所以我们要尝试在一个服务器上部署多个 ES 实例，以便达到充分利用资源的目的，这也就是"单机多实例部署"。

在单个服务器上部署多个实例，需要修改 Elasticsearch 的默认配置。下面介绍一些配置要点。

node.max_local_storage_nodes：这个配置限制了单节点上可以部署的 ES 存储实例的个数。当我们需要部署多个实例时，需要把这个配置写到配置文件中，并将这个配置赋值为 2 或者更高的值。

http.port：这个配置是 Elasticsearch 对外提供服务的 HTTP 端口配置，默认情况下 ES 会取用 9200～9299 之间的端口，如果 9200 被占用就会自动使用 9201。在单机多实例的配置中，这个配置实际上是不需要修改的。但是为了更好地进行配置管理，以及和旧的配置兼容，我们推荐将第 1 个实例的 HTTP 端口配置为 9200，第 2 个实例的 HTTP 端口配置为 9201。

transport.tcp.port：这个配置指定了 Elasticsearch 集群内数据通信使用的端口，默认情况下为 9300，与上面的 HTTP 端口配置类似，ES 也会自动为已占用的端口选择下一个端口号。我们推荐将第 1 个实例的 TCP 端口配置为 9300，第 2 个实例的 TCP 端口配置为 9301。

discovery.zen.ping.unicast.hosts：由于到了 Elasticsearch 2.x 之后，ES 取消了通过默认的广播模式来发现主节点，需要使用该配置来指定发现主节点。这个配置在单机双实例的配置中需要特别注意，因为如果我们配置时并未指定主节点的 TCP 端口，而当前实例的 transport.tcp.port 配置为 9301，那么实例启动后会认为 discovery.zen.ping.unicast.hosts 中指定的主机 TCP 端口也是 9301，这就可能导致该节点无法找到主节点。所以，在该配置中需要指定主节点提供服务的 TCP 端口。

实例节点的部分配置示例如下。

实例 1：

```
cluster.name: ES
node.name: ${HOSTNAME}-1
node.master: false
node.data: true
path.data: /mnt/data/disk1
path.logs: /mnt/logs/instance1
network.host: 0.0.0.0
http.port: 9200
transport.tcp.port: 9300
discovery.zen.ping.unicast.hosts: ["ES1.mydomain:9300","ES2.mydomain:9301"]
node.max_local_storage_nodes: 2
```

实例 2：

```
cluster.name: ES
node.name: ${HOSTNAME}-2
node.master: false
node.data: true
path.data: /mnt/data/disk2
path.logs: /mnt/logs/instance2
network.host: 0.0.0.0
http.port: 9201
transport.tcp.port: 9301
discovery.zen.ping.unicast.hosts: ["ES1.mydomain:9300","ES2.mydomain:9301"]
node.max_local_storage_nodes: 2
```

默认情况下 ES 启动时使用 ES 安装目录的 config 子目录下的 Elasticsearch.yml 文件来作为配置文件，同时还会使用 config 子目录下的 logging.yml 文件来作为日志的配置文件。为了实现单机双实例的分别启动，我们需要创建两个目录来分别存储两个实例的配置文件，如在 config 子目录下创建 instance1 和 instance2 两个目录，并分别放置两个实例需要的 Elasticsearch.yml 和 logging.yml 配置文件。

## 11.3.8　分片自动跨节点分配策略

集群的容量和性能很大程度上取决于 Elasticsearch 如何在节点上分配分片。如果所有流量因为一两个节点包含集群中的活动索引而流向这一两个节点，那么这些节点将显示较高的 CPU、RAM、磁盘和网络使用率。当这几个节点无比忙碌时，集群中可能另有数十个或数百个节点处于空闲状态。而 Elasticsearch 使用分片放置策略很好地解决了这个问题。

分片放置策略可以拆分为两个较小的子问题：要作用于哪个分片，以及分片要放置于哪个目标节点。Elasticsearch 默认实施程序 BalancedShardsAllocator，将其职责划分为 3 个主要存储桶：节点选择、移动分片和重新均衡分片。其中每个存储桶都在内部解决原始子问题并为分片决定一个动作：是将其分配到特定节点，还是将其从一个节点移动到另一个节点，抑或简单地保持原样。

### 1．节点选择

Elasticsearch 通过处理一系列分配策略（Allocation Decider）来获得符合资格的节点列表。节点资格可能因分片和节点上的当前分配而异。不是所有节点都有资格接受特定分片，如 Elasticsearch 不会将副本分片与主分片放置于同一节点。如果节点的磁盘已满，则 Elasticsearch 不能在其上放置另一个分片。

对于分片放置，Elasticsearch 遵循一种"贪婪"的方法：它做出本地最优的决策，并希望达成全局最优。将节点的分片资格抽象为权重函数，然后将每个分片分配给当前最有资格接受它的节点。将此权重函数视为一个数学函数，给定一些参数就可以返回节点上分片的权重。分片最合适的节点是权重最小的节点。

**2. 移动分片**

为响应工作负载的"季节性"变化，集群刚刚经过高流量的季节，现在要恢复到适度的工作负载，这个时候就需要使用我们提到的集群减容策略。在减容过程中，如果过快删除保存数据的节点，则可能会删除包含主分片及其副本分片的节点，进而导致数据永久丢失。更好的方法是排除节点的一个子集，等待所有分片移出，然后终止它们。或者，考虑某一节点的磁盘空间已满，必须移出一些分片以释放空间的情况。在这些情况下，必须将一些分片移出节点。此过程由 moveShards 处理，在 allocateUnassigned 完成后触发。

对于"移动分片"，Elasticsearch 会遍历集群中的每个分片，并检查其是否可以留存在当前节点上。如果不可留存，其从合格节点的子集中选出权重最小的节点，作为此分片的目标节点，然后触发从当前节点到目标节点的分片重定位。

移动操作仅应用于已启动分片，其他状态的分片将被跳过。要从所有节点统一移动分片，移动分片使用 nodeInterleavedShardIterator。此迭代程序首先跨节点进行广度处理，从每个节点中选择一个分片，然后是下一个分片，以此类推。因此，所有节点上的所有分片都会被评估移动必要性，不存在优先或侧重。

**3. 重新均衡分片**

当集群达到工作负载限制时，集群就需要使用我们提到的扩容策略。Elasticsearch 会自动检测这些节点并重新定位分片，以便优化分布。添加或删除节点可能并不总是需要移动分片。例如，节点的分片很少（假设只有一个），额外的节点只是作为预防性的扩展对策而添加的。

Elasticsearch 使用分片来分配程序中的权重函数以将此决策一般化。给定某节点上的当前分配，权重函数会为节点上的分片提供权重。具有高权重的节点较之具有低权重的节点，不适合放置分片。比较不同节点上分片的权重，我们可以确定重新定位是否能够改善整体权重的分布。

为做出重新均衡决策，Elasticsearch 要计算每个节点上每个索引的权重，以及索引的最小和最大可能权重之间的差值。然后，按照最不均衡索引最先处理的顺序处理索引。分片移动是一项繁重的操作。在实际重新定位之前，Elasticsearch 会在重新均衡之前和之后对分片权重进行建模，仅当操作可实现权重的更均衡分布时才会重新定位分片。

最后，重新均衡是一个优化问题。超过某个阈值后，移动分片的成本开始超过权重均衡带来的益处。在 Elasticsearch 中，此阈值当前是固定值，可通过动态设定 cluster.routing.allocation.balance. threshold 来配置。当索引的计算权重增量（跨节点的最小和最大权重之间的差值）小于该阈值时，该索引被认为是均衡的。

# 11.4　本章小结

学到这里，相信读者已经对 Elasticsearch 有了比较深入的了解，使用 Elasticsearch 时也会相对得心应手一些。本章首先讲解了 Elasticsearch 产生的背景、4 个关键特点、3 种应用场景、8 种用例以及 Elasticsearch 在鲲鹏大数据解决方案中的位置。然后介绍了 Elasticsearch 的架构和 Elasticsearch 中的众多基本概念，这是深入了解 Elasticsearch 所必需的；集群架构部分是以 Elasticsearch 分布式集群架构为突破点进行讲解的，讲解了其中主要的角色及其作用；接下来就是内部架构介绍，对 Elasticsearch 的内部架构分层次进行了详细的介绍。最后讲解了 Elasticsearch 的八大关键特性，即倒排序索引、路由算法、平衡算法、扩容策略、减容策略、索引 HBase 数据、单机多实例部署、分片自动跨节点分配策略。

## 11.5　习题

（1）Elasticsearch 中可以被索引的单位是?

（2）Elasticsearch 可以索引哪些数据类型?

（3）Elasticsearch 底层是基于哪个开源软件进行开发的?

（4）简述您在学习 Elasticsearch 时所遇到的问题以及制定的解决方案。

# 第12章 Redis内存数据库

Redis 作为一个开源的、高性能的、基于 key-value 对的内存数据库，它通过提供 5 种不同的数据类型，来帮助用户解决不同场景下的缓存与存储需求。同时 Redis 的诸多高级特性，使得用户可以很方便地将其扩展为一个能够存储数百 GB 数据、每秒处理上百万次请求的系统。本章将从 Redis 的发展及架构特性、5 种基本数据类型及基础命令、内存数据持久化的配置以及优化策略等方面对 Redis 进行具体的介绍。

## 12.1 Redis 简介

Redis 作为一款开源的高性能 key-value 对数据库，在社区中拥有很高的活跃度。Redis 主要被应用到如下场景。

### 1. 缓存

缓存现在几乎是所有中、大型网站都在用的"必杀技"，合理地利用缓存不仅能够提升网站访问速度，还能大大降低数据库的压力。Redis 提供了 key 过期功能，即提供了灵活的 key 淘汰策略。因此，现在利用 Redis 实现缓存的场合非常多。

### 2. 排行榜

很多网站都有排行榜应用，如天猫的月度销量榜单、商品按时间的上新排行榜等。Redis 提供的有序集合数据类能够实现各种复杂的排行榜应用。

### 3. 计数器

计数器，用于统计电商网站商品的浏览量、视频网站视频的播放量等信息。为了保证数据的时效性，每次浏览都应加 1，并发量高时如果每次都请求数据库操作，这无疑是种挑战和压力。Redis 提供了 incr 命令来实现计数器功能，通过内存操作，性能非常好，非常适用于这些计数场景。

### 4. 分布式会话

集群模式下，在应用不多的情况下一般使用容器自带的会话复制功能就能满足会话需求；当在相对复杂的多应用系统中，一般都会搭建以 Redis 等内存数据库为中心的会话服务，会话不再由容器管理，而是由会话服务及内存数据库管理。

#### 5. 分布式锁

在很多互联网公司中都使用了分布式技术。分布式技术带来的技术挑战是对同一个资源的并发访问，如全局 ID、减库存、秒杀等场景。并发量不高的场景可以使用数据库的悲观锁、乐观锁来实现。但在并发量高的场景中，利用数据库锁来控制资源的并发访问是不太理想的，会大大影响数据库的性能。可以利用 Redis 的 SETNX 功能来编写分布式的锁，如果设置返回 1 则说明获取锁成功，否则获取锁失败。当然，实际应用中有更多的方面需要考虑。

#### 6. 社交网络

点赞、踩、关注/被关注、共同好友等是社交网站的基本功能。社交网站的访问量通常来说比较大，而且传统的关系数据库不适合存储这种类型的数据，Redis 提供的散列、集合等数据结构能很方便地实现这些功能。

#### 7. 最新列表

Redis 列表结构，LPUSH 可以在列表头部插入一个内容 ID 作为关键字，LTRIM 可用来限制列表的数量，这样列表就永远为 $N$ 个 ID，无须查询最新的列表，直接根据 ID 转到对应的内容页即可。

与高性能 key-value 缓存服务器 Memcached 相比，虽然彼此的性能相差无几，但是 Redis 能够自动以两种不同的方式将数据写入硬盘，并且 Redis 除了能存储普通的字符串 key 之外，还可以存储其他 4 种数据类型（列表、集合、散列表、有序集合）的 key；而 Memcached 只能存储普通的字符串 key。Redis 既可以用作主数据库（Primary Database），又可以用作其他存储系统的辅助数据库（Auxiliary Database）。表 12-1 展示了一部分在功能上与 Redis 有重叠的数据库产品。

表 12-1 数据库产品

| 名称 | 类型 | 数据类型 | 查询类型 | 附加功能 |
|---|---|---|---|---|
| Redis | 使用内存存储的非关系数据库 | 字符串、列表、集合、散列表、有序集合 | 每种数据类型都有自己的专属命令，另外还有批量操作和不完全的事务支持 | 发布与订阅，主/从复制持久化，脚本（存储过程） |
| Memcached | 使用内存存储的 key-value 对缓存 | key-value 对之间的映射 | 创建命令、读取命令、更新命令、删除命令以及其他几个命令 | 为提升性能而设的多线程服务器 |
| MySQL | 关系数据库 | 每个数据库可以包含多个表，每个表可以包含多行；可以处理多个表的视图；支持空间和第三方扩展 | SELECT、INSERT、UPDATE、DELETE、函数、存储过程 | 支持 ACID 原则（需要使用 InnoDB），主/从复制和主/主复制 |
| PostgreSQL | 关系数据库 | 每个数据库可以包含多个表，每个表可以包含多行；可以处理多个表的视图；支持空间和第三方扩展，支持可定制类型 | SELECT、INSERT、UPDATE、DELETE、内置函数、自定义的存储过程 | 支持 ACID 原则，主从复制，由第三方支持的多主复制 |
| MongoDB | 使用硬盘存储的非关系文档存储 | 每个数据库可以包含多个表，每个表可以包含多个无模式的 BSON 文档 | 创建命令、读取命令、更新命令、删除命令、条件查询等 | 支持 Map Reduce 操作，主/从复制，分片，空间索引 |

Redis 拥有两种不同形式的持久化方法，它们都可以用小而紧凑的格式将存储在内存中的数据写入硬盘：第 1 种持久化方法为时间点转储，转储操作既可以在"指定时间段内有指定数量的写操作执行"这一条件被满足时执行，又可以通过调用转储到硬盘的两条命令（命令 1 为 BGSAVE，命令 2 为 SAVE）中的任何一条来执行；第 2 种持久化方法将所有修改了数据库的命令都写入一个只追加文件中，用户可以根据数据的重要程度，将只追加写入设置为从不同步、每秒同步一次或者每当写入一个命令就同步一次。我们将在 12.4 节中更加深入地讨论这些持久化选项。

# 12.2　Redis 架构

　　Redis 作为广为人知的内存数据库，在各种级别的项目中都可以看到它的身影，然而 Redis 却是使用单线程模型进行设计的，这与很多人固有的观念有所冲突，为什么单线程的程序能够扛住每秒几百万的请求量呢？即便如此，Redis 4.0 之后的版本却抛弃了单线程模型这一设计，原本使用单线程运行的 Redis 也开始选择使用多线程模型，这一看似前后有些矛盾的架构设计决策，是出于什么原因呢？

## 12.2.1　Redis 架构概述

　　为什么 Redis 在最初的版本中选择单线程模型？为什么 Redis 4.0 之后的版本加入了多线程的支持？这两个看起来有些矛盾的问题实际上并不冲突。我们将分别对这个看起来完全相反的设计决策进行分析和解释。

　　Redis 作为一个内存服务器，它需要处理很多来自外部的网络请求，它使用 I/O 多路复用机制同时监听多个文件描述符的可读和可写状态，一旦受到网络请求就会在内存中快速处理。由于绝大多数的操作都是纯内存的，因此处理的速度会非常快。

　　在 Redis 4.0 之后的版本中，情况就有了一些变动，新版的 Redis 服务在执行一些命令时就会使用"主处理线程"之外的其他线程，如 UNLINK、FLUSHALL ASYNC、FLUSHDB ASYNC 等非阻塞的删除操作。

## 12.2.2　Redis 架构设计

　　无论是使用单线程模型还是多线程模型，这两个设计上的决定都是为了更好地提升 Redis 的开发效率、运行性能。例如，Redis 虽然在较新的版本中引入了多线程，但却是在部分命令上引入的，其中包括非阻塞的删除操作，在整体的架构设计上，主处理程序还是单线程模型的。到这里，读者或许会问：为什么 Redis 服务使用单线程模型处理绝大多数的网络请求？为什么 Redis 服务增加了多个非阻塞的删除操作？接下来我们将从 Redis 的单线程架构角度，帮助读者分析、解决这两个问题。

## 12.2.3　单线程架构

　　Redis 从一开始就选择使用单线程模型处理来自客户端的绝大多数网络请求，这种考虑其实是多方面的，其主要有如下几个原因：

　　（1）使用单线程模型能带来更好的可维护性，方便开发和调试；

　　（2）使用单线程模型能并发地处理客户端的请求；

　　（3）Redis 服务中运行的绝大多数操作的性能瓶颈都不在 CPU。

　　接下来我们将顺序介绍上述几个原因。

　　可维护性对一个项目来说非常重要，如果代码难以调试和测试，问题也经常难以复现，这对任何一个项目来说都会严重地影响自身的可维护性。多线程模型虽然在某些方面表现优异，但是它却引入了程序执行顺序的不确定性，代码的执行过程不再是串行的，多个线程同时访问的共享变量也会带来一些其他的未知问题——计算机中的两个进程（线程同理）同时尝试修改一个共享内存的内容，在没有并发控制的情况下，最终的结果依赖于两个进程的执行顺序和时机，如果发生了并发访问冲突，则最后的结果就会不正确。

　　Redis 使用单线程模型处理用户的请求，它的内部逻辑是使用 I/O 多路复用机制并发处理来自客户端的多个连接，同时等待多个连接发送的请求。在 I/O 多路复用模型中，最重要的函数调用之一就是 select。该函数能够同时监控多个文件描述符（也就是客户端的连接）的可读、可写情况，当其中的某些文件描述符可读或者可写时，select 函数就会返回可读以及可写的文件描述符个数。使用 I/O 多路复用机制能够极大地减少系统的开销，系统不再需要额外创建并维护进程和线程来监听来自客户端的大量连接，减少了服务器的开发成本和维护成本。

虽然多线程模型能够帮助我们充分利用 CPU 的计算资源以并发地执行不同的任务，但是 CPU 资源往往都不是 Redis 服务器的性能瓶颈。哪怕我们在一个普通的 Linux 服务器上启动 Redis 服务，它也能在 1s 的时间内处理 1 000 000 个用户请求。如果这种吞吐量不能满足我们的需求，则推荐的做法是使用分片的方式将不同的请求交给不同的 Redis 服务器来处理，而不是在同一个 Redis 服务中引入大量的多线程操作。同时，多线程虽然会帮助我们更充分地利用 CPU 资源，但是操作系统上线程的切换也不是免费的，频繁的上下文切换可能还会使得性能急剧下降，这可能会导致我们不仅没有提升请求处理的平均速度，反而进行了负优化，因此 Redis 对使用多线程模型非常谨慎。那为什么还通过多线程的方式异步处理一些删除操作呢？

我们可以在 Redis 中使用 DEL 命令来删除一个 key 对应的 value，如果待删除的 key-value 对占用了较小的内存空间，那么哪怕是同步地删除这些 key-value 对也不会消耗太多的时间。但是对于 Redis 中的一些超大 key-value 对，几十 MB 或者几百 MB 的数据并不能在几毫秒的时间内处理完，Redis 可能会在释放内存空间上消耗较多的时间，这些操作会阻塞待处理的任务，影响 Redis 服务处理请求的可用性。然而释放内存空间的工作其实可以由后台线程异步执行，这也就是 UNLINK 命令的实现原理，它只会将 key 从元数据中删除，真正的删除操作会在后台异步执行。

由此可知，Redis 选择单线程模型处理客户端的请求，主要还是因为 CPU 不是 Redis 服务器的瓶颈，所以使用多线程模型带来的性能提升并不能抵消它带来的开发成本和维护成本，系统的性能瓶颈也主要在网络 I/O 操作上。而 Redis 引入多线程操作也是出于性能上的考虑，对于一些大 key-value 对的删除操作，通过多线程非阻塞地释放内存空间也能减少对 Redis 主线程阻塞的时间，从而提高执行的效率。

### 12.2.4　集群环境读/写流程分析

Redis 这种无中心、自组织的结构，节点之间是使用 Gossip 协议来交换节点状态信息的。同时各个节点都维护着自己的 Key→Server 映射关系。每当客户端向任意节点发起请求，节点都不会转发请求，而是会重定向客户端。如果在客户端第一次请求和重定向请求之间，集群拓扑发生改变，则第二次重定向请求将被再次重定向，直至找到正确的服务器为止。具体的流程如图 12-1 所示。

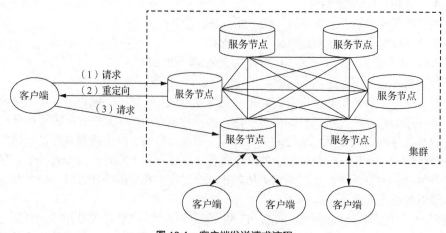

图 12-1　客户端发送请求流程

而对于 Redis 的具体读/写流程，本书将其大概分为 6 个主要阶段。

（1）客户端选择集群中任意一个服务节点进行连接，并发送集群节点请求。

（2）服务节点返回集群拓扑，主要包括集群节点列表及插槽与节点的映射关系，客户端在内存中缓存集群拓扑。

（3）客户端读/写数据时，根据 hash(key)%16384 计算得到 key 归属的插槽，再查插槽与节点的映射，进一步得到 key 归属的服务节点 2，直接访问该节点进行数据读/写。

（4）服务节点 2 收到客户端的请求，检查自身是否为 key 归属的节点：若不是，则响应并告知客户端须重定向的服务节点 3；若是，则直接返回业务操作结果。

（5）客户端收到重定向响应，重新向服务节点 3 发起读/写请求。

（6）服务节点 3 收到客户端的请求，处理过程同步骤（4）。

读/写流程如图 12-2 所示。

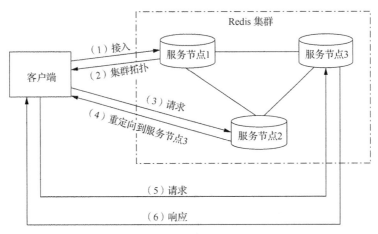

图 12-2　读/写流程

# 12.3　Redis 数据类型及操作命令

正如之前的表 12-1 所示，Redis 可以存储 key 与 5 种不同数据类型之间的映射，这 5 种数据类型分别为字符串、列表、集合、散列表和有序集合。大部分程序员应该都不会对 Redis 的字符串、列表、散列表这 3 种数据类型感到陌生，因为它们和很多编程语言内建的字符串、列表和散列表等数据类型在实现和语义（Semantic）方面都非常相似。有些编程语言还有集合数据类型，在实现和语义上类似于 Redis 的 SET 数据类型。有序集合在某种程度上是一种 Redis 特有的数据类型，但是当你熟悉了它之后，就会发现它也是一种非常有用的数据类型。表 12-2 对比了 Redis 提供的 5 种数据类型，说明了这些数据类型存储的值，并简单介绍了它们的读写能力。

表 12-2　　　　　　　　　　　　　　Redis 提供的 5 种数据类型

| 数据类型 | 存储的值 | 读/写能力 |
|---|---|---|
| 字符串 | 可以是字符串、整数或者浮点数 | 对整个字符串或者字符串的一部分执行操作；对整数和浮点数执行自增（Increment）或者自减（Decrement）操作 |
| 列表 | 一个链表，链表上的每个节点都包含一个字符串 | 从链表的两端推入或者弹出元素；根据偏移量对链表进行修剪；读取单个或者多个元素；根据值查找或者移除元素 |
| 集合 | 包含字符串的无序收集器（Unordered Collection），并且被包含的每个字符串都是独一无二、各不相同的 | 添加、获取、移除单个元素；检查一个元素是否存在于集合中；计算交集、并集、差集；从集合里面随机获取元素 |

续表

| 数据类型 | 存储的值 | 读/写能力 |
|---|---|---|
| 散列表 | 包含 key-value 对的无序散列表 | 添加、获取、移除单个 key-value 对；获取所有 key-value 对 |
| 有序集合 | 字符串成员与浮点数分值之间的有序映射，元素的排列顺序由分值的大小决定 | 添加、获取、删除单个元素；根据分值范围或者成员来获取元素 |

## 12.3.1 字符串类型

字符串类型是 Redis 中最基本的数据类型，它能存储任何形式的字符串，包括二进制数据，如存储用户的电子邮箱、JSON 化的对象甚至是一张图片。一个字符串类型的 key 允许存储的数据的最大容量是 512 MB。字符串类型是其他 4 种数据类型的基础，其他数据类型和字符串类型的差别从某种角度上来说只是组织字符串的形式不同。例如，列表类型是以列表的形式组织字符串的，而集合类型是以集合的形式组织字符串的。学习本节后面的内容后相信读者对此会有更深的理解。表 12-3 列出了一些常用的字符串命令，代码清单 12-1 展示了这些命令的使用示例。

表 12-3　　　　　　　　　　　一些常用的字符串命令

| 命令 | 用例和描述 |
|---|---|
| SET | SET key-name value：设定值为 value 的 key |
| GET | GET key-name：获取 key 的 value |
| INCR | INCR key-name：将 key 存储的 value 加上 1 |
| DECR | DECR key-name：将 key 存储的 value 减去 1 |
| INCRBY | INCRBY key-name num：将 key 存储的 value 加上整数 num |
| DECRBY | DECRBY key-name num：将 key 存储的 value 减去整数 num |

代码清单 12-1：这个交互示例展示 Redis 常用命令的使用。

```
127.0.0.1:6379 > GET key          //获取一个不存在的 key，将会得到一个 null
null
127.0.0.1:6379 > INCR key          //可以对不存在的 key 进行自增操作，Redis 会默认创建该 key
"1"
127.0.0.1:6379 > INCRBY key 10 //通过可选参数来指定自增操作的增量
"11"
127.0.0.1:6379 > DECRBY key 5　//通过可选参数来指定自减操作的减量
"6"
127.0.0.1:6379 > GET key          //获取指定 key 的 value，以字符串格式返回
"6"
```

除了自增操作和自减操作之外，Redis 还拥有对字符串的一部分内容进行读取或者写入的操作（这些操作也可以用整数或者浮点数表示，但这种用法并不常见）。表 12-4 列出了 Redis 用来处理字符串子串的命令，代码清单 12-2 展示了这些命令的使用示例。

表 12-4　　　　　　　　　　Redis 用来处理字符串子串的命令

| 命令 | 用例和描述 |
|---|---|
| APPEND | APPEND key-name value：将 value 追加到给定 key-name 当前存储的 value 的末尾 |
| GETRANGE | GETRANGE key-name start end：获取一个由偏移量 start 至偏移量 end 范围内所有字符组成的子串，包括 start 和 end 在内 |
| SETRANGE | SETRANGE key-name offset value：将从偏移量 start 开始的子串设置为给定值 |

代码清单 12-2：这个交互示例展示 Redis 处理字符串。

```
127.0.0.1:6379 > SET key string
```

```
"OK"
127.0.0.1:6379 > GET key
"string"
127.0.0.1:6379 > APPEND key _value // 末尾追加给定 value
"12"
127.0.0.1:6379 > GET key
"string_value"
127.0.0.1:6379 > GETRANGE key 2 5  // 获取以偏移量 start 起始、end 结尾的子串, 包括 start 与 end
"ring"
127.0.0.1:6379 > SETRANGE key 3 ING // 使用 value 替换以偏移量 start 起始的子串
"12"
127.0.0.1:6379 > GET key
"strING_value"
```

很多键值数据库只能将数据存储为普通的字符串, 并且不提供任何字符串处理操作, 有一些键值数据库允许用户将字符追加到字符串的前面或者后面, 但是却没办法像 Redis 一样对字符串的子串进行读/写。从很多方面来讲, 即使 Redis 只支持字符串类型, 并且只支持本小节列出的字符串处理命令, Redis 也比很多其他的数据库强大得多。

只要花些心思, 我们甚至可以将字符串当作列表来使用, 但这种做法能够执行的列表操作并不多, 更好的办法是直接使用 12.3.2 小节介绍的列表类型。Redis 为这种类型提供了丰富的列表操作命令。

## 12.3.2　列表类型

列表类型可以存储一个有序的字符串列表, 常用的操作是向列表两端添加元素, 或者获得列表的某一个片段。列表类型内部是使用双向链表（Double Linked List）实现的, 所以向列表两端添加元素的时间复杂度为 $O(1)$, 获取越接近两端的元素速度越快。这意味着即使是一个有几千万个元素的列表, 获取头部或尾部的 10 条记录也是极快的（与从只有 20 个元素的列表中获取头部或尾部的 10 条记录的速度是一样的）。

本小节将对列表这个由多个字符串组成的有序序列进行介绍, 并展示一些常用的列表命令。阅读本小节可以让读者学会如何使用这些命令来处理列表。表 12-5 列出了一些常用的列表命令, 代码清单 12-3 展示了这些命令的使用示例。

表 12-5　　　　　　　　　　　　　　　　一些常用的列表命令

| 命令 | 用例和描述 |
| --- | --- |
| RPUSH | RPUSH key-name value [value …]: 将一个或多个元素推入列表的右端 |
| LPUSH | LPUSH key-name value [value …]: 将一个或多个元素推入列表的左端 |
| RPOP | RPOP key-name: 移除并返回列表最右端的元素 |
| LPOP | LPOP key-name: 移除并返回列表最左端的元素 |
| LINDEX | LINDEX key-name offset: 返回列表中偏移量为 offset 的元素 |
| LRANGE | LRANGE key-name start end: 返回列表从偏移量 start 到偏移量 end 范围内的所有元素, 其中 start 与 end 元素也包含在内 |
| LTRIM | LTRIM key-name start end: 对列表进行修剪, 只保留从偏移量 start 到偏移量 end 范围内的元素, 其中 start 与 end 元素也包含在内 |

代码清单 12-3: 这个交互示例展示 Redis 列表的推入和弹出操作。

```
127.0.0.1:6379 > LPUSH key a  // 往左端推入元素
"1"
```

```
127.0.0.1:6379 > LPUSH key b
"2"
127.0.0.1:6379 > RPUSH key c          // 往右端推入元素
"3"
127.0.0.1:6379 > LINDEX key -1        // 获取指定位置的元素
"c"
127.0.0.1:6379 > LRANGE key 0 -1      // 获取整个元素信息
 1)  "b"
 2)  "a"
 3)  "c"
127.0.0.1:6379 > LTRIM key 1 2        // 修改列表，只保留指定偏移量之间的元素
"OK"
127.0.0.1:6379 > LRANGE key 0 -1
 1)  "a"
 2)  "c"
```

有些列表命令可以将一个元素从一个列表移动到另一个列表，或者阻塞执行命令的客户端直到有其他客户端给列表添加元素为止，这些命令如表 12-6 所示。代码清单 12-4 展示了这些命令的使用示例。

表 12-6                                         列表的阻塞弹出以及元素移动命令

| 命令 | 用例和描述 |
| --- | --- |
| BLPOP | BLPOP key-name [key-name …] timeout：从第一个非空列表中弹出位于最左端的元素，或者在 timeout 秒之内阻塞并等待可弹出的元素出现 |
| BRPOP | BRPOP key-name [key-name …] timeout：从第一个非空列表中弹出位于最右端的元素，或者在 timeout 秒之内阻塞并等待可弹出的元素出现 |
| RPOPLPUSH | RPOPLPUSH source-key dest-key：从 source-key 列表中弹出位于最右端的元素，然后将其推入 dest-key 列表的最左端，并向用户返回这个元素 |
| BRPOPLPUSH | BRPOPLPUSH source-key dest-key timeout：从 source-key 列表中弹出位于最右端的元素，然后将该元素推入 dest-key 列表的最左端，并向用户返回该元素；如果 source-key 为空，那么在 timeout 秒之内阻塞并等待可弹出的元素出现 |

代码清单 12-4：这个交互示例展示 Redis 列表的阻塞弹出以及元素移动命令。

```
127.0.0.1:6379 > LPUSH key a               // 向列表左端推入元素
"1"
127.0.0.1:6379 > RPUSH key c               // 向列表右端推入元素
"2"
127.0.0.1:6379 > LRANGE key 0 -1           // 获取列表中的元素信息
 1)  "a"
 2)  "c"
127.0.0.1:6379 > BLPOP key 1               // 在 1s 等待期内，阻塞式弹出列表最左端的元素
 1)  "key"
 2)  "a"
127.0.0.1:6379 > BRPOP key 1               // 在 1s 等待期内，阻塞式弹出列表最右端的元素
 1)  "key"
 2)  "c"
127.0.0.1:6379 > LPUSH key a
"1"
127.0.0.1:6379 > RPUSH key c
"2"
127.0.0.1:6379 > BRPOPLPUSH key key2 1     // 将列表 key 中最右端的元素弹出，然后将该
                                           //   元素从列表 key2 的最左端推入
"c"
```

列表的一个主要优点在于它可以包含多个字符串，这使得用户可以将数据集中在同一个地方。Redis 的集合也提供了与列表类似的特性，但集合只能保存各不相同的元素。接下来让我们看看不能保存相同元素的集合都能做些什么。

### 12.3.3 集合类型

Redis 的集合和列表都可以存储多个字符串，它们之间的不同在于列表可以存储多个相同的字符串，而集合则通过使用散列表来保证自己存储的每个字符串都是各不相同的（这些散列表只有 key，没有与 key 相关联的 value）。

Redis 的集合以无序的方式来存储多个各不相同的元素，用户可以快速地对集合进行插入元素、移除元素，以及检查一个元素是否存在于集合里等。表 12-7 列出了一些常用的集合命令，代码清单 12-5 展示了这些命令的使用示例。

**表 12-7** 一些常用的集合命令

| 命令 | 用例和描述 |
|---|---|
| SADD | SADD key-name item [item …]：将一个或多个元素添加到集合中，并返回被添加元素中原本并不存在于集合的元素数量 |
| SREM | SREM key-name item [item …]：从集合中移除一个或多个元素，并返回被移除元素的数量 |
| SCARD | SCARD key-name：返回集合包含的元素的数量 |
| SMEMBERS | SMEMBERS key-name [count]：从集合中随机返回一个或多个元素。当 count 为正数时，命令返回的随机元素不会重复；当 count 为负数时，命令返回的随机元素可能会出现重复 |
| SPOP | SPOP key-name：随机移除集合中的一个元素，并返回被移除的元素 |
| SMOVE | SMOVE source-key dest-key item：如果集合 source-key 包含元素 item，那么从集合 source-key 中移除元素 item，并将元素 item 添加到集合 dest-key 中；如果 item 被成功移除，那么命令返回 1，否则返回 0 |

代码清单 12-5：这个交互示例展示 Redis 常用的集合命令。

```
127.0.0.1:6379 > SADD key a b c d // 向集合中添加 4 个元素
"4"
127.0.0.1:6379 > SREM key a        // 删除集合中的元素 a
"1"
127.0.0.1:6379 > SCARD key         // 统计集合中的元素个数
"3"
127.0.0.1:6379 > SMEMBERS key      // 显示集合中的所有元素
 1) "d"
 2) "c"
 3) "b"
127.0.0.1:6379 > SMOVE key key2 d  // 将集合 key 中的元素 d 移除并添加到集合 key2 中
"1"
127.0.0.1:6379 > SMEMBERS key
 1) "c"
 2) "b"
127.0.0.1:6379 > SMEMBERS key2
 1) "d"
```

通过上面展示的命令，我们可以将不相同的多个元素添加到集合中。下面介绍的命令分别是并集运算、交集运算和差集运算这 3 个集合操作的 "返回结果" 版本和 "存储结果" 版本。表 12-8 列出了这些命令，代码清单 12-6 展示了这些命令的使用示例。

表 12-8 用于处理多个集合操作的命令

| 命令 | 用例和描述 |
|------|-----------|
| SDIFF | SDIFF key-name [key-name …]：返回那些存在于第一个集合但不存在于其他集合中的元素（差集思想） |
| SDIFFSTORE | SDIFFSTORE dest-key key-name [key-name …]：将那些存在于第一个集合但不存在于其他集合中的元素存储到 dest-key 中 |
| SINTER | SINTER key-name [key-name …]：返回那些同时存在于所有集合中的元素（交集思想） |
| SINTERSTORE | SINTERSTORE dest-key key-name [key-name …]：将那些同时存在于所有集合中的元素存储到 dest-key 中 |
| SUNION | SUNION key-name [key-name …]：返回那些至少存在于一个集合中的元素（并集思想） |
| SUNIONSTORE | SUNIONSTORE dest-name key-name [key-name …]：将那些至少存在于一个集合中的元素存储到 dest-key 中 |

代码清单 12-6：这个交互示例展示 Redis 的集合运算。

```
127.0.0.1:6379 > SADD key-set a b c d
"4"
127.0.0.1:6379 > SADD key2-set c d e f
"4"
127.0.0.1:6379 > SDIFF key-set key2-set      // 差集
1) "a"
2) "b"
127.0.0.1:6379 > SINTER key-set key2-set     // 交集
1) "d"
2) "c"
127.0.0.1:6379 > SUNION key-set key2-set     // 并集
1) "d"
2) "e"
3) "f"
4) "b"
5) "c"
6) "a"
```

12.3.4 小节将对 Redis 的散列表处理命令进行介绍，这些命令允许用户将多个相关的 key-value 对存储在一起，以便执行获取操作和更新操作。

## 12.3.4 散列表类型

Redis 的散列表可以存储多个 key-value 对之间的映射。和字符串一样，散列表存储的值既可以是字符串又可以是数字，并且用户同样可以对散列表存储的数字进行自增或自减操作。散列表在很多方面就像一个微缩版的 Redis，不少字符串指令都有相应的散列表版本。表 12-9 列出了一些常用的散列表命令，代码清单 12-7 则展示了这些命令的使用示例。

表 12-9 一些常用的散列表命令

| 命令 | 用例和描述 |
|------|-----------|
| HMGET | HMGET key-name field [field …]：从散列表中获取一个或多个 key 的 value |
| HMSET | HMSET key-name field value [field value …]：为散列表中的一个或多个 key 设置 value |
| HDEL | HDEL key-name field [field …]：删除一个或者多个 key-value 对，然后返回成功找到并删除的 key-value 对数量 |
| HLEN | HLEN key-name：返回散列表包含的 key-value 对数量 |

代码清单 12-7：这个交互示例展示 Redis 常用的散列表命令。

```
127.0.0.1:6379 > HMSET key_hash name Aliy age 24      // 设置散列表中的key，即 name 和 age
"OK"
127.0.0.1:6379 > HMGET key_hash name                  // 返回散列表中 name 的值
 1) "Aliy"
127.0.0.1:6379 > HMGET key_hash age                   // 返回散列中 age 的值
 1) "24"
127.0.0.1:6379 > HLEN key_hash                        // 返回散列表的 key-value 对数量
"2"
127.0.0.1:6379 > HDEL key_hash name                   // 删除散列表中的 name
"1"
127.0.0.1:6379 > HMGET key_hash name
 1) null
```

## 12.3.5　有序集合类型

有序集合和散列表一样，都用于存储 key-value 对：有序集合的 key 被称为成员，每个成员都是各不相同的；而有序集合的 value 则被称为分值，分值必须为浮点数。有序集合是 Redis 中唯一一个既可以根据成员来访问元素（这一点和散列表一样），又可以根据分值以及分值的排列顺序来访问元素的数据类型。表 12-10 列出了一些常用的有序集合命令，代码清单 12-8 则展示了这些命令的使用示例。

表 12-10 一些常用的有序集合命令

| 命令 | 用例和描述 |
| --- | --- |
| ZADD | ZADD key-name score member [score member …]：将带有给定分值的成员添加到有序集合中 |
| ZREM | ZREM key-name member [member …]：从有序集合中移除给定的成员，并返回被移除成员的数量 |
| ZRANGE | ZRANGE key-name start end [WITHSCORES]：返回偏移量 start 到 end 之间的成员，包括 start 与 end；如果给定可选的 WITHSCORES 选项，那么命令会将成员的分值一并返回 |
| ZCARD | ZCARD key-name：返回有序集合包含的成员数量 |
| ZINCRBY | ZINCRBY key-name increment member：将给定成员的分值加上 increment |
| ZCOUNT | ZCOUNT key-name min max：返回分值介于 min 与 max 之间的成员数量 |
| ZRANK | ZRANK key-name member：返回成员 member 在有序集合中的分数排名 |
| ZSCORE | ZSCORE key-name member：返回成员 member 的分值 |

代码清单 12-8：这个交互示例展示 Redis 常用的有序集合命令。

```
127.0.0.1:6379 > ZADD key_zset 100 language 105 math 110 english   // 批量添加有序集合元素

"3"
127.0.0.1:6379 > ZCARD key_zset                       // 返回有序集合包含的成员数量
"3"
127.0.0.1:6379 > ZSCORE key_zset math                 // 返回有序集合中指定成员的分数
"105"
127.0.0.1:6379 > ZRANK key_zset math                  // 返回有序集合中指定成员的分数排名
"1"
127.0.0.1:6379 > ZRANGE key_zset 0 -1 withscores      // 返回有序集合中的成员及其分数
 1) "language"
 2) "100"
 3) "math"
```

```
 4)  "105"
 5)  "english"
 6)  "110"
127.0.0.1:6379 > ZCOUNT key_zset 0 100      // 返回有序集合中指定分数范围内的成员
"1"
127.0.0.1:6379 > ZINCRBY key_zset 20 math   // 将有序集合中成员的分数加上设定值
"125"
127.0.0.1:6379 > ZREM kye_zset language     // 删除有序集合的成员
"0"
```

# 12.4 Redis 的持久化

Redis 提供了两种不同的持久化方式来将内存数据存储到硬盘中：一种方式叫 RDB 持久化（快照），是在指定的时间间隔内将所有的数据都写入硬盘中；另一种方式叫 AOF 持久化，是在执行写命令时，将执行的写命令复制到磁盘的特定文件中。这两种持久化方法既可以同时使用，又可以单独使用，具体选择哪种持久化方式需要根据用户的数据以及应用来决定。

将内存中的数据存储到硬盘的一个主要原因是数据的可重用性，或者是为了防止系统故障而造成的数据丢失，而选择将数据备份到一个远程位置。另外，存储在 Redis 里面的数据有可能是经过长时间计算得出的，或者有程序正在使用 Redis 存储的数据进行计算，因此用户会希望自己可以将这些数据存储起来以便之后使用，这样就不必再重新计算。对一些 Redis 应用来说，"计算"可能只是简单地将另一个数据库的数据复制到 Redis 里面；但对另外一些 Redis 应用来说，Redis 存储的数据可能是根据数十亿行日志进行聚合分析得出的结果。

Redis 通过不同的配置项控制着数据持久化的方式，代码清单 12-9 和 12-10 展示了这些配置信息以及实例的配置值。因为之后我们会详细介绍这些配置项，所以目前我们只简单了解就可以了。

代码清单 12-9：Redis 提供的 RDB 持久化配置项。

```
save 900 1
dbfilename dump.rdb
dir /mnt/redis/data/
stop-wri tes-on-bgsave-error yes
rdbcompression yes
rdbchecksum yes
```

代码清单 12-9 中的配置告诉 Redis 多久执行一次自动化快照操作、如何命名磁盘上的快照文件、如何指定文件的存储位置、在快照创建失败后是否仍然执行写命令、快照文件是否进行压缩、是否对快照文件进行数据校验。

代码清单 12-10：Redis 提供的 AOF 持久化配置项。

```
appendonly yes
appendfilename "appendonly.aof"
appendfsync everysec
aof-load-truncated yes
aof-rewrite-incremental-fsync yes
```

代码清单 12-10 中的配置文件应用于 AOF 子系统，它告诉 Redis 是否使用 AOF 持久化、如何命名磁盘上的 AOF 文件、缓存指令写入磁盘的时间节点选择、是否忽略最后一条指令、是否采取增量文件同步策略。

## 12.4.1 RDB 持久化

RDB 持久化是在某个时间节点，将内存中的数据信息存储到磁盘上的指定文件，也就是快照过程。在创建快照之后，用户可以对快照生成的存储文件进行备份，例如，可以将快照文件复制到其他的服务器从而创建具有相同数据的服务器副本，也可以将快照文件留在本地以便重启服务器使用。关于快照文件的具体使用，我们将在后文详细介绍。

根据 Redis 的配置文件，快照时的数据内容将被写入 dbfilename 配置项所指定的文件，并存储在 dir 配置项所选定的磁盘存储路径上。如果在新的快照文件创建完毕之前，Redis、操作系统和物理硬件之中任意一个崩溃，那么 Redis 将丢失最近一次创建快照之后写入的所有数据。例如，Redis 目前在内存中存储了 5GB 的数据，上一个快照是在 10:00 开始创建的，并且创建成功。14:00 时，Redis 又开始创建快照，并且在 14:02 快照创建完毕之前，总共有 50 个 key 的数据内容进行了更新。如果在 14:00 到 14:02 期间，系统发生崩溃，导致 Redis 无法完成新快照的创建工作，那么 Redis 将丢失 10:00 之后更新的所有数据信息。另一方面，如果系统恰巧在快照创建完成之后崩溃，那么 Redis 将只会丢失 50 个 key 的更新数据。这里面就涉及当 Redis 创建快照时如何处理服务请求的问题，该问题也会在后文具体介绍。

Redis 创建快照的方式主要分为自动创建和手动创建。自动创建是 Redis 根据配置信息主动创建快照；手动创建是客户端向 Redis 发送命令来创建快照。下面分类介绍不同方式的创建细节。

1. 自动创建方式

（1）Redis 配置信息中，启用了 save 配置项。如果将配置项设置为 save 300 10，那么从 Redis 最近一次创建快照开始计算，当 "300s 内，至少有 10 个 key 发生了变化" 这个条件被满足时，Redis 就会自动触发 BGSAVE 命令。当然，如果设置了多个 save 配置项，则只要任意一个配置项所设的条件被满足，Redis 就会触发一次 BGSAVE 命令。

（2）当 Redis 通过 SHUTDOWN 命令接收到关闭服务器的请求，或者接收到标准的 TERM 信号时，会执行一次 SAVE 命令，阻塞所有的客户端，不再执行客户端发送的任何命令，并在 SAVE 命令执行完毕之后关闭服务器。

（3）当一台 Redis 服务器连接另外一台 Redis 服务器，并向对方发送 SYNC 命令来开始一次复制操作的时候，如果主服务器目前没有执行 BGSAVE 命令，或者主服务器并发刚刚执行完 BGSAVE 命令，那么主服务器就会执行 BGSAVE 命令。

2. 手动创建方式

（1）客户端通过向 Redis 发送 BGSAVE 命令来创建一个快照。对支持 BGSAVE 命令的操作系统来说（除了 Windows 操作系统外，基本上所有的操作系统都支持），Redis 会调用 fork 来创建一个子进程，然后子进程负责将快照写入硬盘，而父进程继续响应客户端的其他命令请求。

（2）客户端通过向 Redis 发送 SAVE 命令来创建一个快照，接收到 SAVE 命令的 Redis 服务器在创建快照之前将不再响应任何其他的命令。SAVE 命令并不常用，我们通常只会在没有足够的内存执行 BFSAVE 命令的情况下，又或者在等待持久化操作执行完毕无所谓的情况下，才会使用这个命令。

在只使用 RDB 持久化方式保存内存数据时，一定要牢记：如果系统真的崩溃，那么用户将会丢失最近一次生成快照之后更改的所有数据信息。因此，RDB 持久化方式只适用于那些即使丢失一部分数据信息也不会造成问题的应用程序；对于不能接受这种数据信息丢失的应用程序，可以考虑将要介绍的 AOF 持久化方式。

每次 Redis 创建一次快照，都会在指定位置生成一个特定名称的快照文件（dump.rdb）。对于快照文件的使用，我们须先获取 Redis 配置中设定的文件路径信息，获取方式可以是查看配置文件或者通过代码清单 12-11 中展示的命令查看。之后将快照文件移动到 Redis 安装目录并启动 Redis 服务，此时 Redis 就会自动加载文件数据至内存中。Redis 服务器在载入 RDB 文件期间，会一直处于阻塞状态，直到载入工作完成为止（如图 12-3 所示）。

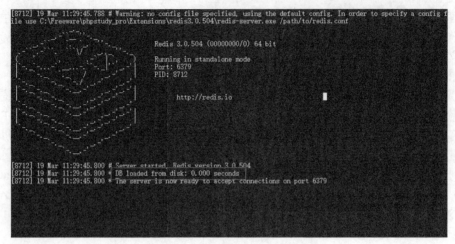

图 12-3　Redis 启动加载 RDB 文件

代码清单 12-11：Redis 获取 RDB 文件路径信息。

```
127.0.0.1:6379 > config get dir
1) "dir"
2) "/usr/opt/redis/bin"
```

## 12.4.2　AOF 持久化

AOF 持久化就是将 Redis 中被执行的命令追加到 AOF 文件中，用以记录数据信息所发生的变化。因此，Redis 只需要从头到尾执行一次 AOF 文件中的所有写入命令，就可以恢复 AOF 文件所记录的数据集。代码清单 12-12 展示了 Redis 中 AOF 持久化相关的配置信息。

代码清单 12-12：Redis 中 AOF 持久化相关的配置信息。

```
appendonly no
appendfilename "appendonly.aof"
appendfsync everysec
no-appendfsync-on-rewrite no
auto-aof-rewrite-percentage 100
auto-aof-rewrite-min-size 64mb
aof-load-truncated yes
```

用户通过设置 appendonly 配置项，启用 AOF 持久化，并通过设置 appendfilename 配置项指定同步文件的名称。对于 appendfsync 配置项，Redis 提供了 3 种选项，具体介绍如表 12-11 所示。

表 12-11　　　　　　　　　　　　　　　　　appendfsync 配置项

| 选项 | 简介 |
| --- | --- |
| always | 每个 Redis 写命令都要同步写入磁盘 |
| everysec | 每秒执行一次同步，显式地将多个写命令同步到磁盘 |
| no | 让操作系统决定何时进行同步 |

如果用户使用 appendfsync always 配置，那么每个 Redis 写命令都会被同步写入磁盘，从而将发生系统崩溃时出现的数据丢失减少到最少。不过遗憾的是，因为这种策略会进行大量的磁盘写入操作，所以 Redis 处理命令的速度会受到硬盘性能的限制：转盘式硬盘（Spinning Disk）在这种同步频率下每秒只能处理大约 200 个写命令，而 SSD 每秒大概也只能处理几万个写命令。

为了兼顾数据安全和写入性能，用户可以考虑使用 appendfsync everysec 配置，让 Redis 以每秒一次的频率对 AOF 文件进行同步。Redis 每秒同步一次 AOF 文件时的性能和不使用任何持久化方式时的性能相差无几，而通过每秒同步一次 AOF 文件，Redis 可以保证，即使出现系统崩溃，用户也最多只会丢失 1s 内产生的数据。当硬盘忙于执行写入操作的时候，Redis 还会 "优雅" 地放慢自己的速度以便适应硬盘的最大写入速度。

最后，如果用户使用 appendfsync no 配置，那么 Redis 将不会对 AOF 文件执行任何显式的同步操作，而是由操作系统来决定应该在何时对 AOF 文件进行同步。这个选项在一般情况下不会给 Redis 的性能带来影响，但系统崩溃将导致使用这个配置的 Redis 服务器丢失不定数量的数据。另外，如果用户的硬盘处理写入操作的速度不够快，那么缓冲区在等待写入硬盘的数据填满时，Redis 的写入操作将被阻塞，并导致 Redis 处理命令请求的速度变慢。因此，一般来说并不推荐使用 appenfsync no 配置。

上面已经完整地介绍了 appendfsync 配置项的设置。虽然 AOF 持久化非常灵活地提供了很多不同的配置项来满足不同应用程序对数据安全的不同要求，但 AOF 持久化也有缺陷，那就是 AOF 文件的大小。

重写/压缩 AOF 文件。读者根据以上的内容，可能会发现：AOF 持久化既可以将丢失数据的时间窗口降低至 1s（设置不丢失任何数据），又可以在短时间内完成定期的持久化操作，那么我们有什么理由不使用 AOF 持久化呢？

实际上这个问题并不简单，因为 Redis 会不断地将被执行的写命令记录到 AOF 文件中，所以随着 Redis 的不断运行，AOF 文件的体积也会不断增长。在极端情况下，体积不断增长的 AOF 文件甚至可能会用完磁盘的所有空间。另外一个问题就是，因为 Redis 在重启之后需要重新执行 AOF 文件的所有写命令来还原数据集，所以如果 AOF 文件的体积太大，那么还原操作的时间就可能会非常长。

为了解决 AOF 文件体积不断增大的问题，用户可以向 Redis 发送 BGREWRITEAOF 命令。这个命令会通过移除 AOF 文件中的冗余命令来重写 AOF 文件，使 AOF 文件的体积变得尽可能的小。BGREWRITEAOF 的工作原理和 BGSAVE 创建快照的工作原理非常相似：Redis 会创建一个子进程，然后由子进程负责对 AOF 文件进行重写。因为 AOF 文件重写也需要用到子进程，所以 RDB 持久化因创建子进程而导致的性能问题和内存占用问题在 AOF 持久化中也同样存在。更糟糕的是，如果不加以控制，AOF 文件的体积可能会比快照文件的体积大好几倍，在对 AOF 文件进行重写并删除旧 AOF 文件的时候，删除一个体积达到数十 GB 的旧 AOF 文件可能会导致操作系统挂起数秒。

与 RDB 持久化可以通过设置 save 配置项来自动执行 BGSAVE 命令一样，AOF 持久化也可以通过设置代码清单 12-12 中展示的 auto-aof-rewrite-percentage 配置项和 auto-aof-rewrite-min-size 配置项来自动执行 BGREWRITEAOF 命令。举个例子，假设 Redis 配置中设置 auto-aof-rewrite-percentage 100 和 auto-aof-rewrite-min-size 64mb，并且启用了 AOF 持久化，那么当 AOF 文件的体积大于 64MB，并且 AOF 文件的体积比上一次重写之后的体积大了至少一倍（100%）的时候，Redis 将执行 BGREWRITEAOF 命令。如果 AOF 文件重写执行得过于频繁，那么用户可以考虑将 auto-aof-rewrite-percentage 配置项的值设置为 100 以上，这种做法可以让 Redis 在 AOF 文件的体积变得更大之后才执行重写操作，不过也会让 Redis 在启动时还原数据集所需的时间变得更长。

代码清单 12-12 中最后一个配置项 aof-load-truncated 是关于使用 AOF 文件进行数据恢复时的策略选取问题的。例如，我们在利用 AOF 持久化时，正在写入一条写命令，突然系统崩溃（或者断电），指令就会写入出错。我们在利用 AOF 文件进行数据恢复时，当执行到最后一条错误指令时，会导致整个数据恢复过程失败。此时如果 Redis 配置项中设置 aof-load-truncated yes，那么 Redis 在利用 AOF 文件进行数据恢复时，就会过滤最后一条错误指令。

无论是使用 AOF 持久化还是 RDB 持久化，将数据持久化到硬盘上都是非常有必要的。但除了进行持久化之外，用户还必须对持久化所得的文件进行备份（最好是备份到多个不同的地方），这样才能尽量避免数据丢失。条件允许的话，最好能将快照文件和最新重写的 AOF 文件备份到不同的服务器上。通过使用 AOF 持久化或者 RDB 持久化，用户可以在系统重启或者崩溃的情况下仍然保留数据。随着负载量的上升，或者数据的完整性变得越来越重要，用户可能需要使用复制特性。

## 12.5　Redis 优化

Redis 内部并没有对内存分配进行过多的优化（参照 Memcached），这导致在一定程度上会存在内存碎片，不过大多数情况下这个不会成为 Redis 的性能瓶颈。但如果 Redis 内部存储的大部分数据是数值型，则 Redis 内部会采用 shared integer 的方式来省去分配内存的开销，即在系统启动时先分配一个容量为 $n$ 的数值对象容量池。如果存储的数据恰好是这个容量池内的数据，则直接从池子里取出该对象，并且通过引用计数的方式来共享，这样在系统存储大量数值的情况下，也能在一定程度上节省内存并且提高性能。这个参数值 $n$ 的设置需要修改源码中的一行宏定义 REDIS_SHARED_INTEGERS，该值默认是 10 000，可以根据自己的需要进行修改。介绍了 Redis 的内存预分配策略，本节将从几个方面入手，向读者介绍常用的 Redis 优化策略。

（1）精简 key 名和 key 值

key 名：尽量精简，但是也不能单纯地为了节约空间而使用不易理解的 key 名。

key 值：当 key 值的数量固定时，可以使用 0 和 1 这样的数字来表示（如 male/female、right/wrong）。

（2）关闭持久化

当业务场景不需要数据持久化时，关闭所有的持久化方式可以获得最佳的性能。

（3）内部编码优化

Redis 为每种数据类型都提供了两种内部编码方式，在不同的情况下 Redis 会自动选择合适的编码方式。

（4）慢日志（SLOWLOG）配置优化

slowlog-log-slower-than：它决定要对执行时间大于多少微秒（1s = 1 000 000μs）的命令进行记录。

slowlog-max-len：它决定 slowlog 最多能保存多少条日志。

（5）修改 Linux 内核内存分配策略

向/etc/sysctl.conf 中添加 vm.overcommit_memory = 1，然后重启服务器或者执行 sysctl vm.overcommit_memory=1（立即生效）。

（6）关闭透明项（Transparent Huge Pages，THP）

THP 被用来提高内存管理的性能，但在 32 位的 RHEL 6 中它是不被支持的。因此可以使用 root 用户执行命令 echo never > /sys/kernel/mm/transparent_hugepage/enabled，通过把这条命令添加到文件/etc/rc.local 中来关闭 THP。

（7）修改 Linux 中的 TCP 最大连接数

此系统参数确定了 TCP 连接中已完成队列（完成 3 次握手之后）的长度，当然此参数值必须不大于 Linux 操作系统定义的/proc/sys/net/core/somaxconn 值，Redis 默认的参数值是 511，而 Linux 默认的参数值是 128。当系统并发量大并且客户端连接速度缓慢时，可以将这两个参数一起参考设定，执行命令为：echo 511 > /proc/sys/net/core/somaxconn。

这个参数并不是限制 Redis 的最大连接数。如果想限制 Redis 的最大连接数，则需要修改 maxclients 参数，默认的最大连接数是 10 000。

（8）限制 Redis 的内存大小

通过 Redis 的 info 命令可以查看内存使用情况。如果不设置 maxmemory（最大内存）或者将其设置为 0，则 64 位系统将不限制内存，32 位系统最多使用 3GB 内存。如果需要设置，则只需要修改配置文件中的 maxmemory 和 maxmemory-policy（内存不足时，采用数据清除策略）。

　　如果可以确定数据总量不大，并且内存足够，则并不需要限制 Redis 使用的内存大小。如果数据量不可预估，并且内存也有限，则应尽量限制 Redis 使用的内存大小，这样可以避免 Redis 使用 swap 分区或者出现 OOM 错误。

> 　　如果不限制内存，则当物理内存使用完之后，会使用 swap 分区，这样性能较低；如果限制了内存，则当到达指定内存之后就不能添加数据了，否则会出现 OOM 错误。当然，我们可以设置 maxmemory-policy，这样内存不足时就可以删除数据。

　　（9）命令优化

　　由 12.2 节可知，Redis 是单线程模型，从客户端传输过来的命令是按照顺序执行的，因此，若想一次添加多条数据，则可以使用管道，或者使用一次可以添加多条数据的命令，如图 12-4 所示。

| set | mset |
|---|---|
| get | mget |
| lindex | lrange |
| hset | hmset |
| hget | hmget |

图 12-4　命令优化

## 12.6　本章小结

　　本章对 Redis 的 5 种基本数据类型（字符串、列表、集合、散列表、有序集合）进行了简单介绍，同时通过使用客户端与服务器之间的简单互动，介绍了命令的基本使用方法。其实 Redis 为每种数据类型都提供了大量的处理命令，本章只展示了部分命令，其余的命令读者可在 Redis 官网的命令文档页面中找到。Redis 作为内存数据库，使用数据持久化和复制来预防并应对系统故障是必要的。本章主要介绍了两种数据持久化方式：第一，RDB 持久化，它可以将存在于某一时刻的所有数据都写入硬盘中；第二，AOF 持久化，它会在执行命令时，将被执行的写命令复制到硬盘中。最后根据 Redis 的特点，介绍了 9 种常用的优化策略，供读者学习和参考。

## 12.7　习题

　　（1）Redis 与 Memcached 相比有哪些优势？

　　（2）Redis 有哪些适合的应用场景？

　　（3）Redis 数据持久化的方式有哪几种？其底层是如何实现的？有什么优缺点？

　　（4）为什么 Redis 需要把所有数据放到内存中？

# 13 第13章 华为大数据解决方案

随着政企业务云化转型的深入，混合云得到越来越多政企用户的青睐，用户的需求驱动产业进一步演进和更替，从当前的"混合资源管理"进入"精细管控+业务混合"，催生出华为云 Stack 8.0，重新定义混合云。在 13.1 节会对华为云 Stack 8.0 进行介绍。华为大数据和数据中台服务都基于华为鲲鹏处理器的全新混合云解决方案，华为大数据已经服务于全球 150 个国家和地区，超过 7000 家客户，其包含的部分服务会在 13.2 节进行介绍。在 13.3 节，对于多模态数据的计算和处理，华为云打造了端到端的智能数据湖解决方案，同时也提供了一站式治理运营平台 DAYU。

## 13.1 ICT 行业发展趋势概述

### 13.1.1 概述

数字经济是继农业经济、工业经济之后的更高级经济形态，其生产要素发生了变化，不再是土地+劳动力或者资本+技术，且数据成了新资产，智能成了新生产力。面临数字化转型的巨大需求和挑战，传统的业务系统架构存在资源利用率低、设备更新换代成本高、数据模型和接口标准不统一、自建系统的能力不共享、烟囱式架构的系统缺乏整体提升能力等问题。这些问题说明了"烟囱式"应用和"数据孤岛"已成为企业数字化转型的阻碍，导致需求落地慢、业务监管难和资源浪费。

云计算通过服务化很好地解决了这些问题，对数据中心基础设施的架构演进及上层应用与中间层软件的运营管理模式产生了深远的影响，企业数据中心 IT 架构向云化和数据智能化逐步演进。从技术角度来看，数据云化中台是一个逐步演化的过程。数据中台是指通过数据技术对海量数据进行采集、计算、存储、加工，同时统一标准和口径，数据统一后形成标准数据，再对其进行存储，形成大数据资产层，从而为客户提供高效的服务。最初使用的技术是数据仓库，从数据来源提取指定数据，将数据转换为指定格式并进行数据清洗，再将其加载到目标数据仓库，一般是面向部门、单个主题或特定应用，而且相互之间不影响。因此这种技术的缺点就很明显了，每种数据均有特定的业务特征，这些特征难以团聚，容易成为数据孤岛。然后使用的就是大数据平台，Hadoop 生态技术逐步在国内大范围使用，只要基于 Hadoop 分布式的计算框架，使用相对廉价的服务器也能搭建大数据集群。大数据平台生态丰富，但是需要人工管理，二次加工也很复杂，容易成为"数据沼泽"。现阶段采用的是 AI 数据中台，可构建大规模智能服务。从基础设施角度来看，智能化是指将在数据中台进行的一系列的数据服务构建操作进行智能化实现，让数据的接入、存储、分析展现、训练到构建管道都更加自动化。AI 数据中台帮助企业建立起商业化数据变现产品，进行数据售卖，把数据变成新的业务，从而节约企业成本。

数据与 AI 技术逐步融合。融合是指打通大数据、数据库与 AI 处理 3 大功能模块，实现多系统协同计算与多样性数据融合分析。第 1 种趋势是数据湖和数据仓库技术融合，数据湖需要高性能、Schema 校验、事务型更新等能力，同时支持多个开源计算引擎生态；第 2 种趋势是在 SQL 中用 AI 和已掌握的语言做更多事情；第 3 种趋势是通过数据管理和资源管理弥补 AI 行业短板，只须管理一个资源池，即可最大化利用资源。

## 13.1.2　华为云 Stack 解决方案

华为云是华为的云服务品牌，用在线的方式将华为 30 多年在 ICT 基础设施领域的技术积累和产品解决方案开放给客户，致力于提供稳定、可靠、安全、可信、可持续创新的云服务，成为智能世界的"黑土地"，推进实现"用得起、用得好、用得放心"的普惠 AI。混合云解决方案提供客户在本地数据中心使用华为云服务的能力，满足客户特定的安全和合规要求，并且通过持续迭代演进，提供满足业务要求的云服务，同时满足部分业务场景低时延的限定要求。

华为云 Stack 基于公有云、私有云统一架构，快速同步线上高级云服务，如企业智能（Enterprise Intelligence，EI）、区块链、IoT、DevOps 等，零时差满足政企核心业务对云服务创新能力的要求；并且通过"云联邦"技术一键接入华为云，实现精细资源管控、跨云混合编排，支持线上开发测试+线下部署、线上训练+线下推理等多场景协同，实现"一个企业一朵云"；同时支持华为鲲鹏+昇腾多样算力，实现现有系统平滑演进到新平台。

华为云 Stack 是位于政企客户本地数据中心的云基础设施，为政企客户提供在云上和本地部署体验一致的云服务。系列化版本满足传统业务云化、大数据分析与 AI 训练、建设大规模城市云与行业云等不同业务场景的客户诉求。华为云 Stack 提供了多种解决方案，包括大数据分析、AI 应用、行业云、城市云等，每种解决方案均有特定的应用场景。下面对行业云和城市云这两种解决方案进行简单的介绍。

### 1. 行业云

华为云 Stack 针对大型政企客户数字化转型提供"1+N"架构的整体解决方案（如图 13-1 所示），即基于先进的云计算、大数据、AI 等技术，帮助政企客户以数字化的方式来激活数年积累的行业核心资产，通过对业务系统的服务化改造将核心资产转变为可以对外开放的数字化资产服务，提升 IT 效能，构建行业生态，促进行业业务创新。

行业云解决方案的优势有很多，主要有以下 4 点。

（1）全网一朵云。面向行业多分支、多站点、多机房、多边缘的场景，帮助客户向分布式云先进架构演进，实现全网灵活的多级管理和运营运维。

（2）四维协同。支持全网资源、数据、应用和管理的多级智能协同。

（3）持续创新。通过大数据、AI、容器、微服务、边缘计算等创新技术，帮助客户实现核心业务系统的云化和演进。

（4）生态开放。开放的架构支持广泛行业的生态聚合，同时支持使能行业对其应用进行组合式的创新。

### 2. 城市云

华为云 Stack 为政府客户提供"全省（市）一朵云"的整体解决方案（如图 13-2 所示），帮助客户以城市为基础，实现以资源、数据集中化为核心向以政务业务创新和运营为核心的全方位升级转型，实现以城市云为中心的数字政务创新。

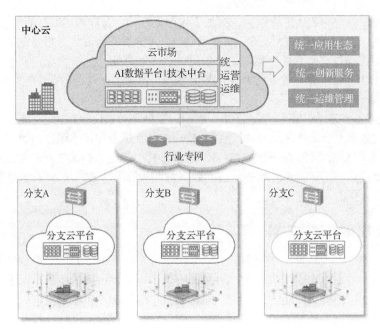

图 13-1　行业云解决方案的架构

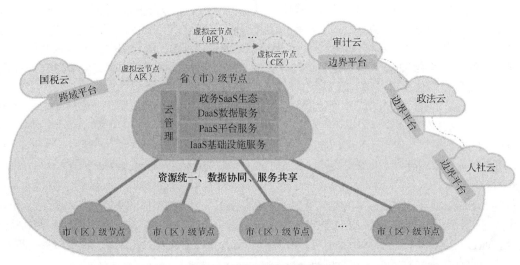

图 13-2　城市云解决方案的架构

城市云解决方案的优势有很多，主要有以下 3 点。

（1）全网一朵云。以城市云为中心，将离散的数据中心连接成"物理分散、逻辑集中、云边端协同"的一朵云，实现多业务部门间的统筹规划、共享共建和有效协同。

（2）领先创新体系。基于云计算、大数据、人工智能等先进技术体系，帮助客户打造开放繁荣的应用创新生态系统，实现政务应用创新。

（3）多元算力。一云多池，支持"x86+鲲鹏"混合算力调度，实现业务平滑演进，满足客户双平面业务的连续性需求。

### 13.1.3　华为云 Stack 功能架构

华为云 Stack 是一个全栈云解决方案，充分利用云计算和大数据技术，提供资源池化、全栈云服务能力，提供的云服务横跨基础设施即服务（Infrastructure as a Service，IaaS）、平台即服务（Platform as a Service，PaaS）和软件即服务（Software as a Service，SaaS），不仅能支持传统业务云化、大数据分析，还可支持创新业务上云、混合云等业务场景，云服务多达 60 种。华为云 Stack 联合各行业合作伙伴，为客户提供端到端的云化解决方案，有效应对企业的业务挑战，助力各行业实现业务云化转型。华为云 Stack 8.0 的功能架构如图 13-3 所示。

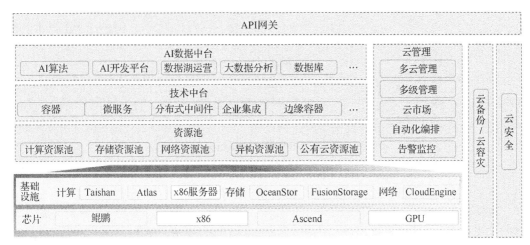

图 13-3　华为云 Stack 8.0 的功能架构

在华为云 Stack 解决方案中，采用 FusionSphere OpenStack 作为云平台，对各个物理数据中心资源进行整合；采用 ManageOne 作为数据中心管理软件，对多个数据中心提供统一管理。通过云平台和数据中心管理软件协同运作，达到多数据中心融合、提升企业整体 IT 效率的目的，提供计算、存储、网络、安全、灾备、大数据、数据库和 PaaS 等丰富的云服务。华为云 Stack 的核心理念在于物理分散和逻辑统一，物理分散是指企业的多个数据中心分布在不同的区域，逻辑统一是指通过数据中心管理软件对分布在不同区域的多个数据中心进行统一管理。

华为云 Stack 解决方案主要有 3 种应用场景：第 1 种是融合资源池，融合资源池是大多数企业在云化建设中都必须面对的场景，新建的云与原有 IT 基础设施平滑对接，对客户现有的 VMware 资源池和主流硬件进行统一管理，同时提供分级、分域的逻辑划分能力，满足企业、运营商多个组织不同业务系统的需求；第 2 种是托管云，运营商、行业"龙头"或 ISP 为主的云服务商结合网络和本地服务的优势，构建基于全栈云服务能力的类似公有云的运营平台，通过线下运营的方式为其最终客户提供适配不同行业场景的云服务资源；第 3 种是混合云，混合云包含管理混合云和云联邦混合云，管理混合云是指通过 ManageOne 直接对接多种公有云与私有云的管理 API，而云联邦混合云是华为云 Stack 在私有云和华为云统一架构、统一身份识别与访问管理（Identity and Access Management，IAM）的基础上，提供了混合云的新型实现。

## 13.1.4　数字平台场景化解决方案

沃土数字平台构建在云基础设施之上，整合了 IoT、AI、大数据、视频、融合通信、地理信息系统（Geographic Information System，GIS）等多种新 ICT 能力，实现技术与业务、IT 与运营技术（Operational Technology，OT）多样化数据的深度融合。沃土数字平台已经在智慧园区、智慧交通和智慧城市等多个行业场景落地实践。基于沃土数字平台场景化解决方案的架构如图 13-4 所示。

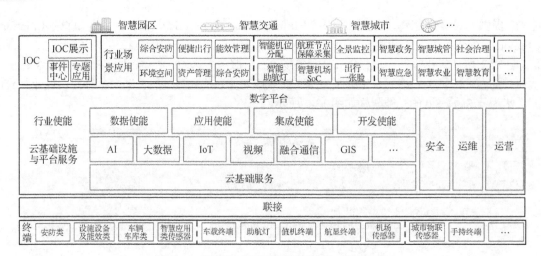

图 13-4　基于沃土数字平台场景化解决方案的架构

　　智慧园区、智慧交通、智慧城市等解决方案依托华为产品组合，基于华为云，联合生态伙伴，解决客户问题。基于沃土数字平台场景化解决方案具备全联接、全融合、全开放的特点，封装了 AI、大数据、视频云、物联网、GIS 等 10 项新 ICT 技术；沉淀数百项服务，涵盖业务资产、集成资产、数据资产，支持多种行业场景应用，包括智能运营中心、综合安防、便捷出行、能效管理、环境空间、资产管理等；并提供数据使能、应用使能、集成使能、开发使能等二次开发和集成交付能力，支持公有云、混合云部署，支持客户进行应用定制；基于自主可控的芯片、操作系统、数据库组件，构建全维度、高标准、安全、可信的系统。

## 13.1.5　华为云大数据服务

　　华为云大数据服务以一站式大数据平台 MRS 为基础，MRS 支持与智能数据运营平台 DAYU 及数据可视化等服务对接，如图 13-5 所示。企业可以一键式构建数据接入、数据存储、数据分析和价值挖掘的统一大数据平台，为客户轻松解决数据通道上云、大数据作业开发调度和数据展现的困难，使客户从复杂的大数据平台构建以及专业大数据调优和维护中解脱出来，更加专注行业应用，进而实现一份数据多业务场景使用。

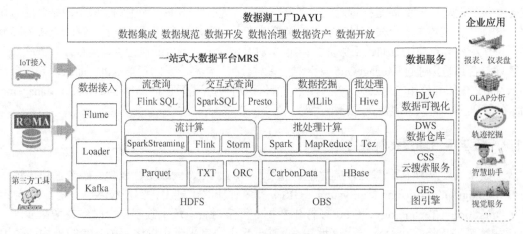

图 13-5　华为云大数据服务的架构

　　MRS 集群管理提供了统一的运维管理平台，包括一键式部署集群能力，并提供多版本选择，支持运行过程中集群在无业务中断条件下进行扩/缩容、弹性伸缩。同时 MRS 集群管理还提供了作业管理、资源标签管理，以及对上述数据处理各层组件的运维，并提供监控、警告、配置、补丁升级等一站式运维能力。

数据集成层提供了数据接入 MRS 集群的能力，包括 Flume（数据采集）、Loader（关系数据导入）、Kafka（高可靠消息队列），支持各种数据源导入数据到大数据集群中。基于预设的数据模型，采用易用 SQL 的数据分析，用户可以选择 Hive、Spark SQL 以及 Presto 交互式查询引擎。MRS 提供多种主流计算引擎，如 MapReduce、Tez、Spark、SparkStreaming、Storm、Flink，满足多种大数据应用场景，将数据进行结构和逻辑的转换，进而转化成满足业务目标的数据模型。MRS 支持结构化和非结构化数据在集群中的存储，并且支持多种高效的格式来满足不同计算引擎的要求。HDFS 是大数据上通用的分布式文件系统；OBS 是对象存储服务，具有高可用、低成本的特点；HBase 支持带索引的数据存储，适合高性能基于索引查询的场景。

MRS 数据支持连接 DAYU 平台，并基于可视化的图形开发界面、丰富的数据开发类型、全托管的作业调度和运维监控能力，内置行业数据处理管线，支持一键式开发、全流程可视化，支持多人在线协同开发，极大地降低了用户使用大数据的门槛，帮助用户快速构建大数据处理中心，对数据进行治理与开发调度，快速实现数据变现。

华为云大数据服务具有多种优势，主要体现在以下几点。

（1）支持存算分离，存储和计算资源可以灵活配置，根据业务需要各自独立进行弹性扩展，可使资源匹配更精准、更合理，让大数据集群资源利用率大幅提升。同时通过高性能的计算存储分离架构，打破存算一体架构并行计算的限制，最大化发挥对象存储的高带宽、高并发的特点，对数据访问效率和并行计算深度优化，实现性能提升。

（2）100%兼容开源大数据生态，结合周边丰富的数据及应用迁移工具，能够帮助客户快速完成自建平台的平滑迁移，整个迁移过程可做到"代码 0 修改，业务 0 中断"。

（3）支持华为自研鲲鹏服务器，充分利用鲲鹏多核高并发能力，提供芯片级的全栈自主优化能力，使用开源操作系统 OpenEulerOS、华为 JDK 及数据加速层，充分释放硬件算力，为大数据计算提供高算力输出。

# 13.2　华为大数据服务

## 13.2.1　MRS

大数据是人类进入互联网时代以来面临的一个巨大问题：社会生产、生活产生的数据量越来越大，数据种类越来越多，数据产生的速度越来越快。为解决以上大数据处理问题，Apache 软件基金会推出了 Hadoop 大数据处理的开源解决方案。Hadoop 是一个开源分布式计算平台，可以充分利用集群的计算和存储能力，完成海量数据的处理，但是企业自行部署 Hadoop 系统有成本高、周期长、运维难和不灵活等问题。

针对上述问题，华为云提供了 MRS。MRS 是一个在华为云上部署和管理 Hadoop 系统的服务，一键即可部署 Hadoop 集群，其架构如图 13-6 所示。MRS 提供租户完全可控的一站式企业级大数据集群云服务，完全兼容开源接口，结合华为云计算、存储优势及大数据行业经验，为客户提供高性能、低成本、灵活、易用的全栈大数据平台；而且能够轻松运行 Hadoop、Spark、HBase、Kafka、Storm 等大数据组件，并具备在后续根据业务需要进行定制开发的能力，帮助企业快速构建海量数据信息处理系统，并通过对海量信息数据实时与非实时的分析和挖掘，发现全新价值点和企业商机。

针对传统存算一体架构中扩容困难、资源利用率低等问题，MRS 采用计算存储分离架构，基于公有云对象实现了存储的高可靠与无限容量，支撑企业数据量持续增长；计算资源支持 0～N 弹性扩缩，百节点快速发放。存算分离后，计算节点可实现真正的极致弹性伸缩；数据存储部分基于 OBS 的跨可用区（Available Zone，AZ）等能力实现更高的可靠性，无须担心地震、挖断光纤等突发事件。

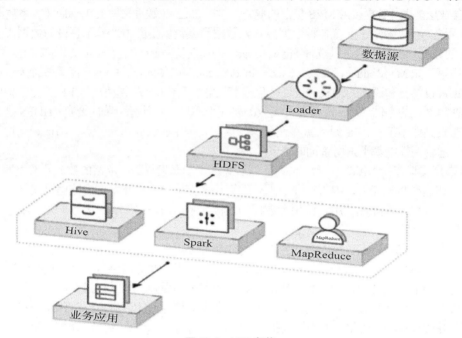

图 13-6　MRS 架构

MRS 拥有强大的 Hadoop 内核团队，基于华为 FusionInsight 大数据企业级平台构建，提供多级用户服务等级协议（Service Level Agreement，SLA）保障。MRS 具有如下优势。

（1）高性能。MRS 支持自研的 CarbonData 存储技术。CarbonData 是一种高性能的大数据存储方案，以一份数据同时支持多种应用场景，并通过多级索引、字典编码、预聚合、动态分区、准实时数据查询等特性提升了 I/O 扫描和计算性能，实现万亿数据分析的秒级响应。同时 MRS 支持自研增强型调度器，突破单集群规模瓶颈，单集群调度能力超过 10 000 个节点。

（2）低成本。基于多样化的云基础设施，提供了丰富的计算、存储设施的选择，同时计算存储分离，提供了低成本的海量数据存储方案。MRS 可以按业务峰谷自动弹性伸缩，帮助客户节省大数据平台闲时资源。MRS 集群可以用时再创建、用时再扩容，用完就可以销毁、缩容，确保成本最优。

（3）高安全。MRS 支持 Kerberos 安全认证，实现了基于角色的安全控制及完善的审计功能。MRS 支持在华为云的公共资源区、资源专属区、客户机房的 HCS Online 上为客户提供不同物理隔离方式的一站式大数据平台。集群内支持逻辑多租户，通过权限隔离，对集群的计算、存储、表格等资源按租户划分。

（4）易运维。MRS 提供可视化的大数据集群管理平台，提高运维效率，并支持滚动补丁升级、可视化补丁发布信息、一键式补丁安装，无须人工干预，不中断业务，保障用户集群长期稳定。

（5）高可靠。MRS 支持全节点高可用、实时短信/邮件通知。

## 13.2.2　数据仓库服务

数据仓库服务（Data Warehouse Service，DWS）是一种基于公有云基础架构和平台的在线数据处理数据库，提供即开即用、可扩展且完全托管的分析型数据库服务。DWS 是基于华为融合数据仓库 GaussDB 产品的云原生服务，兼容标准 ANSI SQL 99 和 SQL 2003，同时兼容 PostgreSQL/Oracle

数据库生态，为各行业 PB 级海量大数据分析提供有竞争力的解决方案。

DWS 基于 Shared-Nothing 分布式架构（如图 13-7 所示），具备大规模并行处理（Massively Parallel Processing，MPP）引擎，由众多拥有独立且互不共享的 CPU、内存等系统资源的逻辑节点组成。

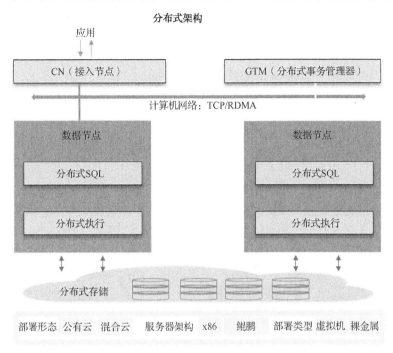

图 13-7　DWS 架构

DWS 与传统数据仓库相比，主要有以下特点与显著优势，可解决多行业超大规模的数据处理与通用平台的管理问题。

（1）性能。DWS 采用全并行的 MPP 架构数据库，业务数据被分散存储在多个节点上，数据分析任务被推送到数据所在位置就近执行，并行地完成大规模的数据处理工作；DWS 后台通过算子多线程并行执行、向量化计算引擎实现指令在寄存器并行执行，以及底层虚拟机（Low Level Virtual Machine，LLVM）动态编译减少查询时冗余的条件逻辑判断，助力数据查询性能提升；DWS 支持行、列混合存储，可以同时为用户提供更优的数据压缩比（列存）、更好的索引性能（列存）、更好的点更新和点查询性能（行存）；DWS 提供了 GDS 极速并行大规模数据加载工具。

（2）扩展性。Shared-Nothing 开放架构，可随时根据业务情况增加节点，扩展系统的数据存储能力和查询分析性能，扩容后容量和性能随集群规模线性提升；扩容过程中支持数据增、删、改、查以及 DDL 操作，表级别在线扩容技术，扩容期间业务不中断、无感知。

（3）可靠性。DWS 支持分布式事务 ACID 数据强一致保证；DWS 所有的软件进程均有主/备保证，集群的接入节点、数据节点等逻辑组件全部有主/备保证，在任意单点物理故障的情况下系统依然能够保证数据可靠、一致，同时还能对外提供服务。

（4）易用性。DWS 提供一站式可视化便捷管理，让用户能够轻松完成从项目概念到生产部署的整个过程，用户可以使用标准 SQL 查询 HDFS、OBS 上的数据，数据无须搬迁；DWS 提供一键式异构数据库迁移工具，可支持将 MySQL、Oracle 和 Teradata 的 SQL 脚本迁移到 DWS；DWS 支持数据自动全量、增量备份。

（5）安全。DWS 支持数据透明加密，可与数据库安全服务（DataBase Security Server，DBSS）对接，基于网络隔离及安全组规则，保护系统和用户的隐私及数据安全。

### 13.2.3　云搜索服务

云搜索服务（Cloud Search Service，CSS）是一个基于开源 Elasticsearch 且完全托管的在线分布式搜索服务，支持结构化、非结构化文本的多条件检索、统计、报表，其架构如图 13-8 所示。CSS 可以自动部署，快速创建 Elasticsearch 集群；免运维，内置搜索调优实践；拥有完善的监控体系，提供一系列系统、集群以及查询性能等关键指标，让用户可以更专注于业务逻辑的实现。

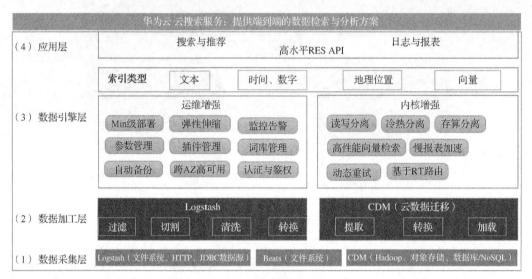

图 13-8　云搜索服务的架构

CSS 适用于日志分析、站内搜索等场景。日志分析的作用是对 IT 设备进行运维分析与故障定位，对业务指标分析运营效果。日志分析有 20 余种统计分析方法和近 10 种划分维度，从入库到被检索到的时间差在数秒到数分钟之间，能以表格、折线图、热图、云图等多种图表方式呈现。站内搜索的作用是对网站内容进行关键字检索，对电商网站商品进行检索与推荐。站内资料或商品信息更新在数秒至数分钟内即可被检索，检索的同时可以将符合条件的商品进行分类和统计，并且提供高亮能力，可自定义高亮显示方式。

CSS 具备专业的集群管理平台和完善的监控体系，同时提供 Elasticsearch 搜索引擎。管理控制台提供了丰富的功能菜单，能够让用户通过浏览器安全、方便地进行集群管理和维护，包括集群管理、运行监控等。通过管理控制台提供的仪表盘和集群列表，用户可以直观看到已创建集群的各种不同状态，通过指标监控视图了解集群当前的运行状况。Elasticsearch 是当前流行的基于 Lucene 的企业级搜索服务器，其主要功能包括全文检索、结构化搜索、分析、聚合、高亮显示等，能够为用户提供实时搜索，为用户提供稳定、可靠的服务。

### 13.2.4　图引擎服务

图引擎服务（Graph Engine Service，GES）是针对以关系为基础的图结构数据进行查询、分析的服务，采用自研高性能图引擎 EYWA 作为内核，具备多项自主专利。GES 也是超大规模的一体化图分析与查询引擎，广泛应用于社交关系分析、营销推荐、舆情及社会化聆听、信息传播、防欺诈等具有丰富关系数据的场景。

GES 适用于互联网应用、知识图谱应用、社交网络、金融风控应用、城市工业应用、企业 IT 应用等，具有以下 4 点优势。

（1）大规模。GES 具有高效的数据组织能力，可以更有效地对百亿节点、千亿边规模的数据进行查询与分析。

（2）高性能。GES 对分布式图形计算引擎进行了深度优化，具有高并发、秒级多跳的实时查询能力。

（3）查询分析一体。GES 提供丰富的图分析算法，实现了查询分析一体化，可以为关系分析、路径规划、营销推荐等业务提供多样的分析能力。

（4）简单易用。GES 提供向导式、简单易用的可视化分析界面，所见即所得；支持 Gremlin 查询语言，兼容不同用户的使用习惯。

# 13.3　华为智能数据湖运营平台

## 13.3.1　华为云智能数据湖

数据湖是一个容纳所有形式数据的集中式存储库，数据包括结构化数据、半结构化数据、非结构化数据和二进制数据，并且以各种模式和结构形式配置数据，通常是对象块或文件。数据湖的主要思想是对企业中的所有数据进行统一存储，将原始数据转换为用于报告、可视化、分析和机器学习等各种任务的目标数据。针对多样性的业务、多样性的系统、多样性的数据带来数据价值变现的挑战，华为云打造了"智能数据湖"解决方案，如图 13-9 所示。智能数据湖分为统一数据存储层、多元计算层、数据运营层 3 层，这种分层结构使智能数据湖具有存算分离、多元计算、+人工智能（Artificial Intelligence，AI）的助力以及完整的数据运营工具平台等特点。

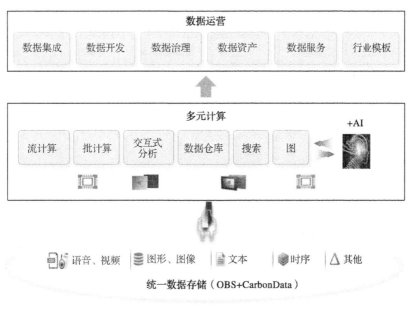

图 13-9　智能数据湖的结构

1. 存算分离

读者如果有搭建大数据集群的经历，则可能会发现使用开源 Hadoop 系统进行存算一体部署，基于服务器构建集群往往会带来存储资源和计算资源利用不均的问题。举个例子，存储 PB 级数据，分析查询可能只需要十几个 CPU，但业务扩容时以服务器为单元，计算资源是绑定在一起扩容的，这种情况会导致计算资源的浪费。而存算分离则很好地解决了这个问题，通过计算和存储解耦，利用云架构弹性的优势，存储和计算单独按需扩容、缩容，从而使资源利用率达到最大化。

#### 2. 多元计算

从图 13-9 中可以看到，智能数据湖全栈支持鲲鹏，包括一站式大数据平台 MRS、批/流计算+交互式分析的多模计算数据湖探索（Data Lake Insight，DLI）服务以及增强的企业级 DWS。DLI 是一个 Serverless 服务，用户不用关心服务内部的资源以及软件的部署，只需要使用服务提供的对外接口直接进行业务实现。MRS 是一个集群类型的服务，包含 Hadoop、Spark、Hive 等常见服务，用户感知硬件资源，需要先选择资源类型，然后部署集群。DWS 的内核基于华为自研的 GaussDB，同时在云服务架构上也做了优化。

#### 3. +AI 的助力

一方面，数据与 AI 算法/模型协同，用来支持非结构化处理，在大数据系统中内置了 AI 的轻量推理引擎，AI 算法/模型作为算子，在大数据处理过程中直接调度。另一方面，用 AI 实现数据引擎的自调优，通过收集业务运行时系统各方面的过程数据，采用 AI 建模预测，推荐更优配置以及更优的数据组织策略，从而让引擎使用起来具备更优越的性能。

#### 4. 完整的数据运营工具平台

最上层的数据运营服务围绕数据处理过程提供了端到端的一站式数据运营能力，包含数据集成、数据开发、数据治理、数据资产、数据服务等功能。通过全流程界面化操作，极大地降低了数据管理和分析的门槛，同时也提供了 API 方式供伙伴集成，并构建了自己的数据系统。

智能数据湖有很多明显的特点，包括统一元数据、数据地图、数据资产目录、数据质量监控和提升、端到端的数据血缘、统一数据标准、数据安全管理、周期任务处理和调度等。相较于传统的数据库分析系统及以对象存储为底座的数据湖产品，华为云智能数据湖具有极速、敏捷智能、全场景以及全栈高性价比等优势。

（1）极速。基于华为云多元新架构和多样算力的智能数据湖有着超高算力的特性，并且通过对存储层和大数据引擎的优化，提升系统性能。

（2）敏捷智能。华为云大数据处理引擎具备智能、自学习以及自调优的特点。数据运营能够实现全流程、可视化，支持行业化模板，缩短数据治理的时间，实现分钟级敏捷创新。

（3）全场景。智能数据湖能够让企业的数据工程师、数据分析师以及数据科学家等多角色在同一个平台上工作，解决了数据不断导入、导出的问题。同时，智能数据湖支持统一的索引机制、存储机制和大数据引擎，一个平台支持多类业务应用，给企业应用带来了极大的敏捷性和便利性。

（4）全栈高性价比。华为鲲鹏芯片在大数据场景下具有天然的优势，包括多核带来的更强算力、高集成度和更大的网络带宽，同时内置压缩和加/解密等很多常用算法。智能数据湖服务基于鲲鹏芯片进行了全栈架构优化，通过向量化处理加速，让数据扫描十分迅速。智能数据湖通过分级锁架构，减少了多线程对临界资源的随机竞争，在计算、I/O 密集的场景下能够达到高性价比。

### 13.3.2　智能数据湖运营平台 DAYU

智能数据湖运营平台 DAYU 是针对企业数字化运营诉求提供的数据全生命周期管理、具有智能数据管理能力的一站式治理运营平台，包含数据集成、规范设计、数据开发、数据质量监控、数据资产管理、数据服务等功能，支持行业知识库智能化建设，支持大数据存储、大数据计算分析引擎等数据底座，帮助企业快速构建从数据接入到数据分析的端到端智能数据系统，消除数据孤岛，统一数据标准，加快数据变现，实现数字化转型。DAYU 架构如图 13-10 所示。下面对 DAYU 的 7 种功能模块进行简单的描述。

（1）数据集成：支持批量数据迁移、实时数据集成和实时数据库同步，支持 20 多种异构数据源，全向导式配置和管理，支持单表、整库、增量、周期性数据集成。

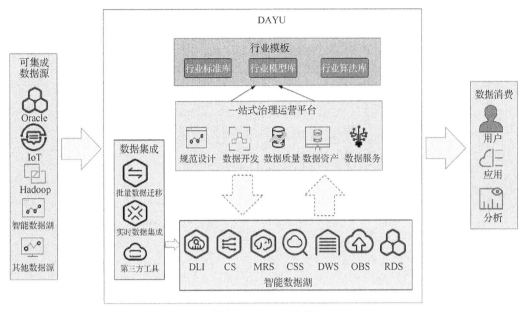

图 13-10　DAYU 架构

（2）规范设计：作为数据治理的一个核心模块，承担数据治理过程中的数据加工与业务化的功能，提供智能数据规划、自定义主题数据模型、统一数据标准、可视化数据建模、标注数据标签等功能，有利于改善数据质量，有效支撑经营决策。

（3）数据开发：提供大数据开发环境，降低用户使用大数据的门槛，帮助用户快速构建大数据处理中心；支持数据建模、数据集成、脚本开发、工作流编排等操作，轻松完成整个数据的分析和处理流程。

（4）数据质量：提供数据全生命周期管控、数据处理全流程质量监控，异常事件实时通知。

（5）数据资产：提供企业级的元数据管理，理清信息资产；通过数据地图，实现数据资产的数据血缘和数据全景可视，提供数据智能搜索和运营监控。

（6）数据服务：标准化的数据服务平台，提供一站式数据服务开发与测试部署能力，实现数据服务敏捷响应，降低数据获取难度，提升数据消费体验和效率，最终实现数据资产的变现。

（7）智能数据湖：DAYU 集成了丰富的数据引擎，支持对接所有华为云的数据湖与数据库云服务，如 DLI、DWS 等；也支持对接企业传统数据仓库，如 Oracle、Greenplum 等。

### 13.3.3　数据湖治理

数据湖治理（Data Lake Governance，DLG）是一站式数据治理平台，提供了统一的元数据管理、数据质量智能监控、数据质量提升，以及数据的智能分析、管理、落地数仓标准和业务标准等功能，其数据底座支持各种 EI 大数据核心服务，如 MRS、DWS、DLI、CloudTable、MLS 等。DLG 架构如图 13-11 所示。

DLG 是分布式、多租户共享集群，具有以下 4 个技术特点。

（1）一站式数据治理平台：提供一站式元数据管理、数据标准管理、数据质量管理、数据安全管理等功能。

（2）数据底座丰富：基于多种大数据平台进行治理，满足多种数仓需求，数据底座支持各种 EI 大数据核心服务，如 MRS、DWS、DLI、CloudTable、MLS 等。

（3）全局数据资产管理：实现业务资产和技术资产统一管理，全局资产视图、数据溯源和数据开放共享。

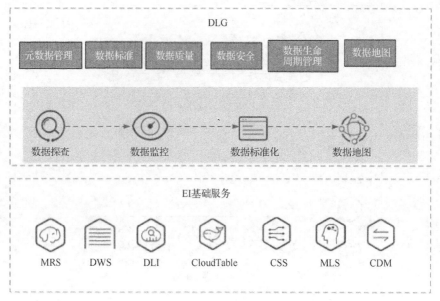

图 13-11　DLG 架构

（4）智能数据规划：将华为多年数据体系设计方法论沉淀在产品中，实现数据规范定义、数据指标设计、数据模型设计、数据中台主题库建设，帮助企业数据标准化治理，助力企业数据中台落地。

## 13.4　本章小结

本章介绍了华为在大数据领域提供的相关服务概念与技术，主要包括华为云大数据计算资源解决方案、华为智能数据湖运营平台 DAYU 以及华为数据湖治理等。在已有开源技术上，华为从云资源、大数据软件和大数据应用层面为企业提供了全套解决方案。华为通过与高校、社会培训机构合作，深度推动了大数据领域人才培养，必然会为大数据技术应用发展做出重要贡献。

## 13.5　习题

（1）简述华为云 Stack 解决方案的 3 种应用场景。
（2）列举几个华为云大数据服务的特点与优势。
（3）请简述 Shared-Nothing 分布式架构具有哪些特点？
（4）对比说明存算一体与存算分离架构的区别。
（5）请列举智能数据湖运营平台 DAYU 的主要功能。